# 환경정의의 사회학
Sociology of Environmental Justice

한상진 지음

UUP

# 환경정의의 사회학

2006년 4월 18일 초판 인쇄
2006년 4월 24일 초판 발행

지은이 한 상 진
발행인 정 정 길
편집인 김 호 연
발행처 UUP(울산대학교 출판부)
680-749 울산광역시 남구 무거 2동 산 29번지
☎ 052-259-2488, FAX. 277-3011
등록 울산시 제20호(2000. 3. 24)

ISBN 89-7868-944-2

정가 10,000원

* 이 책은 2005학년도 울산대학교 저서연구비를 지원 받아 출판되었습니다.

# 목차

▶ 서문 / 11

## 제I부 환경의식과 환경운동의 사회학 / 19

제I장 환경의식과 환경행동의 사회적 기반 ........................ 21
1. 문제의 제기 ........................ 21
2. 이론적 배경과 연구 쟁점 ........................ 24
3. 조사 방법과 분석의 결과 ........................ 34
3. 환경행동의 사회적 기반에 대한 회귀분석 ........................ 38
4. 토의 ........................ 41

제II장 핵발전소 주변 주민의 환경의식과 행동 ........................ 44
1. 머리말 ........................ 44
2. 기존 논의에 대한 검토 ........................ 47
3. 월성 및 고리 핵발전소 주변 주민의 환경의식, 반핵의식, 그리고 반핵행동 ........................ 54
4. 맺음말 ........................ 62

제III장 반핵운동을 둘러싼 시민의식과 참여도 ........................ 66
1. 원전 유치를 둘러싼 여러 집단들의 반응 ........................ 66
2. 원전주변 거주 시민의 특성 ........................ 69
3. 울산시민의 거주지별 원전에 대한 의식 ........................ 73

4. 원전주변 시민의 환경운동 의식 및 참여도 ........ 88
5. 요약과 함의 ........ 105

제IV장 정보화 시대의 환경문제와 환경운동 ........ 110
1. 머리말 ........ 110
2. 정보화 흐름의 환경문제에 대한 긍정적 측면 ........ 111
3. 정보화 흐름의 환경문제에 대한 부정적 측면 ........ 114
4. 정보화 시대 환경운동의 전망 ........ 116
5. 과학기술에 대한 사회적 통제방안 ........ 121

## 제2부 공업도시의 환경피해와 환경부정의 / 125

제V장 울산공단 환경문제의 구조와 전망 ........ 127
1. 머리말 ........ 127
2. 울산공단 환경악화의 원인 ........ 129
3. 울산공단 환경악화의 사회적 결과 ........ 133
4. 지속가능한 지역사회를 위한 전망 ........ 140

제VI장 공단 조성과 환경오염지역 이주사업이 주민생활에 미치는 영향 ........ 143
1. 머리말 ........ 143
2. 연구의 범위와 방법 ........ 146
3. 온산공단의 조성과 환경오염지역 이주사업의 경과 ........ 149
4. 주민생활의 변화 ........ 157
5. 맺음말 ........ 173

제VII장 공단 주변 주민의 환경태도와 환경운동 ........ 177
1. 문제의 제기 ........ 177
2. 공단주변의 환경악화와 초기 이주과정 ........ 180

3. 공단주변 주민의 환경을 둘러싼 태도 ..... 188
4. 공단주변 이주요구 운동의 특성 ..... 195
5. 맺음말 ..... 203

## 제3부 환경정의의 새로운 차원 / 205

제VIII장 생태적 자활을 위한 시론적 구상 ..... 207
1. '지구의 화'에 맞서기 위한 출발 ..... 207
2. '지구적 지구' 전략의 원칙 ..... 210
3. 생태적 자활의 요소 - '생태 지역'과 '자활 공동체' ..... 216
4. 실행 가능한 생태적 자활 모델을 위하여 ..... 223

제IX장 자본의 힘에 맞서는 생태적 대안 ..... 228
1. 머리말 ..... 228
2. 연구 방법 ..... 230
3. 조사 결과 ..... 231
4. 간략한 토의 ..... 238

제X장 환경 갈등의 해결을 위한 환경 가버넌스 형성과 숙의 민주주의의 시도 ..... 239
1. 머리말 ..... 239
2. 개념적 검토 ..... 242
3. 환경 갈등의 초점 ..... 246
4. 시민 배심원 제도 도입을 통한 환경 가버넌스의 형성 ..... 252
5. 숙의 민주주의의 지형과 과정 ..... 258
6. 맺음말 ..... 263

▶ 참고문헌 / 267

## <표차례>

<표 I-1> 환경의식과 환경행동을 둘러싼 이론적 관점들 ..... 31
<표 I-2> 사회인구학적 특성변수별 환경의식 관련변수의 평균분석 결과 ..... 37
<표 I-3> 사회인구학적 특성변수, 환경의식 관련변수에 따른 환경행동의 회귀분석 결과 ..... 39
<표 II-1> 지역별 핵발전소 입지에 따른 피해와 기형가축의 출산 여부 ..... 56
<표 II-2> 지역별 핵발전소 입지에 따른 혜택내용과 혜택의 충분한 정도 ..... 56
<표 II-3> 성, 연령, 교육수준, 직업별 환경의식의 평균 점수 ..... 58
<표 II-4> 단계식 회귀분석의 결과 ..... 61
<표 III-1> 원전에 대한 전반적 인식 비교 ..... 75
<표 III-2> 거주지별 원전의 안전도 의식 ..... 77
<표 III-3> 거주지별 원전의 구체적 문제점 의식 ..... 77
<표 III-4> 거주지별 우리나라가 원전을 건설하는 것에 대한 의견 ..... 79
<표 III-5> 거주지별 서생면 원전 건설에 대한 의견 ..... 80
<표 III-6> 거주지별 서생원전의 영향에 대한 비교 ..... 81
<표 III-7> 거주지별 원전건설 결정에 가장 큰 역할을 한 곳에 대한 의견 ..... 84
<표 III-8> 거주지별 원전건설을 가장 열심히 반대한 사람에 대한 의견 ..... 84
<표 III-9> 거주지별 서생원전 확정시 바람직한 대처방안에 대한 의견 ..... 86
<표 III-10> 거주지별 서생원전 취소 시 바람직한 처리방안에 대한 의견 ..... 86
<표 III-11> 거주지별 원전건설에 대한 입장 ..... 88
<표 III-12> 성별 원전 관련 정보 접촉의 정도 ..... 91

<표 III-13> 원전으로부터의 거리별 원전 관련 정보의 입수경로 ......... 91
<표 III-14> 연령별 원전 문제 해결을 위한 바람직한 여론수렴 방안 의식 ......... 93
<표 III-15> 성별 원전 문제 해결에 가장 믿을 만한 사람에 대한 평균점수 ......... 94
<표 III-16> 거주지별 원전 반대를 위한 집단행동 참여 여부 ......... 94
<표 III-17> 거주지별 집단행동의 효과에 대한 의식 ......... 96
<표 III-18> 연령별 집단행동 참여시 고려요인의 평균 점수 ......... 96
<표 III-20> 연령별 원전 주변 개발제한구역에 대한 견해 ......... 99
<표 III-21> 거주지별 울주군 현 지역에 대한 계속 거주 의사 ......... 99
<표 III-22> 원전으로부터의 거리별 발전소 주변지역 지원에 대한 법률 인지도 ......... 100
<표 III-23> 성별 한전이 원전주변 지역 지원사업을 하는 이유에 대한 의식 ......... 102
<표 III-24> 원전으로부터의 거리별 한전 지원사업의 지역발전 기여도에 대한 의식 ......... 102
<표 III-25> 연령별 지역지원사업 중 가장 보탬이 되는 사업에 대한 의식 ......... 104
<표 III-26> 원전으로부터의 거리별 지역지원사업의 미흡한 점 의식 ......... 105
<표 VI-1> 온산공단과 울산석유화학공단 주민의 이주의사(1984) ...... 153
<표 VI-2> 울산온산공단 환경오염지구 이주사업비 내역(1999) ......... 157
<표 VI-3> 울산의 지역별 공단개발에 따른 개인적 손익의 평가(1984) ....... 158
<표 VI-4> 온산지역 주민의 직업별 자각증상항목별 평균호소율(1984) ....... 159
<표 VI-5> 동네의 환경오염도 및 건강상태에 대한 만족도(1999) ...... 161
<표 VI-6> 환경오염지역 이주사업 경험자와 이후 유입주민간의 각종 질환 유병률(1999) ......... 163
<표 VI-7> 환경오염지역 이주사업 당시의 보상에 대한 만족도(1999) ......... 166
<표 VI-8> 재산가치 상승 및 일자리 확보에 대한 만족도(1999) ....... 167
<표 VI-9> 직업별 과거 시점과 비교한 현재의 주관적 계층 인식 (2002) ......... 167

<표 VI-10> 연령별 과거 시점에서의 지역생활 만족도(2002) ............ 169
<표 VII-1> 울산공단과 여천공단의 현황(1999.8 현재) ...................... 181
<표 VII-2> 울산과 여수의 대기오염도 현황(1998.12와 1999.1 현재) .......... 183
<표 VII-3> 울산공단 초기 이주사업의 비용 내역(1985-99) .............. 186
<표 VII-4> 공단주변 주민의 연령, 교육수준, 직업 분포 .................. 190
<표 VII-5> 공단주변 주민의 환경가치관 .......................................... 192
<표 VII-6> 공단주변 주민의 환경행동 ............................................. 194
<표 VII-7> 공단주변 주민의 믿을만한 행위자 분포(복수응답) .......... 197
<표 VII-8> 공단주변 주민의 환경운동 수단별 채택 정도 ................. 198
<표 VII-9> 향후 이주사업에 대한 전망 ............................................ 201
<표 VII-10> 이주사업 요구 주민의 사업비용 부담에 관한 의식 ....... 203
<표 IX-1> 연령별 국공유지 공동구입 참여 여부 ............................. 234
<표 IX-2> 소득수준별 국공유지 공동구입 참여 여부 ....................... 234
<표 IX-3> 국공유지 공동구입 참여 여부별 향후 발전 방향 ............ 235
<표 IX-4> 연령별 물만골의 편의성에 대한 평균분석 결과 .............. 236
<표 IX-5> 직업별 물만골의 편의성에 대한 평균분석 결과 .............. 236
<표 IX-6> 소득수준별 생태마을 필요시설에 대한 평균 분석 결과 ... 237
<표 X-1> 환경 가버넌스의 네 가지 접근들 .................................... 244
<표 X-2> 환경 가버넌스에 사용되는 시민참여의 기법들 ................. 246

## <그림차례>

<그림 I-1> 변수간 관계 ........ 33
<그림 II-1> 반핵행동에 영향을 미치는 요인에 관한 분석 모형 ........ 60
<그림 III-1> 원전 주변 거주 시민의 연령별 분포 ........ 71
<그림 III-2> 원전 주변 거주 시민의 직업 분포 ........ 71
<그림 III-3> 원전 주변 거주 시민의 가구소유 형태 ........ 72
<그림 III-4> 원전의 안전도 의식 ........ 76
<그림 III-5> 원전의 구체적 문제점 의식 ........ 78
<그림 III-6> 우리나라가 원전을 건설하는 것에 대한 의견 ........ 79
<그림 III-7> 서생면 원전 건설에 대한 의견 ........ 80
<그림 III-8> 원전건설 결정에 가장 큰 역할을 한 곳 ........ 83
<그림 III-9> 원전건설을 가장 열심히 반대한 사람 ........ 83
<그림 III-10> 서생원전 확정시 바람직한 대처방안 ........ 85
<그림 III-11> 서생원전 취소 시 바람직한 처리방안 ........ 86
<그림 III-12> 원전건설에 대한 입장 ........ 87
<그림 III-13> 원전 관련 정보 접촉의 정도 ........ 90
<그림 III-14> 원전 관련 정보의 입수경로 ........ 91
<그림 III-15> 원전 문제 해결을 위한 바람직한 여론수렴 방안 의식 ........ 92
<그림 III-16> 집단행동의 효과에 대한 의식 ........ 95
<그림 III-17> 원전 주변 개발제한구역에 대한 견해 ........ 98
<그림 III-18> 울주군 현 지역에 대한 계속 거주 의사 ........ 99
<그림 III-19> 한전이 원전주변 지역 지원사업을 하는 이유에 대한 의식 ........ 101
<그림 III-20> 한전 지원사업의 지역발전 기여도에 대한 의식 ........ 102
<그림 III-21> 지역지원사업 중 가장 보탬이 되는 사업에 대한 의식 ........ 103
<그림 III-22> 지역지원사업의 미흡한 점 의식 ........ 105

<그림 VI-1> 분석의 틀 ............ 148
<그림 VII-1> 공단주변 주민의 심각한 지역사회 환경문제에 대한 인식 ............ 184
<그림 VII-2> 공단주변 주민이 느끼는 악취 경험의 정도 ............ 184
<그림 VII-3> 공단주변 주민의 환경정당에 대한 태도 ............ 194
<그림 VII-4> 공단주변 주민의 환경운동조직 참여도 ............ 196
<그림 VII-5> 공단주변 주민의 이주사업에 대한 필요성 인식 ...... 199
<그림 IX-1> 직업별 월평균 가구소득 ............ 232

# 서문

## - 환경정의의 입장과 유형

### 1.

10년 전 공업도시에 자리 잡으면서 삶으로 체득하게 된 환경악화의 심각성은 자연스럽게 환경사회학에 대한 관심으로 이어져 왔다. 또 환경사회학의 여러 이슈들 가운데 '환경정의'에 특별히 주목하게 된 것은 필자가 도시사회학 차원에서 20년 동안 씨름해 온 빈곤문제가 환경문제에 대한 사회학적 접근과도 뗄래야 뗄 수 없는 밀접한 관계로 여겨졌기 때문이었다. 그 동안 저술한 글들을 '환경정의의 사회학'이라는 틀에서 모아보려니, 그 화두를 빈곤과 관련지어 생각해 보려는 다음과 같은 사회학적 상상력(?)이 발동되었다.

주지하다시피 지구화에 따른 전 세계적 불평등은 제3세계의 빈곤상황을 가중시키는 한편, 북반구의 선진국에서는 통제 불가능한 시장에서의 과소비적 낭비를 연출하고 있다. 제3세계의 빈곤은 자유무역체제 속에 살아남기 위한 자연자원의 착취를 가져와, 지구의 허파를 병들게 하는 환경악화의 주범이라 할 것이다. 반면 한국

사회도 경험하고 있듯이 풍요를 추구하는 자본주의적 논리는 끊임없는 소비 욕망과 '자연의 상품화'를 자극하여, 미래 세대에 대한 배려 없는 투기 열풍을 일으키고 있다.

빈곤(貧困)이라는 한자를 각각 떼어내어 어원을 따져보면 상형문자적 흥미로움이 발견된다. 빈(貧)은 조개(貝)를 나누는 일(分)이고, 곤(困)은 입(口) 속에 나무(木)가 들어 있는 상태이다. 물론 '빈'의 뜻은 조개조차 나누어 먹을 정도의 궁핍한 상황을 드러내는 것이겠지만, 가난함에도 불구하고 나눌 수 있는 상호적 연대의 정신을 어쨌든 포함하고 있다. 반면에 '곤'에는 초근목피와 비슷한 맥락에서 당장의 호구지책을 위해 자연을 파괴하는 의미가 강조되는 것 같다.

언어적 상상은 빈, 곤과 비슷한 모양의 한자와의 대비로 발전되었다. 우선 탐(貪)이라는 한자는 '빈'이라는 한자에서의 나눌 분(分) 대신 이제 금(今)을 대치시킨 모양의 글자이다. 즉 '탐'이란 조개로 비유되는 자연적 자산을 현재와 당대의 욕망을 위해 지금 이 자리에서 개인적으로 소유하고 다 써버리는 것을 가리킨다. 그에 반해 '빈'은 이웃뿐만 아닌 동물, 식물 등 타자와의, 그리고 미래 세대와의 나눔을 위해 현재의 자연적 자산을 거덜 내지 않고 아끼는 자세가 아닐까?

다른 한편으로 '곤'과 대조적인 한자로는 '화'(和)가 있다. 이 글자는 벼(禾)와 입(口)이 공존하는 상태, 곧 식구의 기본적 먹을거리가 갖추어 질 때 평화가 가능함을 암시한다. 나무를 베어 수출하지 않으면 생존이 어려운 제3세계의 곤궁함은 하나 뿐인 지구의 북반구에도 치명적인 환경피해를 입히고 있다. 이렇게 볼 때 지구의 평화는 사람과 동식물의 기본적 생명활동이 평등하게 보장될 때 지속될 수 있는 것이다.

여기서 필자는 환경정의의 기본 입장이 말 같이 쉬운 일은 아니겠지만 '빈(貧)하되 곤(困)하지 않음', 또는 '탐(貪)하지 않는 화(和)'에 있음을 강조하고 싶었다. 하지만 이러한 언어적 상상이 자본주의 지구화의 시대 속에 종교적 교의가 아닌 사회과학적 논리로 어떻게 담론화될 수 있을까는 향후의 과제로 남겨두기로 하겠다. 그럼에도 불구하고 사회생태적 불평등을 낳는 탐욕의 체계를 제어하고 사회적 불평등의 결과인 빈곤집단의 자연적 착취를 예방하는, 서로 아끼고 나누는 조화의 공동체만이 환경정의의 유력한 실천적 단위라는 점은 명확한 듯싶다.

## 2.

그러면 환경정의의 유형들을 사회정의[1]에 대한 담론들에 비추어 논구해 보도록 하자. 먼저 피츠패트릭(Fitzpatrick, 2003)에 의하면, 사회정의의 모델들은 평등적 정의, 상호적 정의, 절차적 정의라

---

1) 사회정의(social justice)는 '이익과 부담의 공평한 분배'로 정의된다. 그런데 이익과 부담을 규정하는 사회 규범은 역사적, 사회구조적으로 다를 수 있으며, 공평한 분배의 방식에 대해서도 다양한 이견이 존재한다. 배리(Barry)는 정의에 대한 서로 다른 7가지 잣대를 평등, 상호성(reciprocity), 절차, 미덕, 복원, 처벌, 차별적 통합으로 제시하는데, 그 중에서는 평등으로서의 정의, 상호성으로서의 정의, 절차로서의 정의 세 가지가 가장 대표적인 형태이다 (Fitzpatrick, 2003).

는 세 가지로 구분될 수 있다.

우선 평등적 정의론은 정의가 자원이나 복지의 평등을 요구한다고 천명한다. 자원은 내부적(재능, 기능, 능력)일 수도 있고 외부적(소득, 부, 기회)일 수도 있지만, 자원 평등주의는 선천적 불평등은 부차적으로 보고 외부적 자원의 평등화가 필요하다고 주장한다. 자원이 소유라고 한다면, 복지는 이런 맥락에서 소유가 가능케 하는 성취를 가리킨다. 따라서 성취와 성취가 가져오는 만족의 평등화란 실제적이지도 않고 바람직하지도 않다고 폭넓게 주장되기 때문에, 복지 평등주의는 자원 평등주의보다는 지지를 적게 받아 왔다. 어쨌든 국가사회주의이든 사회민주주의든, 노동정치로 대표되는 기존의 진보주의는 노동조합의 조직력을 바탕으로 이러한 자원의 평등이나 복지의 평등을 일관되게 강조해 왔다고 볼 수 있다.

다음으로 상호적 정의론은 사회의 주체들이 상호성을 최고선으로 여기고 도덕적 기준을 갖출 것을 전제한다. 이는 공적(내가 사회적 생산물로부터 취하는 바는 내가 기여한 바에 비례해야 한다는 것)과 의무(나의 이득이라는 개념은 자기평가보다는 타인의 평가에 의함)에 대한 강력한 강조를 의미한다. 상호적 정의는 평등주의의 윤리와 실천이 빛바래져가는 시대에 매력적이다. 그것은 평등적 정의의 '사회주의'와 공동체 소속 및 정체성의 이상을 보존하지만, 결과의 통제보다는 공정한 규칙에 대한 공동의 준수를 강조하는 절차주의에 호소하기도 한다. 이러한 상호적 정의론은 협동조합과 유토피안 사회주의 전통에 있는 사회적 경제(social economy), 또는 연대의 경제 모형에 유사하다고 볼 수 있다.

마지막으로 절차적 정의론은 분배 패턴 자체보다는 주어진 분배의 패턴을 만드는 수단에 관심이 있다. 그러므로 만약 일련의 교환에서 각 개인의 이전과 거래(최초의 자원 취득 포함)가 공정하여 어떤 사람의 권리도 침범하지 않는다면, 광범위한 불평등이 발생된다 하더라도 그러한 일련의 과정 또한 공정하다는 것이다. 비판적으로 보면, 극단적인 절차적 정의는 사회정의의 이상을 목표로 하는 모든 형태의 평등주의, 사회주의 및 복지주의 이상들에 대한 도전이 될 수도 있다. 하지만 시민사회의 형성으로 다양한 이해당지자의 조정이 점차로 중요해짐에 따라 숙의과정(deliberative process)의 절차적 정의를 평등적 정의나 상호적 정의에 비해 지나치게 경시할 필요는 없다고 할 수 있다.

그러면 각각의 유형을 환경문제에 결부시켜, 평등적 환경정의, 상호적 환경정의, 절차적 환경정의의 내용을 도출해 보자. 먼저 평등적 환경정의는 미국의 흑인지역 중심으로 제기되었던 인종 및 계급 차별이라는 사회적 부정의와 환경오염에 맞선 전통적 환경정의운동 형태들에서 뚜렷이 발견된다. 한국의 경우에는 사회적으로 배제된 농어민 거주지에 입지하는 핵 발전 관련 시설에 대한 반대가 대표적 사례라고 할 수 있다. 또한 이 책에서 다루는 울산, 여수 등 석유화학단지 주변에 거주하는 주민들은 국가와 기업의 경제적 이익을 위해 환경오염에 따른 건강 피해뿐만 아니라 이주에 따른 사회경제적 손실을 입어 환경부정의의 또 다른 예를 보여주는 것이다.

다음으로 상호적 환경정의의 이념은 인간 상호간의 협동적 생산과 민주적 의사결정, 그리고 인간과 자연의 지속가능한 공존을 추구하는 생태공동체의 논리에서 찾아볼 수 있다. 인간도 자연의 일부로서 다른 동식물과 마찬가지로 생명활동을 할 권리가 있다는 점에 착안해 볼 때, 인간 상호간 신뢰와 연대로 환경오염과 같은 사회문제와 함께 실업, 빈곤의 경제문제를 한꺼번에 해결하는 사회적 경제의 시도는 여전히 유의미한 대안으로 존재하는 셈이다. 그런데 사실 상호적 환경정의의 실천에서 남겨진 문제는 대안적 담론이 부실하다는 것보다는, 사회생태적 시공간의식이 불충분한 채로 자본주의적 사회화에 길들여진 인간이 개인주의적 탐욕과 당장의 곤궁을 뛰어넘어 어떻게 공동체적 연대를 체질화, 체계화시킬 수 있는가와 관련된 것인지도 모른다.

마지막으로 절차적 환경정의는 작은 정부를 지향하는 최근의 환경정책에서 부각되고 있는 가버넌스, 숙의과정 등의 참여적 의사결정을 강조하는 입장이다. 이 담론은 자칫 잘못하면 2005년의 방폐장 입지 관련 주민투표의 예처럼 형식적 절차주의에 매몰된 무늬만 환경정의인 환경부정의의 이데올로기적 수단이 될 수도 있다. 그러나 시민단체와 주민의 참여가 공정하게 보장되기만 한다면, 지방, 국가, 세계 수준의 여러 환경 이슈를 둘러싼 이해집단 간 갈등을 해결하면서 각 이해당사자의 사회생태의식도 제고시키는 유력한 방도로 활용될 수 있다.

이와 같은 세 가지 환경정의의 유형 가운데 어떤 모델이 더 우선된다는 가치판단을 쉽사리 내릴 필요는 없을 것이다. 각종의 환경부정의가 판을 치는 현실 속에서 상황에 맞는 환경정의의 추구를 통해 사회생태적 지속가능성을 다양하게 모색하는 것이 바람직하기 때문이다. 그러나 필자의 가치판단을 굳이 노출시킨다면, 평등적 환경정의와 절차적 환경정의를 융합시켜 공동체 차원에서 문제 해결을 꾀하는 상호적 환경정의의 정향이 정의롭고 지속가능한 사회생태운동에서 좀 더 근본적인(radical) 차원이 아닌가 생각한다.

## 3.

이 책은 1996년 이후 2005년까지 발표한 환경사회학 관련 10편의 논문들을 바탕으로 구성되었다. 제I장에서 제IV장까지는 특히 반핵을 중심으로 한 환경의식과 환경행동에 대한 실증적 접근을 모았으며, 제V장, 제VI장, 제VII장은 평등적 환경정의와 관련된 공단 주민의 실태와 환경운동을 분석하는 글들로 이루어져 있다. 또한 제VIII장부터 제X장까지의 논문들은 비교적 최근의 환경정의 모델인 상호적 정의와 절차적 정의를 아우르는 생태적 자활, 생태공동체, 숙의민주주의와 관련된 논의들이다. 각각의 출처를 밝히면 다음과 같다.

제I장 "환경의식과 환경행동의 사회적 기반", 한국환경사회학회, 『에코』, 제2호, 2002.

제II장 "핵발전소 주변 주민의 환경의식과 행동", 지역사회학회, 『지역사회학』, 제1집, 1999.

제III장 "반핵운동을 둘러싼 시민의식과 참여도", 한상진 외, 『울산지역 환경정책 결정과정에서의 시민의사 반영과 환경민원 해결을 위한 정책대안 연구』, 울산지역환경기술개발센터, 2차년도 연구사업과제 결과보고서, 2000.

제IV장 "정보화시대의 환경문제와 환경운동", 『환경과 생명』,

겨울호, 1997.

제V장 "울산공단 환경문제의 구조와 전망", 『환경과 생명』, 겨울호, 1996.

제VI장 "공단 조성과 환경오염지역 이주사업이 주민생활에 미치는 영향", 한국환경사회학회, 『에코』, 제6호, 2004.

제VII장 "공단 주변 주민의 환경태도와 환경운동", 울산대 사회과학연구소, 『사회과학논집』, 제10권 제1호, 2000.

제VIII장 "생태적 자활을 위한 시론적 구상", 한국환경철학회, 한국환경사회학회 공동 추계학술대회 발표문, 2005.

제IX장 "자본의 힘에 맞서는 생태적 대안", 세계사회학회 라운드테이블24 국제학술대회, 『지구화, 지방화와 환경』(영문으로 발표된 것을 번역), 2004.

제X장 "환경 갈등의 해결을 위한 환경 가버넌스 형성과 숙의 민주주의의 시도", 한국환경사회학회, 『에코』, 제8호, 2005.

편집과정에 수고해 주신 울산대 출판부에게 감사하며, 이 책을 2006년 1학기를 마지막으로 은퇴하시는 서울대 사회학과 권태환(權泰煥) 선생님께 헌정코자 한다.

2006년 봄

문수산 어귀에서

韓相津 씀

# 제1부

# 환경의식과 환경운동의 사회학

제1장

# 환경의식과 환경행동의 사회적 기반

## 1. 문제의 제기

1990년대 이후 우리나라 국민의 환경의식 수준은 꽤 높아지고, 환경운동 역시 양과 질 양면에서 성장, 발전을 거듭해 왔다. 구도완(1999)에 의하면, 우리나라 환경오염의 전반적 상태에 대한 심각도 인식은 1988년의 86.4%에서 1996년의 88.6%, 1997년의 94.2%로 꾸준히 증가했다. 환경정책의 상대적 중요성에 대해서도, 1987년에는 17.1%로 3위였다가 1990년에 20.8%로 2위에 올라가고 1996년에는 33.1%로 마침내 1위를 차지하게 되었다. 이렇듯 사회여론의 수준에서 환경문제에 대한 관심과 정책적 반영정도가 늘어난 결과, 2000년에 '영월 댐 건설의 백지화'라는 성과가 가능했다고 볼 수 있다.

한편 이에 발맞추어 한국의 환경운동은 전문환경운동을 중심으로 내부적 조직력과 대외적 영향력을 증가시켜 왔다. 구도완(2000)에 의하면, 1990년대의 전문환경운동은 조직의 정체성을 확립하고 인적, 물적 자원동원 능력을 갖추는 등 내적 영향 면에서 뚜렷한 성공을 거두었다. 외적 영향 면에서도 국가정책에 대한 절차적 영향, 환경오염의 속도 지체와 같은 실질적 영향, 국민의 환경주의 내면화라는 감응적 영향을 발휘해 왔다고 할 수 있다. 하지만 현 단계 한국의 환경운동은 담화 수준의 '환경친화'를 행동으로 전화시켜 사회적 패러다임으로 정착시키는 데까지는 이르지 못한 것으로 평가된다.

그렇다면 21세기의 지속 가능한 환경보전을 위해 환경의식과 환경운동은 어떻게 발전되어야 할까? 먼저 무엇보다 환경에 대한 높은 관심도를 일상적인 환경친화적 행동으로 정착시키고, 환경운동 또한 그러한 바탕 위에서 일반 주민의 집단행동을 조직화해 나가는 것이 요구된다. 즉 모든 시민들이 개인 차원의 친환경적 생활방식을 체질화하면서, 지역사회 및 구조적 차원의 환경문제를 해결하기 위한 운동에도 동시에 참여하도록 해야 하는 것이다.

이와 같은 당위론에 대해 극구 부정할 사람은 드물 테지만, 중요한 것은 많은 사람들의 경우 마음대로 몸이 따라주지 않는다는 사실이다. 물론 이러한 관념과 실천의 분리 문제는 개인적 게으름의 탓이라기보다는, 그 자체의 사회적 기반에 뿌리를 둔 것으로 보아야 한다. 그러므로 개별적, 집합적 환경행동의 활성화를 위해서는 그러한 실천에 영향을 미치는 사회적 요소들이 무엇인지를 분별할 필요가 있다. 이와 같은 문제의식 아래 이 글은 개인적, 집단적 차원에서의 환경태도와 환경행동이 사회인구학적 특성과 어떠한 관계를 맺는지 분석함으로써 21세기 환경운동의 발전 방향을 탐색하고자 한다.

지금까지 우리나라에서 환경문제를 둘러싼 사회학적 논의들은 환경운동의 특성과 유형을 살피거나(구도완, 1996; 이득연, 1998 등), 환경의식의 사회적 요인을 탐구(양종회, 1992; Kim, 1999 등)하는 데 치중해 왔다. 이들 논의는 새로운 사회운동으로서의 환경운동이 갖는 이데올로기적, 정치적 성격을 드러내는 한편으로, 탈물질주의적 가치가 환경의식에 어느 정도 접맥되는가를 중점적으로 분석하고 있다. 그런데 이에 비해 환경의식과 환경운동을 매개하는 개인의 환경행동에 초점을 두는 연구는 거의 없었다고 할 수 있다.

필자는 뒤의 II장의 글에서 핵발전소 주변 주민들을 대상으로 환경의식과 행동의 관계를 고찰하여, 민원제기나 반핵모임 참여 등의 반핵행동이 환경문제 심각도 평가와 같은 일반적 환경의식과는 별로 관계없으며 핵발전소 위험도 평가로 측정한 반핵의식에 주로 영향을 받는다고 밝힐 것이다. 여기서는 그 연장선 위에서 환경의식과 환경행동의 사회적 기반을 검증함으로써, 그것이 지니는 이론적 시사점을 검토하고 나름대로의 실천적 함축을 이끌어내려 한다.

이 글은 2절에서 환경의식과 환경행동을 규정하는 사회인구학적 특성에 대한 기존의 이론적 관점들을 탈물질주의 명제, 반영가설, 신중간계급 명제, 환경정의 접근 등 상반된 네 가지 논쟁 축으로 정리하고, 연구 쟁점과 변수간 관계를 제시한다. 그런 다음 3절에서는 자료의 성격 및 수집방법을 밝히고, 사회인구학적 특성에 따른 환경의식의 분포를 평균분석에 의해 살핌과 동시에 개인 수준과 집단 수준의 환경행동을 종속변수로 한 회귀분석 결과를 검토한다. 마지막으로 4절에서는 연구결과를 요약하고 이론적, 실천적 함의를 언급한다.

이에 덧붙여 이 글에서 사용되는 환경의식, 환경태도, 환경행동의 용어에 대해 정리를 해 보면 다음과 같다. 먼저 환경의식은 전반적인 환경관심도와 개별적(개인적) 환경태도, 집합적(집단적) 환경태도를 포괄하는 것이라 조작적으로 정의한다. 환경행동 또한 개별적(개인적) 환경행동과 집합적(집단적) 환경행동으로 구분될 수 있는데, 이 때 개별적이라는 의미는 개인 또는 가구 수준에서 행해지는 일상적 차원을 가리키며 집합적이라는 의미는 더 큰 조직, 정당 수준에 조응하는 것이다.

## 2. 이론적 배경과 연구 쟁점

### 1) 이론적 관점들

1970년대 이후 서구의 많은 환경사회학 연구들은 고학력의 자유주의적 정치지향을 가진 핵가족 형태의 중산층 주민들에게서 환경관심도가 높음을 발견해 왔다. 예컨대 존스와 던랩(Jones and Dunlap, 1992) 등은 환경에 대한 관심이 연령이 높을수록 적고 높은 교육수준과 자유주의적 이데올로기를 가질수록 많으며, 소득, 직업위신, 도시거주, 성별과는 상관없다고 결론짓고 있다. 하지만 세귄 등(Seguin et al., 1998)에 따르면, 1990년대 이후 환경에 대한 관심도가 널리 확산되면서 그러한 사회인구학적 요인이 환경관심 정도에 갖는 차별성은 줄어들었다고 확인된다.

그 대신 실제의 비용이 소요되는 개별적 환경행동이나 환경운동조직에 대한 참여는 여전히 사회인구학적 변수에 의해 차별화된다고 볼 수 있다. 몇몇 연구들(Oskamp et al., 1991; Vining & Ebreo, 1990)은 개인 수준의 환경행동이 연령, 주거유형, 주택소유와 상관관계를 맺는다고 보고하고 있다. 그리고 물질적 욕구가 해결되지 못한 저소득층에게 재활용과 같은 개별적 환경행동이 낮은 수준으로 나타나는 까닭은 공공적 무관심, 운명주의, 의존성, 환경관심의 결여 등으로 설명되고 있다. 집합적 수준에서의 환경운동 참여의 경우에도 환경악화 및 건강피해에 대한 인식, 경제적 자원의 가용성, 전문적 지식 및 지역공동체성의 정도 등이 결정요인으로 지적되어 왔다.

이렇게 간헐적으로 설명되어 온 환경태도와 환경행동의 사회인구학적 요인을 포괄해 보면, 이론적 논쟁의 줄기는 다음의 두 가지로 요약될 수 있다. 첫 번째는 환경친화적 의식과 행동을 유발하는 원인의 측면에서 그것이 탈물질주의의 소산인가, 환경악화의 반영인가라는 쟁점이다. 두 번째는 환경친화적 의식, 행동을 주도하는 주체의 측면에서 신중간계급과 하층계급 가운데 어떤 집단을 중심으로 보는가라는 쟁점이다. 여기서는 첫 번째 쟁점과 관련한 이론적 관점으로 탈물질주의 명제와 반영가설을, 두 번째 쟁점과 관련되는 것으로 신중간계급 명제와 환경정의 접근을 소개한다(정준금 외, 1999).

### (1) 탈물질주의의 소산인가, 환경악화의 반영인가?

탈물질주의 명제(post-materialist thesis)는 환경에 대한 관심 증가와 친환경적 생활양식의 정착을 서구 사회에서의 가치관의 포괄적인 변동이라는 차원에서 설명한다. 대표적으로 잉글하트(Inglehart, 1990)는 대공황과 양차 대전에 걸쳐 경제적 고통을 경험한 구세대와 달리, 전후 베이비 붐 세대는 경제적으로 안정되어 소속감이나 개인적 성취라는 비물질적 욕구가 강하다고 본다. 즉 이들 신세대에게는 이념에 대한 관심, 개인적 성장의 추구, 의사결정에서의 자율성, 물리적 환경의 질 개선과 같은 탈물질주의적인 가치가 중요하다는 것이다.

이와 같은 가설은 컷그로브(Cotgrove, 1982)에 의해 환경주의에 적용되었는데, 그는 환경주의자들이 좀더 인간적인 사회로 진보하는 것과 같은 비물질적 목표에 우선순위를 둔다고 주장한다. 다시 말해 환경운동단체에 열심히 활동하는 사람들을 다른 사람들과 구별짓는 것은 단지 고조된 환경의식 뿐만 아니라 일련의 대안적인 탈물질주의적 가치에 대한 헌신이라는 것이다. 이러한 탈물질주의 명제는 환경운동에서의 신중간계급 분파의 주도성을 강조함으로써, 뒤에 살필 신중간계급 명제의 이론적 토대를 제공하고 있다.[1)]

1) 탈물질주의 명제에 대한 비판은 다음의 두 가지가 핵심적이다 (Hannigan, 1995). 첫째 탈물질주의 가치가 어디에서 비롯되는지가 명확하지 않다는 점이다. 컷그로브는 비물질적 가치에 대한 헌신이 사춘기 때 강화되고 부모가 탈물질적 가치를 포용하는 가정에서 더 많이 발생한다고 지적한다. 그러나 그 과정은 이러한 사회화보다는 경제적 이해관계에서 기원한다고 볼 수도 있을 것이다. 둘째 환경에 대한 공공의 관심은 물질적 풍요를 거친 선진산업국가에 국한되는 것이 아니라 지구적 규모로 존재할 수 있다는 점이다. 국가간 비교 조사의 결과, 인도, 멕시코, 우루과이 등의 제3세계 국가들은 일본, 핀란드 등 몇몇 선진국보다 환경보호를 위해 더 높은 상품 가격과 세금을 지불할 의사가 더 많게 나타났다. 즉 환경주의는 탈물질적 가치변동의 결

이와는 달리 반영가설(reflection hypothesis)은 환경의식 및 환경행동의 발전이 실제의 환경악화 정도에 직접 관련된다고 가정한다. 이 관점에 의하면, 서구에서의 환경오염은 2차대전 후 시작되었으며 1960년대 후반에 정점을 거쳤다고 본다. 1970년대 이후 서구에서 환경운동이 급성장한 이유는 이러한 환경 상황의 직접적 반응이라고 파악되고 있다. 던랩과 스케어스(Dunlap & Scarce, 1990)는 그 증거를, 1970-80년대의 20년 동안의 미국인 의식변화를 분석한 결과 대다수가 광범위한 환경문제들이 개인의 건강과 전체적 환경의 질을 악화시킨다고 점점 더 생각하고 있는 데서 찾고 있다.

젤리커(Jehlicka, 1992)에 따르면, 유럽의 경우에도 환경에 대한 관심이 생태조건의 심각도에 직접 영향을 받은 것으로 밝혀진다. 즉 남부 독일, 벨기에, 룩셈부르크, 네덜란드, 북프랑스, 스위스 등은 생태계 파괴가 매우 심각하여 환경에 대한 관심이 매우 발전한 반면, 영국과 스칸디나비아 국가들은 환경문제가 덜 심각하여 환경주의가 덜 발전한 결과 제도권 정치에 흡수되었다는 것이다. 이렇게 볼 때 반영가설은 환경문제의 심각성을 반영하여 환경친화적 의식과 환경행동이 발전한다는 상식적인 주장을 편다고 할 수 있다.[2)]

---

과가 아니라 부국, 빈국 모두에서 다양한 원인들에 의해 발생한다는 것이다.

2) 반영가설에 대한 비판은 아래 세 가지로 정리될 수 있다(Hannigan, 1995). 첫째, 환경의 질이 20세기 동안 지속적으로 저하되어 왔지만, 대부분의 기간동안 일반시민은 이런 사실을 무시해 왔다는 점이다. 환경악화가 심했던 1960년에 미국의 환경운동단체들이 깨끗한 공기를 위한 캠페인을 진행했을 때 대중은 관심이나 지지를 거의 보이지 않았다는 사실이 대표적 예로 제시된다. 둘째, 비슷한 지적이지만 환경문제에 대한 인식은 문제 그 자체의 심각도와는 별로 상관없다는 사실이

### (2) 누가 주도하는가? - 신중간계급 또는 하층계급

신중간계급 명제(new middle class thesis)는 탈물질주의 명제와 같은 맥락에 있지만, 환경친화적 윤리를 채택하는 사람들의 사회적 위치에 좀더 주목한다. 이 관점에 따르면, 환경주의자들은 창조적이고 공공서비스 지향적인 직업에 종사하는 교사, 사회사업가, 언론인, 예술가, 교수 같은 '사회문화적 전문가' 집단에서 가장 많다고 한다. 그러나 왜 이들 직업집단이 중간계급의 다른 분파보다 더욱더 친환경적인 의식과 행동에 이끌리게 되는지는 명확하지 않다.

하나의 가능한 설명은 그들의 고객과의 관련성 및 상호작용의 성격인데, 이들 직업의 사회적 상황은 산업발전에 의한 비권력층의 희생을 직접 확인할 수 있기 때문에 이타적 차원에서 환경문제에 관심을 기울인다는 것이다. 이는 은행이나 일반기업의 신중간계급의 경우 기술적, 금융적 목적에 관심을 가짐으로써 환경운동에 무관심해지는 것과 대비된다. 또 다른 설명은 이들 지식계급이 이타적이라기 보다는 스스로의 이해관계를 강하게 인식하고 있다는 버거(Berger, 1986)의 주장에서 찾을 수 있다. 그에 따르면, 이들 전문가 중간계급은 연구비 수혜, 학술회의 여행 등 새로운 사회문제의 추구에 따른 긍정적인 보상을 받기 때문에 환경주의를 지

---

다. 예컨대 미국에서 대기오염에 대한 관심은 1960년대말에 발생되었는데, 이 때는 많은 도시지역에서 대기오염 수준이 감소된 때라고 할 수 있다. 셋째, 많은 환경문제, 특히 최근의 산성비, 지구온난화, 오존층 파괴 등은 매우 극단적인 경우를 제외하고는 가시적이지 않다는 것이다. 이처럼 이들 비판은 환경의식과 환경행동의 제고가 환경문제의 심각도를 반영하기보다는 과학전문가, 환경운동가, 대중매체의 역할과 같은 다른 요인에서 좀더 비롯됨을 강조하는 것이다.

지하게 된다는 것이다.[3]

마지막으로 환경정의 접근(environmental justice approach)은 깨끗한 환경을 향유할 기본권이 사회구조적 불평등에 의해 억압됨으로써 환경피해가 사회적, 공간적으로 차별화됨을 강조한다.[4] 이 관점에 의하면, 환경정의는 상품화와 사유재산으로 위협받는 자연자원에 대한 공동체적 접근과 지속가능한 생활양식을 위협하는 생태계 파괴에 대항한 역동적인 운동에 의해서만 보장될 수 있다. 그에 따라 이 접근은 환경문제와 관련된 인종, 성, 계급 등 사회불평등에 주목하면서, 특히 지역사회에 근거를 둔 장소의 정치를 추구해 왔다.

---

3) 스타인메츠(Steinmetz, 1994)는 환경주의와 같은 새로운 사회운동을 신중간계급에 의해 설명하려는 시도가 갖는 문제점을 다음과 같이 비판하고 있다. 첫째 새로운 사회운동의 사회적 구성은 신중간계급에 의한 설명보다 훨씬 다양하다는 점이다. 예컨대 미국의 환경정의운동은 하층집단에 의해 주도되며, 현재의 위험사회에서 모든 사람은 환경문제에 의해 영향을 받으므로 환경운동에 대한 참여는 계급구분을 뛰어넘는다는 것이다. 둘째, 실제로 신중간계급이 좀더 환경운동에 적극적이라 하더라도, 이는 똑같이 환경에 관심을 갖고 있지만 자원이 상대적으로 결여되어 있는 하층계급에 비해 이들 계급이 환경문제를 좀더 잘 인식할 수 있고 이에 대항하는 자원을 좀더 동원할 수 있기 때문이라는 점이다.

4) 미국에서 환경정의 접근은 환경정책 결정에서 나타나는 인종차별주의를 지칭하는 환경인종주의에 대한 반대에서 출발한 것이다. 즉 흑인 5명 중 3명이 유독성 쓰레기가 버려진 곳에 살고 있고 60%의 흑인이 유해폐기물 처리장 근처에 살고 있다는 현실이 문제가 되는 것이다. 그리하여 1991년에는 지방적으로 분산된 이들 운동집단이 공동으로 전국유색인 환경지도자 회의를 개최하고 환경정의에 관한 선언을 채택하기도 했다. 한상진(1997) 참조.

한편 일본에서도 환경피해가 사회적, 생물학적 약자에게 집중되어 암사망률, 식품첨가물에 의한 피해율이 계급, 성별, 나이에 따라 불평등하다는 사실이 널리 조사되어 왔다. 그 가운데 토다 기요시(1996)는 환경정의 이념에 대해 인간활동 전체에서 환경에 주는 부담을 줄이는 동시에 지구적 차원에서 또 미래세대를 배려하는 관점에 서서, 환경에서 얻는 편익, 곧 환경자원의 향유와 환경파괴의 피해에 공평원칙을 적용함으로써 환경보전과 사회정의를 동시에 달성하려는 사상으로 정의한다. 이렇게 볼 때, 환경정의 접근은 신중간계급 명제와는 달리 환경친화적 행동의 주도세력으로 하층계급을 부각시킨다고 할 수 있다. 그리고 신중간계급 명제가 탈물질주의 명제에 대해 갖는 근친성보다는 덜 하지만, 하층계급이 환경악화의 가장 큰 피해자라는 점에서 이 접근은 반영가설과 어느 정도 친화성을 지닌다고 하겠다. 지금까지 살핀 네 가지 이론적 관점을 요약하면 <표 I-1>과 같다.

<표 Ⅰ-1> 환경의식과 환경행동을 둘러싼 이론적 관점들

| | 환경의식, 환경행동의 원인 측면 | | 환경의식, 환경행동의 주체 측면 | |
|---|---|---|---|---|
| | 탈물질주의 명제 | 반영가설 | 신중간계급 명제 | 환경정의 접근 |
| 주요 논점 | -환경의식, 환경행동의 원인을 서구 가치관의 변동 차원에서 설명.<br>-전후 신세대는 소속감, 개인적 성취 등 비물질적 욕구가 강해 환경주의와 친화적. | -환경의식, 환경행동이 실제의 환경악화 정도에 직접 관련된다고 봄.<br>-1970년대 이후 서구에서의 환경운동의 급성장은 급격한 환경오염의 결과. | -탈물질주의 명제와 같은 맥락에서 환경친화적 집단의 사회적 위치에 좀더 주목.<br>-환경주의자는 창조적이고 공공서비스 지향적인 사회문화적 전문가집단에서 많다고 함. | -환경피해가 사회적, 공간적으로 차별화됨을 강조.<br>-환경문제와 관련된 인종, 성, 계급 등 사회불평등에 주목.<br>-환경친화적 행동의 주도세력으로 하층계급을 부각시킴. |
| 비판점 | -탈물질주의의 원천이 무엇인지 불명확.<br>-환경관심도는 물질적으로 풍요한 서구 뿐만 아니라 제3세계에서도 발견됨. | -환경악화 기간동안 대부분의 시민들이 이를 무시할 정도로 환경문제 인식은 그 자체 심각도와 상관없음.<br>-지구온난화, 오존층 파괴 등 많은 환경문제는 극단적 경우를 제외하고 가시적이지 않음. | -환경운동의 사회적 구성은 신중간계급 외에도 다양.<br>-신중간계급이 환경운동에 좀 더 적극적이라 하더라도 이는 환경관심의 차이가 아니라 자원에 대한 동원능력의 차이 때문. | -'스모그는 민주적'이라는 말과 같이 대기오염, 수질오염 등의 문제는 계급을 뛰어넘는 모든 인간, 사회의 현안이라 할 수 있음. |

## 2) 연구쟁점과 변수간 관계

위의 이론적 배경에 근거하여 이 글에서 다룰 연구쟁점을 밝히면 아래와 같다. 첫째, 전반적인 환경관심도와 개별적, 집합적 환경태도에 영향을 미치는 사회인구학적 변수에는 어떤 것들이 있는가? 둘째 이들 사회인구학적 변수 가운데 개별적, 집합적 환경행동에 대한 결정요인으로 작용하는 것은 무엇인가? 셋째, 환경관심도와 환경태도는 개별적, 집합적 환경행동에 대해 어느 정도 영향을 미치는가?

그러면 이러한 연구쟁점을 중심으로 변수간의 관계를 설정해 보겠다. 우선 독립변수는 사회인구학적 특성과 관련되는 성, 연령, 거주지역, 직업, 월평균소득 등인데, 성별을 제외한 각각은 앞서 살핀 네 가지 이론적 관점과 연결될 수 있다. 즉 연령은 탈물질주의 명제에, 환경오염지역의 거주 여부는 반영가설에 연관되며, 직업 중 전문직 여부는 신중간계급 명제와, 직업 중 생산노무직 여부, 소득수준은 환경정의 접근과 친화적이라고 말할 수 있다.[5)]

다음으로 종속변수는 개별적, 집합적 환경행동인데, 개별적 환경행동은 쓰레기 분리수거 정도, 집합적 환경행동은 환경문제를 해결하기 위한 모임의 참여 정도로 측정했다.[6)] 사회인구학적 특성과

---

5) 이와 같은 독립변수의 설정 가운데 가장 논란이 될만한 것은 과연 연령이 탈물질주의 명제를 적절히 설명하는 변수인가라는 점일 것이다. 그러나 탈물질주의 지향성 자체를 독립변수로 하기에는 이것이 사회인구학적 특성이라기보다 환경태도에 밀접히 관련되기 때문에, 여기서는 애초 잉글하트의 문제의식을 받아들여 젊은 신세대일수록 탈물질주의적 가치관에 가깝다고 가정했다.

6) 개인적 환경행동의 변수 설정과 관련하여, 한국의 경우 종량제에 의한 쓰레기 처리방식의 도입 탓에 분리수거가 경제행위로 인식되는 경향이 강하다는 한계를 지적할 수 있다. 즉 분리수거의 성패는 경제적 인센티브와 더불어 전달체계에 따라 달라질 수 있으므로, 개별적 환경행동의 효과를 설명할 때 이러한 제도적인 틀에 따른 제약이 고려되어야 할 것이다. 환경단체 참여라는 집단적 환경행동의 변수 또한 그것이 환경의식의 결과로 설정되는 데에는 논란이 있을 수 있다. 환경단체에 대한 참여는 많은 경우 사회적 네트워크와 밀접하게 관련되기 때문이다.

환경행동에 대한 매개변수인 환경의식을 둘러싸고는 전반적인 환경관심도, 개별적 환경태도와 관련하여 음식물 쓰레기 분리배출 의사, 집합적 환경태도와 관련하여 환경정당 결성 지지도가 채택되었다. 이들 변수는 개별적, 집합적 환경행동의 사회적 기반을 살피는 회귀분석에 앞서, 사회인구학적 변수별로 그 평균적 특성이 어떠한지 고찰될 것이다. 지금까지 제시한 변수들의 관계를 그려보면 <그림 I-1>과 같다.

<그림 I-1> 변수간 관계

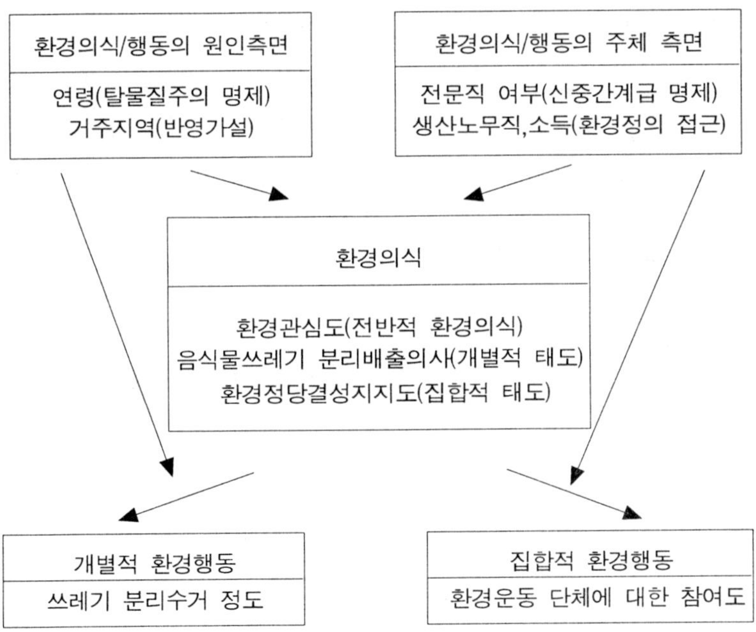

## 3. 조사 방법과 분석의 결과

### 1) 자료의 성격

이 글에서 사용된 자료는 김재홍·정준금·한상진(1999)이 울산에 거주하는 1,403가구를 대상으로 면접 조사한 설문결과이다. 이 표본은 울산광역시 읍.면.동의 인구규모에 따라 비례 층화 추출방법으로 1,003가구의 표본을 추출하여 가구당 20세 이상의 세대원 1명을 면접대상자로 선정했다. 그 밖에도 반영가설을 검증하는 데 필요한 공단주변의 환경오염지역 거주가구를 유의표집하여, 환경오염지역 이주사업이 시행되었으나 아직 이주하지 않은 100가구와 추가이주를 요구하고 있는 환경오염지역 300가구 등 400가구의 20세 이상 세대원 1명을 추가로 추출했다. 그런데 전체 표본 중 환경오염지역 거주가구는 일반표본 1,003가구 중 75가구를 포함하여 475 사례가 되었다.

### 2) 사회인구학적 특성별 환경의식의 평균분석

여기서는 앞서 설정한 환경의식 관련변수를 연령, 거주지역, 직업, 교육수준, 월평균소득 등의 사회인구학적 특성변수별로 평균분석한 결과를 검토해 보겠다(<표 I-2> 참조). 이에 앞서 환경의식 관련변수의 척도 구성을 살피면 다음과 같다. 우선 환경관심도는 신문이나 TV의 환경문제 보도를 늘 관심있게 보면 2점, 대충 보는 편이면 1점, 별로 보지 않으면 -1점, 전혀 안 보면 -2점을 주어 계산했다. 다음으로 음식물 쓰레기 분리배출 의사는 적극 찬성 2점, 찬성하는 편 1점, 반대하는 편 -1점, 적극 반대 -2점의 4점 척도로 구성되었다. 또 환경정당 결성 지지도는 적극 지지 2점, 지지하는 편 1점, 반대하는 편 -1점, 적극 반대 -2점, 그 때 가봐야 암 0점을 합산한 결과이다.

그리고 사회인구학적 특성변수들의 빈도분포는 다음과 같다. 남성은 48.7%, 여성은 51.3%이며, 연령은 20대 22.0%, 30대 31.3%, 40대 24.7%, 50대 11.4%, 60대 이상 10.5%이다. 한편 거주지역은 일반지역 66.1%, 환경오염지역 33.9%이다. 그리고 직업은 농수산업 5.8%, 기능숙련공 5.3%, 막노동 4.1%, 판매서비스직 28.9%, 사무기술직 15.2%, 경영관리직 1.5%, 전문직 5.6%, 전업주부 19.7%, 학생 5.6%, 무직 7.0%, 기타 1.4%로 나타난다. 월평균소득의 경우 50만원 이하 10.1%, 51-100만원 32.1%, 101-150만원 22.9%, 151-200만원 19.7%, 201-300만원 8.2%, 301만원 이상 2.9%의 분포를 보인다.

한편 전반적인 환경의식 면에서 환경관심도의 평균값은 1.16점이어서, 사례 표본의 환경에 대한 관심이 꽤 큰 편이다. 개별적, 집합적 환경태도의 경우에도 음식물 쓰레기 분리배출 의사의 평균은 1.53점, 환경정당 결성 시 지지의사의 평균은 1.10점으로 비교적 높은 점수를 기록하고 있는 셈이다.

그렇다면 이들 환경의식에 영향을 미치는 사회인구학적 특성에는 어떤 것들이 있을까? 우선 환경관심도는 남성과 30대, 40대의 연령층, 생산직 및 사무기술직 종사자, 300만원 이상의 소득층에서 상대적으로 크며, 환경오염지역 거주여부에 따라서는 큰 차이가 발견되지 않는다. 또한 음식물쓰레기 분리배출 의사는 남성과 고연령층일수록, 환경오염지역 거주자일수록, 농수산업 종사자일수록 높게 나타난다. 마지막으로 환경정당 결성 지지도는 오염지역 거주자에서만 상대적으로 두드러진 것으로 드러난다.

앞서 언급한 것처럼 존스와 던랩 등은 젊은 층에서 환경관심도가 더욱 높다고 주장해 왔다. 그런데 <표 I-2>를 보면, 그러한 경향은 찾을 수 없으며 오히려 중년층에서 전반적인 환경관심도가 약간 큼을 알 수 있다. 하지만 그렇다고 해서 젊은 층의 환경에 대한 관심 정도가 절대적으로 낮은 것은 아니기 때문에, 이 같은 현상은 구도완이나 세귄 등이 강조했듯이 1990년대 이후 환경관심도가 널리 확산된 결과를 방증한다고 여겨진다.

또한 개별적, 집합적 환경태도를 둘러싼 사회인구학적 특성의 영향을 살피면, 탈물질주의 명제보다는 반영가설이, 신중간계급 명제보다는 환경정의 접근이 좀더 타당함을 암시받을 수 있다. 특히 환경정당 지지도와 같은 집합적 환경태도 지향성은 환경오염이 심각한 지역에 거주하는 시민일수록 뚜렷이 높게 나타나, 환경문제의 정치적 해결을 원하는 정도는 환경악화 여부에 크게 의존한다고 말할 수 있다.

<표 I-2> 사회인구학적 특성변수별 환경의식 관련변수의 평균분석 결과

단위 : 평균값(표준편차)

| | 환경관심도 | 음식물쓰레기 분리배출 의사 | 환경정당 결성지지도 |
|---|---|---|---|
| 남성 | 1.2742(.903) | 1.5765(.621) | 1.0882(.864) |
| 여성 | 1.0528(1.00) | 1.4889(.713) | 1.1139(.800) |
| **성별의 F값** | **18.8***** | **6.0*** | **.3** |
| 20대 | .9871(1.00) | 1.4578(.695) | 1.0552(.835) |
| 30대 | 1.2711(.772) | 1.5148(.695) | 1.1435(.855) |
| 40대 | 1.3314(.841) | 1.5014(.739) | 1.0461(.807) |
| 50대 | 1.1509(1.06) | 1.6329(.484) | 1.1392(.818) |
| 60대이상 | .8041(1.34) | 1.6959(.504) | 1.1622(.825) |
| **연령의 F값** | **12.1***** | **4.3**** | **1.2** |
| 일반지역 | 1.1402(.920) | 1.4838(.681) | 1.0173(.830) |
| 환경오염지역 | 1.2000(1.04) | 1.6245(.642) | 1.2658(.810) |
| **거주지역의 F값** | **1.2** | **13.9***** | **28.6***** |
| 농수산업 | 1.2593(.972) | 1.8025(.401) | 1.2593(.833) |
| 기능숙련공 | 1.2973(.789) | 1.4730(.763) | 1.2162(.815) |
| 막노동 | 1.3509(.876) | 1.5439(.683) | 1.2105(.818) |
| 판매서비스직 | 1.2543(.825) | 1.4889(.688) | 1.0864(.850) |
| 사무기술직 | 1.2864(.845) | 1.5472(.669) | .9953(.884) |
| 경영관리직 | .9048(1.18) | 1.6667(.483) | 1.3810(.669) |
| 전문직 | 1.1519(.988) | 1.6076(.629) | 1.0506(.815) |
| 전업주부 | 1.0399(1.03) | 1.4928(.716) | 1.1377(.779) |
| 학생 | .8333(1.10) | 1.4872(.698) | .9359(.811) |
| 무직 | .9082(1.30) | 1.5816(.555) | 1.1122(.811) |
| 기타 | .8947(1.10) | 1.2778(.752) | 1.2778(.826) |
| **직업의 F값** | **3.6***** | **2.2*** | **1.6** |
| 50만원이하 | .9155(1.27) | 1.6408(.563) | 1.2183(.773) |
| 51-100만원 | 1.2339(.846) | 1.5179(.701) | 1.1138(.821) |
| 101-150만원 | 1.1682(.913) | 1.5469(.661) | 1.0531(.819) |
| 151-200만원 | 1.2319(.901) | 1.4601(.730) | 1.0725(.871) |
| 201-300만원 | 1.0087(1.10) | 1.5826(.546) | 1.0174(.848) |
| 301만원이상 | 1.2927(.981) | 1.5854(.499) | 1.2439(.969) |
| **월평균소득의 F값** | **3.5**** | **1.7** | **1.3** |
| 전체 | 1.1606(.963) | 1.5311(.671) | 1.1015(.832) |

주 : * $p<0.05$, ** $p<0.01$, *** $p<0.001$.

## 3. 환경행동의 사회적 기반에 대한 회귀분석

이제 여러 사회인구학적 특성변수 가운데 개별적, 집합적 환경행동에 영향을 미치는 요인은 어떤 것들이고, 앞서 살핀 환경관심도 및 개별적, 집합적 환경태도가 환경행동에 대해서는 어느 정도 효과를 지니는지 알아보자.[7] 여기에서 개별적 환경행동을 측정하기 위한 종속변수인 쓰레기 분리수거 정도는 아주 철저히 참여 4, 대충 참여 3, 별로 참여 않음 2, 전혀 참여 않음 1의 점수로 서열화시켰으며, 집합적 환경행동의 종속변수인 환경문제 해결모임 참여 정도의 경우 과거나 현재를 막론하고 매우 적극적인 참여는 4점, 약간 적극적인 참여는 3점, 약간 소극적인 참여는 2점, 매우 소극적인 참여는 1점을 주었고 전혀 참여하지 않으면 0점으로 조작했다.

이들 변수의 빈도를 살피면, 우선 쓰레기 분리수거 정도는 아주 철저히 참여 46.9%, 대충 참여 45.1%, 별로 참여 않음 5.7%, 전혀 참여 않음 2.3%의 분포를 보인다. 한편 환경문제를 해결하기 위한 모임의 참여 여부는 현재 참여 중 4.7%, 현재는 참여 않으나 과거에 참여 경험 12.0%, 참여한 적 없음 83.3%로 구성되어 있고, 과거나 현재에 참여한 사례에 한해 볼 때 참여 강도는 매우 적극적 17.3%, 약간 적극적 46.4%, 약간 소극적 28.6%, 매우 소극적 7.7%로 나타난다.

그리고 독립변수 중에 연령, 월평균 소득은 실변수가 그대로 사

---

7) 쓰레기 분리수거 정도와 환경문제 해결모임 참여정도 간 상관관계를 보면, 피어슨 상관계수는 -0.007이고 유의확률은 0.801로 매우 높아 통계적 유의도가 전혀 없다고 할 수 있다. 이는 개별적 환경행동과 집합적 환경행동의 사회적 기반이 서로 다름을 암시하는 것이다.

용되었으며, 성별의 경우 여성 1점, 남성 0점을 주었다. 그밖에 환경오염지역 거주여부와 전문직(교수, 교사, 예술가, 언론인 등) 여부, 생산노무직 여부(농수산업 종사자, 기능숙련공, 막노동자, 무직자 등)은 해당되면 1점, 해당되지 않으면 0점으로 처리되었고, 환경관심도, 음식물 쓰레기 분리배출 의사, 환경정당 결성지지도 등 환경의식 관련변수는 <표 I-2>의 척도대로 이용되었다.

<표 I-3> 사회인구학적 특성변수, 환경의식 관련변수에 따른 환경행동의 회귀분석 결과

| | 쓰레기분리수거 정도 | | 환경문제 해결모임참여 정도 | |
|---|---|---|---|---|
| | B | t값 | B | t값 |
| 성별 | 3.30E-02 | .866 | 7.37E-02 | 1.233 |
| 연령 | 1.24E-03 | .789 | 1.41E-02*** | 5.706 |
| 환경오염지역 거주여부 | -.147*** | -3.582 | .173** | 2.681 |
| 전문직 여부 | 8.88E-03 | .110 | -4.62E-02 | -.364 |
| 생산노무직 여부 | -6.70E-02 | -1.321 | -6.17E-02 | -.775 |
| 월평균소득 | 4.69E-05 | -.205 | 9.25E-05 | .258 |
| 환경관심도 | .108*** | 5.485 | .123*** | 3.976 |
| 음식물쓰레기 분리배출의사 | .173*** | 6.036 | 5.42E-02 | 1.221 |
| 환경정당 지지도 | 1.40E-02 | .615 | .109** | 3.043 |
| 상수 | 1.949*** | 20.827 | -.539*** | -3.664 |
| $R^2$의 변화량 | .063 | | .063 | |
| F값 | 9.853 | | 9.969 | |

주 : * p<0.05, ** p<0.01, *** p<0.001.

<표 I-3>은 쓰레기 분리수거 정도와 환경문제 해결을 위한 모임의 참여 정도 각각을 종속변수로 하여 위의 독립변수들을 입력시킨 회귀분석의 결과이다.[8] 쓰레기 분리수거와 같은 개별적 환경행동에 대해서는, 사회인구학적 특성과 관련하여 환경오염지역 거주여부가, 환경의식과 관련하여 환경관심도, 음식물 쓰레기 분리배출의사 등이 뚜렷한 영향을 미친다고 할 수 있다. 이에 비해 환경운동 단체의 참여 정도라는 집합적 환경행동은 사회인구학적 특성변수 가운데 연령과 환경오염지역 거주여부로부터, 환경의식 관련변수 중에는 환경관심도, 환경정당 결성 지지도로부터 영향을 받는 것으로 나타난다. 이렇게 볼 때 개별적, 집합적 환경행동 둘 다를 결정하는 변수로는 환경오염지역 거주여부와 환경관심도가 해당됨을 알 수 있다.

그런데 눈길을 끄는 것은 환경오염지역 거주여부가 쓰레기 분리수거 정도에 미치는 효과의 경우 -의 값이어서, 일반지역 거주자일수록 개별적 환경행동에 좀더 친화적이라는 점이다. 이와 같은 결과는 언뜻 보아 개별적 환경행동에 대해 반영가설이 적용되기 어려움을 입증하는 듯 하지만, 환경오염지역 거주자에게는 일상적인 환경친화의 노력을 기울일 여유조차 없다는 측면에서 해석한다면 반영가설의 설득력을 반증하는 것이기도 하다. 아울러 고연령층일수록 환경문제 해결모임 참여정도가 높다는 사실은 젊은 세대의

8) 회귀분석에 의한 이 연구의 이론적 검증은 추세와 경향을 함축할 뿐이지 그 자체의 통계적 유의미성은 엄밀한 의미를 갖지는 않는다고 볼 수 있다. 예를 들어 쓰레기 분리수거의 정도는 참여에 거의 모든 응답이 몰려 있기 때문에, 이를 4점 척도의 종속변수로 놓을 경우 회귀식 자체에 오류가 생길 가능성도 지적될 수 있다.

가치관을 강조하는 탈물질주의 명제가 집합적 환경행동을 설명하는 데 제한적임을 엿보게 한다. 다음으로 환경의식 변수의 환경행동에 대한 영향과 관련해 보면, 개별적, 집합적 차원 내부에서는 환경태도에 따라 환경행동이 일관되게 표출되는 현상을 발견할 수 있다.

## 4. 토의

지금까지 환경의식과 환경행동의 원인, 주체라는 측면에서 탈물질주의 명제, 반영가설, 신중간계급 명제, 환경정의 접근 등 네 가지 이론적 관점을 제시하고, 이에 근거한 연구쟁점에 비추어 환경의식과 환경행동의 사회적 기반을 살펴보았다. 분석의 결과는 다음과 같이 요약된다.

우선 사회인구학적 특성별로 환경의식을 평균분석한 결과, 환경관심도는 성별, 연령, 직업, 소득수준에 따라 두드러진 차이를 보이나, 환경오염지역 거주여부와는 크게 상관없는 것으로 나타난다. 또 음식물쓰레기 분리배출 의사의 경우에는 성별, 연령, 환경오염지역 거주여부, 직업 등이, 환경정당 결성 지지도에 대해서는 환경오염지역 거주여부만 뚜렷한 차이를 발생시킴을 알 수 있다. 한편 개별적, 집합적 환경행동을 종속변수로 하고 사회인구학적 특성과 환경의식을 독립변수로 하여 회귀분석을 수행한 결과, 쓰레기 분리수거 정도에 영향을 미치는 독립변수는 환경오염지역 거주여부와 환경관심도, 음식물 쓰레기 분리배출 의사로 파악된다. 그리고 환경문제 해결을 위한 모임의 참여 여부를 둘러싸고는 연령, 환경오염지역 거주여부와 환경관심도, 환경정당 결성 지지도 등의 독립변수가 영향을 미치고 있다.

그렇다면 이러한 분석이 갖는 이론적, 실천적 함의는 무엇일까? 이론적 함의로는 먼저 우리나라에서도 서구와 마찬가지로 환경관심도가 전반적으로 확산됨으로써, 사회인구학적 특성에 따른 차별화 효과가 그리 높지 않게 되었음을 지적할 수 있다. 이와 함께 환경의식, 환경행동의 원인에 대한 이론적 관점에 비추어 개별적, 집합적 환경태도 및 환경행동의 결정요인을 검토해 볼 때, 탈물질주의 명제에 비해 반영가설이 더욱 현실 타당하다고 추론할 수 있다. 환경의식과 환경행동 주체의 측면에서 보면, 저학력층과 농수산업 종사자에게서 음식물 쓰레기 분리배출 의사와 같은 개별적 환경태도의 지향이 좀더 두드러져 환경정의 접근이 신중간계급 명제보다 비교적 적합성이 높음을 시사한다. 하지만 그러한 개별적 환경태도에 대한 하층계급의 친화성은 집합적 환경태도나 환경행동을 둘러싸고는 발견되지 않고 있어, 환경정의 접근의 적용가능성이 반영가설에 미치지 못함을 짐작케 한다.

결론적으로 환경의식과 환경행동의 사회적 기반 가운데 가장 중요한 것은 여유로운 신세대 문화의 탈물질적 관념이 아니라, 환경오염지역의 열악한 삶의 질이라는 참을 수 없는 현실인 셈이다. 이 같은 이론적 검증에서 끌어낼 수 있는 실천적 함의는, 무엇보다 환경악화가 심각한 공단지역이나 난개발지역을 중심으로 개인적, 집단적 환경행동의 통일을 꾀하는 환경운동이 꾸준히 뿌리내려야 한다는 점일 것이다.[9] 이에 덧붙여 음식물 쓰레기 분리배출 의사가 높은데도 실제의 쓰레기 분리수거 정도는 떨어지는 환경오염지역 주민의 태도와 행동간 괴리 문제 역시 그 간극을 좁히기 위한 환경정책과 환경운동 둘 다의 관심을 요청한다고 볼 수 있다.

다음으로 회귀분석의 결과에서 보았듯이, 환경관심도가 환경행동의 두 지표 모두에 영향을 미치고 개별적, 집합적 차원 각각에서 환경태도가 환경행동을 일관되게 규정한다는 사실도 실천적 맥락에서 주목할 가치가 있다. 이는 환경문제에 대한 높은 관심도가 교육, 조직 등의 구체적 프로그램과 결합된다면 더욱 활발한 환경운동으로 결집될 수 있는 잠재력이 있음을 가리킨다. 게다가 환경문제의 개별적이고 집합적인 분야, 대상의 특성에 따라 의식과 행동간 연결 고리들을 효과적으로 발굴하는 것도 과제라고 생각된다.

마지막으로 이 글의 한계를 두 가지만 언급하겠다. 첫째, 애초의 설문구성에 따른 자료의 문제이기도 하지만 다양한 척도구성을 위한 노력이 미흡하여 분석결과의 일반화에 무리가 있다는 점이다. 둘째, 그 뿐만 아니라 회귀분석과 같은 양적 조사방법으로 환경의식과 환경행동 간의 복합적인 연관을 세밀하게 추적한다는 것은 근본적인 제약이 있다. 그러므로 특히 환경오염지역 주민의 신체적, 경제적, 공동체적 삶에 대한 질적, 역사적 접근이 추가로 요구된다 할 것이다.

---

9) 지금까지 대다수의 환경운동은 핵발전소나 댐 등의 설치를 반대하는 사후적인 집합행동에 그쳐, 개별적 환경행동의 지속가능한 조직화와 결합되지 못하는 한계를 보여 왔다. 21세기 환경운동의 발전은 환경파괴시설의 건설을 저지하는 주민운동과 재활용, 녹색소비 등의 일상적 환경실천이 얼마나 성공적으로 접합되는가에 크게 의존하리라고 전망된다.

제II장

# 핵발전소 주변 주민의 환경의식과 행동

## 1. 머리말

오늘날 핵 발전의 문제는 에너지 구조와 생태환경의 영역은 물론, 과학기술과 사회의 관계라는 좀 더 근본적인 차원에서 날카로운 쟁점으로 부각되고 있다. 원자력 관련기구들이 표방하는 찬핵의 입장은 핵에너지야말로 온실효과와 산성비의 주범인 화석연료를 대체하는 청정에너지원이라고 찬양한다.[1] 반면에 환경운동 진영의 반핵 주장에 따르면, 핵무기 개발이라는 군사활동에서 파생된 핵 발전은 반생명적인 거대 과학기술의 전형으로서, 지구 에너지 총량을 인위적으로 증가시켜 기후변화를 낳을 수 있다고 지적

1) 이들에 따르면, 세계적으로 원자력발전이 담당하는 전력량은 석유발전으로 환산할 때 연간 중동지역 석유생산량의 절반인 약 30억 배럴에 해당하는 것이다. 또한 이러한 규모는 모두 석탄화력으로 환산할 경우 연간 약 18억톤의 이산화탄소 방출량을 감소하는 데 기여하고 있다. 한편 비화석 에너지 가운데 재생 에너지는 지리적, 지형적 특성이 이용에 적합해야 할 뿐만 아니라 원자력에 비해 이용가능한 에너지 밀도가 적어 현재로서는 에너지 공급원의 대안이 될 수 없다고 한다. 통상산업부·한국전력공사(1996) 참조.

한다.[2] 더 나아가 이 문제는 구소련의 체르노빌 사고나 우리나라 안면도 사태가 보여주듯이 복합위험사회의 안전성 관리라는 기술. 사회적 논쟁과도 연관되어 있다.

우리나라 환경사회학의 흐름 가운데 핵 발전을 둘러싼 논의는 비교적 일찍이 시작되어 양적으로도 많은 성과를 거두어 온 편이다. 그런데 그 가운데 방사성 폐기물 처리장의 입지 선정을 위한 용역 결과인 서울대 인구 및 발전문제연구소 외(1991)와 김경동.홍두승(1992) 등을 제외하고는, 지역반핵운동의 특성에 초점을 맞춘 연구들(이득연, 1992; 박재묵, 1995; 한혜원, 1997 등)이 대부분이라 할 수 있다. 그 이유는 사회적 쟁점에 민감한 사회학의 특성 상, 전체 사회에 폭발적인 파장을 미치는 반핵 시위의 전개과정에 우선적으로 관심이 두어질 수밖에 없기 때문일 것이다.

한편 김경동·홍두승(1992)은 핵, 또는 원자력에 대한 국내 최초의 사회과학적 접근이라는 의의에도 불구하고, 주민의 (반)핵의식을 지역반핵운동과 연결지어 동태적으로 파악하지 못하고 평면적으로 기술하는 한계를 지닌다. 따라서 주민의 반핵행동이 어떠한 의식과 사회경험의 조건에서 가능한지를 면밀하게 검토하는 일이

---

2) 핵발전은 인간에 의해 개발된 기술이지만 핵연료 생산에서 에너지 생산, 폐기물 처분에 이르기까지의 모든 과정이 인간 자신으로부터 엄격하게 격리되어야 한다는 의미에서 반생명적이다. 그리고 생물자원, 풍력, 수력, 화석연료는 모두 태양에너지가 변형된 것인 데 반해, 핵에너지는 물질 자체의 내부구조를 변형시켜 에너지를 생산한다는 점에서 근본적 차이가 있다. 따라서 태양에너지, 조력, 지열에 의해 균형을 이루어왔던 지구의 에너지 흐름 속에 핵에너지가 새롭게 투입되는 것은 지구온도의 평형을 파괴시키는 결과를 가져오는 것이다. 이필렬(1996) 참조.

필요하다고 볼 수 있다. 다시 말해, 핵발전소 주변 주민의 반핵 시위와 같은 환경행동은 반핵의식과 어떻게 연관되며, 그러한 반핵의식과 일반적 환경의식의 관계는 어떠한가, 또한 이들 행동 및 의식에 영향을 미치는 사회인구학적 변수들은 무엇인가를 밝히는 작업이 요청되는 것이다.

환경사회학에서 환경의식과 환경행동의 관계는 매우 중요한 주제 중에 하나이다. 왜냐하면 아무리 환경의식이 높아진다고 해도 그것이 행동으로 연결되지 않는다면 실제의 환경문제를 개선시킬 수 없는 까닭이다(Eagley et al., 1997). 우리나라에서 환경의식을 결정하는 사회적 기반에 대한 탐구는 꾸준히 진척(양종회, 1992; 김두식, 1995 등)되어 왔으나, 그것이 실제의 환경행동에 어떻게 영향을 미치는가는 본격적으로 해명되지 못하고 있다. 그러므로 환경행동을 종속변수로, 사회인구학적 특성을 독립변수로 하고, 환경의식을 매개변수로 하는 좀더 복합적인 인과관계가 탐색되어야 할 것이다.

이 연구는 위와 같은 문제의식 아래 핵발전소 주변 주민의 사회적 경험, 환경의식, 반핵의식, 반핵행동 등이 어떻게 연관되는지를 살피고자 한다. 이 때의 연구 쟁점은 다음과 같은 세 가지이다. 첫째 핵발전소 입지에 따른 주변 주민의 피해와 혜택은 어떠한가? 둘째 주민의 일반적 환경의식은 어떠하며 반핵의식과 어떻게 관련되는가? 셋째 주민의 반핵행동에 영향을 미치는 요인은 사회인구학적 변수, 환경의식 변수, 반핵의식 변수 가운데 어떤 것들인가?

여기에 사용된 자료는 1997년 7-8월에 걸쳐 월성 핵발전소 주변인 경북 경주시 양남면, 양북면 일대와 고리 핵발전소 주변인 부산

기장군 장안읍 일대에서 면접 설문조사를 통해 수집되었다. 회수된 설문은 모두 153부이었으나, 농촌지역 노인들의 경우 부분적인 무응답이 많이 발견되어 최종적으로 135부만 분석의 대상으로 삼았다.

## 2. 기존 논의에 대한 검토

### 1) 환경의식과 환경행동

환경의식의 발생 원인에 관한 이론으로는 앞장에서 살폈듯이 반영가설(reflection hypothesis)과 탈물질주의 명제(post-materialism thesis)가 대표적이다(Hannigan, 1995). 반영가설은 의식이 형성되는 사회적 맥락을 강조하여 환경쟁점이 고조될 때 환경의식이 높아진다고 파악한다. 서구에서의 환경악화는 2차대전 후부터 시작되어 1960년대 후반에 정점을 맞이했는데, 1970년대 이후 환경의식이 고조된 까닭은 이러한 환경악화 상황의 직접적 반응으로 이해될 수 있다. 그러나 환경의식의 발생은 환경문제의 심각도를 그대로 반영하는 것이 아니라, 과학전문가나 환경운동, 대중매체의 역할과 같은 다른 요인에 의해 더 많은 영향을 받는다는 비판도 존재한다.

이에 비해 탈물질주의 명제는 환경에 대한 관심이 환경파괴 자체와는 상관없이 하나의 생활양식으로 일반화되어 전체 사회체계 수준의 중요성을 갖게 된다고 본다. 이 관점에 따르면, 경제적으로 안정된 선진국의 전후 세대에게는 의사결정에서의 자율성, 물리적 환경의 질 개선 등과 같은 탈물질주의적 가치가 중요하며 이러한 가치에 대한 헌신이 환경주의자의 정체성을 규정한다는 것이다. 하지만 환경의식에 관한 국제조사 결과들에 의하면, 일본, 핀란드 등 몇몇 선진국보다는 오히려 인도, 멕시코 등의 제3세계 국가에서 환경보호를 위해 더 높은 가격과 세금을 지불하겠다는 응답이 종종 더 많이 나타나기도 한다. 따라서 환경의식은 탈물질적 가치변동의 결과라기보다는, 부국, 빈국 모두에서 다양한 원인들에 의해 비롯된다고 보는 것이 타당할 것이다.

한편 환경의식과 사회적 경험의 관계에 대해서는, 자유주의적 정치이념을 소유한 고학력의 젊은 도시 거주자일수록 환경에 대한 태도가 긍정적이라고 보고되고 있다.[3] 또한 미디어의 영향을 강조하는 입장에서는 환경재난 및 갈등에 대한 대중매체의 보도가 특수한 환경문제를 공공의 쟁점으로 전환시킨다고 주장되기도 한다.

환경행동에는 생태적으로 책임있는 소비자 선택, 재활용, 에너지 절약 등 개인적 수준의 행동과 투표행위, 환경운동단체에 대한 기부 및 자원활동과 같은 일상적 정치행동이 있다. 최근 서구의 의식조사 결과를 보면, 사람들의 환경행동 정도는 계속 증가하는 것으로 나타난다.[4] 사회인구학적 특성 중 환경행동과 유의미한 상관관

3) 그런데 환경에 대해 아무리 긍정적인 태도를 갖고 있다고 해도 그것이 생태적 정의가 아닌 자기이익에 바탕을 둔 것일 경우, 그러한 환경의식은 인간의 편리를 위해 자연환경이 존재한다는 피상적 이해에 그칠 가능성이 크다(Krause, 1993).

4) 1990년 현재 미국인의 46%는 병이나 깡통의 재활용에, 26%는 신문재활용에 참여하고 있다. 그리고 재활용제품 및 생분해성 제품의 구매 비율은 7%, 지나친 포장의 회피비율은 25%이다. 또 자동차의 정기적인 사용 자제와 환경집단에 대한 기부는 각각 8%, 정치인에 대한 민원제

계에 있는 것은 성, 소득, 교육 등의 변수로서, 여성, 고소득자, 고학력자가 좀더 환경행동에 참여하는 것으로 알려져 있다.[5] 그렇지만 이와 같은 일상적 환경행동이 아니라 핵관련 시설입지에 대한 반대시위처럼 환경쟁점에 대응한 일시적 행동의 경우, 위의 변수와는 다른 요인들이 영향을 미칠 수 있다.

다음으로 환경의식와 환경행동의 관계에 대한 관심은 태도-행동의 일관성을 둘러싼 사회심리학의 고전적 논의에 바탕을 두고 있다.[6] 그런데 많은 경험적 연구들은 일반적인 환경의식의 개별 환경친화적 행동에 대한 상관관계가 약한 것으로 분석하고 있어, 환경태도와 행동 간의 강력한 관계를 입증하지 못하고 있다.[7] 이는

---

기 비율은 4%이다(Wall, 1995).

5) 개인적 수준의 환경행동 중에는 재활용참여가 가장 많이 연구되었는데, 재활용에 영향을 미치는 변수는 행동의 편리성, 환경쟁점에 대한 지식, 가족구성, 이웃의 기대와 행동, 행동과 관련된 내재적 만족감 등이다. Wall(1995) 참조.

6) 1970년대 이후 태도-행동관계에 대한 연구는 세 단계에 걸쳐 발전되어 왔다. 첫 번째 시기에는 태도와 행동 간의 관계 여부가 논의되었고, 두 번째 시기에는 언제, 어떤 조건에서 태도가 행동에 관계되는가라는 매개변수에 대한 관심이 주류를 이루었다. 한편 세 번째 시기에는 태도가 행동에 어떻게 영향을 미치는가라는 과정의 문제로 초점이 옮겨지고 있다. 최근의 연구는 첫 번째 시기를 벗어나 두 번째, 세 번째 시기의 매개적 요인과 과정에 대한 관심으로 진전되어 왔다. 박옥희(1991) 참조.

7) 스코트 외(Scott et al., 1994)에 의하면, 소비자 행동, 정치행동과 같은 일상적인 환경행동은 자연의 균형, 성장의 한계, 인간과 자연의 조화 등을 의식하는 새로운 환경패러다임 가치와 유의미하게 관련되는 것으로 분석된다. 그러나 환경행동에 대한 환경의식의 상관관계는 연령, 교육수준, 소득 등의 사회인구학적 변수에 비해 특별히 강력하지는 않은 것으로 나타난다.

환경행동의 예측인자로 환경의식만을 강조할 수 없으며, 그러한 행동의 배경변수로 자원이나 사회구조도 동시에 고려되어야 함을 시사한다. 여기서는 환경의식과 환경행동의 관계를 파악하는 이론적 시각에 대해 올슨(Olson)의 합리적 선택이론과 틸리(Tilly)의 자원동원이론을 중심으로 간단히 요약한다(Wall, 1995).

올슨은 개인을 목적의식적 행위자로 파악하며, 자원희소성과 다양한 경로의 행동에 결합되는 비용이라는 제약에 직면하여 대안을 저울질함으로써 효용의 극대화에 기초한 합리적 선택을 한다고 가정한다. 합리적 선택이론은 환경행동에 참여하기 위한 결정에서 부가적인 경제적, 비경제적 고려가 개인적인 비용 및 편익 계산에 추가된다고 본다. 즉 환경행동에 참여하지 않음으로써 발생하는 환경악화의 지속이라는 잠재적 비용이 환경행동에 드는 시간이나 돈보다 클 때 행동이 이루어진다고 말할 수 있다. 한편 틸리는 사회운동의 발생이 불평등과 충족되지 못한 기대의 존재만으로는 설명될 수 없으며, 집단자원 및 기회의 가용성에 의존함을 주장한다. 이러한 관점들을 개인적 수준의 환경행동에 적용해 볼 때, 개인이 관심대로 행동하는 데에는 기회와 자원이 필요함을 시사받을 수 있다.

### 2) 핵 발전의 현황과 쟁점

1995년 현재 우리나라의 핵발전소는 고리 4기, 월성 1기, 영광 4기, 울진 2기 등 11기가 있으며, 여기에서 전체 발전량의 36.3%가 생산되고 있다. 핵발전소의 건설 입지는 최소한 3만 5천년 이내에

단층활동이 없었던 견고한 암반지역으로 인구밀집지역에서 5km 이상 격리된 지역 가운데 선정되어야 한다. 우리나라의 경우 이와 같은 입지조건을 갖춘 지역으로 전남의 무안반도, 장흥반도 및 보성만 일대와 경북 북부 해안지대가 손꼽힌다(한국전력공사, 1996). 정부는 1980년대 초반 이러한 기준에 적합한 9개 지역을 지정하여 관리해 왔으나, 현재 건설 중인 5개의 핵발전소는 이들 지역이 아니라 모두 기존의 4개 입지 부근에 자리잡고 있다.[8)]

우리나라에서 핵발전이 환경문제 차원의 사회적 쟁점이 되기 시작한 것은 1980년대 후반부터이다. 이는 1986년에 일어난 체르노빌 사고와 같은 핵발전의 가시적 위험이 반영된 결과인 동시에, 이른바 '3저 호황' 이후 건강과 안전 등 탈물질적 가치에 대한 관심의 증가와도 연관되어 있다. 이와 함께 1987년의 민주화 운동으로 정치적 기회구조가 확장되어 국민의 반대의사 표출이 어느정도 자유롭게 된 것도 영향을 미쳤다고 볼 수 있다. 그런데 핵발전소 주변 주민과 일반 시민의 반핵의식을 이끄는 핵심은 무엇보다 사고나 일상적인 방사능 누출, 핵폐기물 처분 등에 따른 안전성에 대한 위협이라고 할 것이다.

---

8) 애초에 지정되었던 9개 핵발전소 후보지는 강원도 삼척시 근덕면 덕산리, 경북 울진군 평해면 직산리와 근남면 산포리, 전남의 보성군 득량면 비봉리, 장흥군 대덕면 신리, 고흥군 도양면 장계리, 신안군 압해면 송공리, 해남군 황산면 외립리, 여천시 화양면 이목리이다. 그런데 이후 15년 이상 공사를 착수하지도 않은 채 주민 불편만 늘어남에 따라, 정부는 적합성 여부를 재검토하여 최소한의 지역을 제외하고는 지정을 해제할 예정이다(통상산업부·한국전력공사, 1996). 그 대신에 이미 핵발전소가 들어선 근처로 추가 건설이 집중되는 까닭은 신규 지역에 비해 이들 지역 주민의 반대 강도가 아무래도 약하기 때문이라 추정된다.

최근의 쟁점 가운데 하나는 고리·월성 핵발전소 근처인 김해-양산-경주-영해간 170km에 위치한 양산단층대의 지진 가능성이다. 또한 핵발전소 근무노동자나 주변 주민들 가운데 발견되는 무뇌아 및 기형아 출산, 백혈구 수 감소, 백내장 등의 방사선 피해도 논란거리이다. 이에 대해 원자력 관련기구는 리히터 지진계로 진도 7의 강진에도 핵발전소가 파손되지 않으며, 역학조사의 결과 주민의 방사능 피해 또한 사실과 다른 것으로 나타났다고 주장한다(한국전력공사, 1996). 그러나 안전성의 여부는 기술이라는 객관적 영역에서 결정되는 것이 아니라, 사람들이 어떻게 인지하고 평가하는가가 중요한 사회적 사실이라 할 수 있다.

또한 핵폐기물 처분과 관련하여 주목할 필요가 있는 것은 수명을 다한 원자로의 처리 문제이다. 현재 고리 핵발전소 1호기는 가동후 20년이 지나 설비의 노후화가 뚜렷이 진행되고 있다. 이를 둘러싸고 관련기구는 전면 폐쇄보다는 방사능 누출 우려가 큰 증기발생기의 교체를 추진해 왔다. 이에 반해 환경운동 측에서는 수십억원이 드는 증기발생기 교체공사를 하는 대신 핵발전소의 가동을 중지하는 외국 예를 들어 고리 1호기의 폐쇄를 요구하고 있다(이지숙, 1998). 특히 최근에는 저장고 벽면의 붕괴 사고로 방사능의 피폭을 계속 받아온 고준위 폐기물인 증기발생기를 저준위 폐기물 저장고에 보관하려고 한 사실이 드러나기도 했다.[9]

9) 1998년 7월 고리 핵발전소의 증기발생기 교체를 위해 제4 핵폐기물 저장고 벽체 절개공사를 하던 중 옹벽이 무너져, 공사 중이던 노동자 1명이 사망하고 6m의 벽면 전체가 붕괴하는 사고가 발생했다. 원래 한국전력 측은 증기발생기 교체공사를 위해 고준위 폐기물 저장고 개축공사 신청을 냈지만 기장군에서 계속 반려당했다. 그리하여 방사능에 심

1990년의 안면도 사태 이후 원자력 관련기구는 한국원자력문화재단, 한국원자력연구소 산하 원자력환경관리센터 등을 설립하여 핵발전 및 핵폐기물 관리에 대한 홍보를 강화해 왔다. 그 결과 우리나라에서 핵을 둘러싼 담론은 서구에서와는 달리 정치적 쟁점으로 발전하지 못한 채, 일방적인 이데올로기의 영역에 국한되고 있다. 게다가 이러한 경향은 북한경수로 사업이나 대만 핵폐기물 문제에서 보듯이 분단체제 아래 보수주의적 찬핵론의 구조화에 의해 더욱 강화되고 있다. 그러나 핵발전의 타당성과 위험도는 대안적인 에너지 구조에 대한 사회적 합의과정을 통해 거듭 검증되어야 한다. 그러한 흐름에서 핵규제기구가 되어야 할 중앙정부의 투자로 설립된 한국전력의 원자력사업 독점 또한 개편의 방향을 잡아 나가야 할 것이다.

한편 지금까지 우리나라의 반핵운동은 핵발전소의 가동에 따른 피해보상을 요구하거나 핵발전소의 증설 및 방사성 폐기물 처분장의 건설에 반대하는 지역반핵운동을 주축으로 해 왔다. 지역반핵운동은 지역개발에 대한 주민참여의 정당성을 넓혔을 뿐만 아니라, 핵발전 시설 문제를 사회적 쟁점으로 부상시켜 부지 선정과 관련된 정책의 전환을 이끌어 냈다고 평가된다(박재묵, 1995). 그런데 운동에 참여하는 주민들의 경우 경제적, 물질적 피해와의 연관만을 중시하는 관점의 협소성이 지적되기도 한다. 하지만 주민의 반핵행동이 직접적 이해관계를 반영하는 것 자체는 당연한 현상이며, 중요한 것은 개별적 지역반핵운동의 지역간, 그리고 환경운동조직

---

하게 오염된 노후 증기발생기를 저준위 폐기물 저장고에 저장하려는 공사를 하다가 사고가 난 것이었다. 울산환경운동연합(1998) 참조.

과의 연대 틀을 만듦으로써 보편적 환경정의운동으로 전화시키는 일일 것이다. 더욱이 반핵운동의 저변 확대를 위해서는 전문가, 대학생, 시민단체 등이 벌이고 있는 재생가능한 에너지 사업과의 접목 또한 매우 필요하다고 볼 수 있다.[10)]

## 3. 월성 및 고리 핵발전소 주변 주민의 환경의식, 반핵의식, 그리고 반핵행동

### 1) 핵발전소 입지에 따른 피해와 혜택 의식

이 연구의 대상인 월성, 고리 핵발전소 주변은 농촌지역이기 때문에, 설문 응답자의 절반 가량은 농민이고 60대 이상 노인의 비율도 높은 편이다.[11)] 먼저 핵발전소 입지에 따른 피해의 종류와 최근

---

10) 최경송(1998)은 반핵운동과 재생에너지 사업이 지속가능한 미래, 평화로운 에너지라는 대의 아래 각자의 정체성을 극대화하면서 역할분담과 협력관계를 지켜가야 한다고 주장한다. 특히 그는 반핵운동 진영이 핵의 경제성, 위험성 문제에 대해서는 관련분야 전문가의 논쟁영역으로 넘기고, 생태적 가치정향과 과학기술에 대한 사회적 통제 자체에 좀더 힘쓸 것을 제안하고 있다.

11) 응답자의 직업 분포는 농업 49.6%, 기능숙련공 4.4%, 막노동 3.6%, 판매서비스직 2.2%, 사무전문직 5.1%, 주부 12.4%, 학생 10.2%, 무직 8.8%, 기타 3.6%이고, 연령별 분포는 20대 이하 23.4%, 30대 10.3%, 40대 9.7%, 50대 20%, 60대 이상 36.6%으로 이루어져 있다. 그 밖에 성별 분포는 남성 53.4%, 여성 46.6%이며, 교육수준은 무학 20.2%, 초등학교 31.5%, 중학교 14.5%, 고등학교 25.0%, 전문대졸 이상 8.8%으로 구성되어 있다. 주거형태는 자기집 85.5%, 전세 6.9%, 월세

논란이 된 기형가축의 출산 여부를 알아 보면 <표 II-1>과 같다. 전체적으로 건강의 피해를 손꼽는 비율이 절반 가량으로 가장 두드러지고, 경제적 손해보다는 마을 전통의 파괴라는 문화적 측면을 지적하는 응답이 좀더 높다. 또한 기형가축의 출산 정도는 실제로 문제가 되었던 월성 핵발전소 주변지역이 상대적으로 큰 편이다.[12)]

그렇다면 핵발전소 입지에 따른 혜택에는 어떤 것들이 있을까? 우선 한국전력으로부터의 혜택유무는 각각 49.6%, 50.4%로 비슷하게 나타난다(<표 II-2> 참조). 혜택의 내용은 전기요금 보조, 장학금 지급, 마을시설 건립의 순으로 많다.[13)] 그런데 이러한 혜택의 충분한 정도에 관해서는 미흡하다는 평가가 전체의 2/3를 넘고 있다.[14)]

---

5.5%, 기타 2.1%의 분포이며, 종교별 분포는 불교 62.3%, 없음 21%, 기타 16.7%로 나타난다. 또한 지역별로는 월성 핵발전소 주변인 경주시 양남면, 양북면이 69.3%, 고리 핵발전소 주변인 기장군 장안읍이 30.7%이다.

12) 기형 송아지는 1990년에 경북 울진에서 발생된 이래, 1996년 10월에는 월성 핵발전소 주변인 경주시 양북면에서도 발견되었다.

13) 1995년 현재 핵발전소 주변지역 지원사업비는 소득증대 사업 88억원, 마을공공시설 사업 77억원, 장학사업 59억원, 전기요금보조 9억원 등으로 구성되어 있다. 그리고 지역주민 우선고용 실적은 공개채용 67명, 발전설비 운전원 현지채용 106명으로 나타난다(통상산업부·한국전력공사, 1996).

14) 월성 주변에서 미흡하다는 지적이 더 많은 이유는 고리 주변의 경우 핵발전소로부터 반경 5km 이내의 효암리 주민이 주된 조사 대상이었는 데 반해, 월성의 경우 좀더 멀리 떨어진 양북면 두산리, 양남면 환서리 등이 포함되었기 때문이다.

<표 Ⅱ-1> 지역별 핵발전소 입지에 따른 피해와 기형가축의 출산 여부

단위 : %

| | | 월성 주변 | 고리 주변 | 전체 | $x^2$ |
|---|---|---|---|---|---|
| 핵발전소 입지에 따른 피해 | 건강의 피해 | 51.1 | 30.8 | 46.6 | 9.2 (p<0.05) |
| | 경제적 손해 | 12.2 | 7.7 | 11.2 | |
| | 마을전통의 파괴 | 8.9 | 30.8 | 13.8 | |
| | 기타 | 27.8 | 30.8 | 28.4 | |
| 기형가축 출산여부 | 낳은 적 있음 | 14.7 | 5.4 | 12.1 | 21.7 (p<0.01) |
| | 낳은 적 없음 | 73.7 | 45.9 | 65.9 | |
| | 가축자체가 없음 | 11.6 | 48.6 | 22.0 | |

자료 : 설문조사(1997).

<표 Ⅱ-2> 지역별 핵발전소 입지에 따른 혜택내용과 혜택의 충분한 정도

단위 : %

| | | 월성 주변 | 고리 주변 | 전체 | $x^2$ |
|---|---|---|---|---|---|
| 한국전력으로부터의 혜택 종류 | 전기요금 보조 | 39.0 | 34.2 | 37.8 | 복수 응답을 합산한 결과임. |
| | 장학금 지급 | 20.0 | 36.8 | 24.5 | |
| | 마을시설 건립 | 16.2 | 21.1 | 17.5 | |
| | 발전소 취업 | 8.6 | 2.6 | 7.0 | |
| | 기타 | 16.2 | 5.3 | 13.3 | |
| 혜택의 충분도 평가 | 아주 충분하다 | 0.0 | 18.2 | 6.9 | 12.9 (p<0.05) |
| | 약간 충분하다 | 8.0 | 4.5 | 15.6 | |
| | 그저 그렇다 | 12.0 | 22.7 | 5.3 | |
| | 약간 미흡하다 | 26.0 | 27.3 | 26.4 | |
| | 매우 미흡하다 | 54.0 | 27.3 | 45.8 | |

자료 : <표 Ⅱ-1>과 같음.

## 2) 주민의 환경의식

다음으로 핵발전소 주변 주민의 전반적인 환경의식을 알아 보자.[15] 우선 신문이나 텔레비전의 환경문제 뉴스를 보는 정도는 '늘

15) 그에 앞서 일반적 사회의식을 살펴 보면, 1년전보다 경제사정이 좋아졌다는 생각에 대해서는 '매우 동의' 2.4%, '조금 동의' 27.8%, '별로

관심있게 본다' 43.2%, '대충 보는 편이다' 36%, '별로 보지 않는다' 15.1%, '전혀 안본다' 5.8%로, 환경뉴스에 대한 꽤 높은 관심을 읽을 수 있다. 그리고 환경문제의 책임소재에 관해서는 정부 37.7%, 개인 29.7%, 기업 19.6%, 기타 13.0%으로 정부를 겨냥하는 비율이 높은 편이다.

이제 주민들이 환경문제의 심각도와 핵발전소의 위험도에 대해 어떻게 생각하고 있으며, 환경에 대한 가치관은 환경관리주의, 생태주의, 환경정의론 가운데 어떤 입장에 가까운지를 검토해 보자.[16] <표 II-3>을 보면, 4점 만점으로 하여 환경문제의 심각도는 3.6점, 핵발전소의 위험도는 3.3점으로 집계되고, 환경관련 가치관 가운데에는 환경정의의 이념이 가장 선호됨을 알 수 있다. 한편 성별, 연령, 교육수준, 직업 등으로 교차하여 이러한 평균 점수의 F값을 계산해 보면, 핵발전소의 위험도 평가에서 집단별 차이가 대체로 유의미하게 나타난다.

---

동의않음' 45.2%, '전혀 동의않음' 24.6%로 부정적인 견해가 더 많다. 또 정부의 복지혜택이 지금보다 증가되어야 한다는 주장에 대해서는 '매우 동의' 68.6%, '조금 동의' 23.7%, '별로 동의않음' 7.6%로서, 동의 정도가 매우 높음을 알 수 있다.

16) 환경문제 심각도(핵발전소 위험도)의 경우 '전혀 심각하지 않음(매우 안전)' 1점, '별로 심각하지 않음(조금 안전)' 2점, '조금 심각(조금 위험)' 3점, '매우 심각(매우 위험)' 4점을 매기고, 환경가치관의 경우에는 적극 반대에서 적극 찬성까지의 5점 척도를 각각 1점에서 5점까지 주어 평균 점수를 계산했다. 그리고 환경가치관을 측정하기 위해 환경관리주의와 관련해서는 '과학기술이 발달하면 환경문제는 해결될 수 있다'를, 생태주의와 관련해서는 '환경보전을 위해서는 경제성장을 늦출 수 있다'를, 환경정의론과 관련해서는 '못사는 사람이 잘사는 사람보다 환경문제로 더 피해를 본다'를 지표로 삼았다.

<표 II-3> 성, 연령, 교육수준, 직업별 환경의식의 평균 점수

| | | 환경문제의 심각도 평가 | 환경관리주의 가치관 | 생태주의 가치관 | 환경정의 가치관 | 핵발전소의 위험도 평가 |
|---|---|---|---|---|---|---|
| 성별 | 남성 | 3.64 | 3.46 | 3.31 | 3.82 | 3.18 |
| | 여성 | 3.54 | 3.32 | 3.34 | 4.16 | 3.38 |
| | (F값) | (0.79) | (0.31) | (0.02) | (2.30) | (1.78) |
| 연령 | 20대 이하 | 3.53 | 3.53 | 3.43 | 3.89 | 2.91 |
| | 30대 | 3.67 | 3.15 | 3.67 | 3.73 | 3.23 |
| | 40대 | 3.93 | 3.30 | 3.50 | 4.50 | 3.00 |
| | 50대 | 3.72 | 2.91 | 2.91 | 4.13 | 3.31 |
| | 60대 이상 | 3.55 | 3.64 | 3.36 | 3.95 | 3.65 |
| | (F값) | (1.30) | (1.30) | (0.93) | (0.81) | (5.11**) |
| 교육수준 | 무학 | 3.40 | 3.74 | 3.35 | 4.44 | 3.58 |
| | 국졸 | 3.70 | 3.10 | 3.26 | 3.84 | 3.43 |
| | 중고졸 | 3.65 | 3.37 | 3.25 | 4.10 | 3.02 |
| | 대졸 이상 | 3.73 | 3.55 | 3.73 | 3.82 | 2.91 |
| | (F값) | (1.13) | (0.98) | (0.45) | (1.11) | (3.43*) |
| 직업 | 농업 | 3.60 | 3.51 | 3.19 | 4.05 | 3.55 |
| | 기능공, 막노동 | 3.91 | 3.33 | 3.14 | 3.88 | 2.82 |
| | 사무관리전문직 | 3.89 | 2.89 | 3.78 | 4.22 | 2.90 |
| | 주부, 학생, 무직 | 3.44 | 3.45 | 3.41 | 3.89 | 3.04 |
| | (F값) | (2.07) | (0.59) | (0.69) | (0.26) | (5.51**) |
| 전체 | | 3.60 | 3.40 | 3.32 | 3.97 | 3.27 |

주 : ** p<0.01, * p<0.05.

자료 : <표 II-1>과 같음.

환경문제 심각도, 환경가치관, 핵발전소 위험도 등에 대한 집단별 평가를 풀어 설명하면 다음과 같다. 성별로는 남성이 환경문제의 심각도를 좀더 인지하고 환경관리주의 가치에 좀더 동조적인 반면에, 여성이 핵발전소의 위험을 좀더 느끼며 생태주의 및 환경정의 가치를 좀더 표명하고 있다. 연령별로는 60대 이상에서 핵발전소 위험도와 환경관리주의 가치관 점수가 약간 높게 나타나고, 40대에서 환경문제 심각도 및 환경정의 가치관 점수가 비교적 높은 편이다. 또 교육수준별로는 학력이 높을수록 환경문제 심각도와 생태주의 가치가 상대적으로 크게 평가되고 있으며, 학력이 낮을수록 핵발전소 위험도와 환경관리주의 및 환경정의 가치관에 대해 긍정하는 경향이 커지고 있다. 끝으로 직업별로는 농업종사자에서 핵발전소 위험도와 환경관리주의의 점수가 약간 높게 나타난다. 이로부터 간접적으로 추론할 때, 일반적인 환경문제의 심각도 인식과 핵발전소의 위험도에 대한 평가는 거의 상관없는 것으로 보여진다.[17)]

### 3) 반핵행동에 영향을 미치는 요인 - 탐색적 분석

이 절에서는 핵발전소 주변 주민의 반핵행동에 영향을 미치는 변수가 무엇인지 단계식 회귀분석(stepwise regression analysis)을 통해 살피기로 하겠다. 그런데 이 연구의 조사대상 사례수가 많지 않아, 이러한 추정은 탐색적인 수준에 그친다고 할 수 있다. 여기서의 분석 모형은 <그림 II-1>처럼 제시될 수 있다. 즉 종속변수인 반핵행동에 대해 사회인구학적 특성과 일반적 환경의식을 독립변수로, 반핵의식을 매개변수로 설정하기로 한다.

---

17) 환경문제의 심각도와 핵발전소 위험도간 피어슨의 상관계수를 계산해 보면 0.093의 작은 값이며 유의확률 또한 0.285로 통계적 유의도가 없다.

<그림 II-1> 반핵행동에 영향을 미치는 요인에 관한 분석 모형

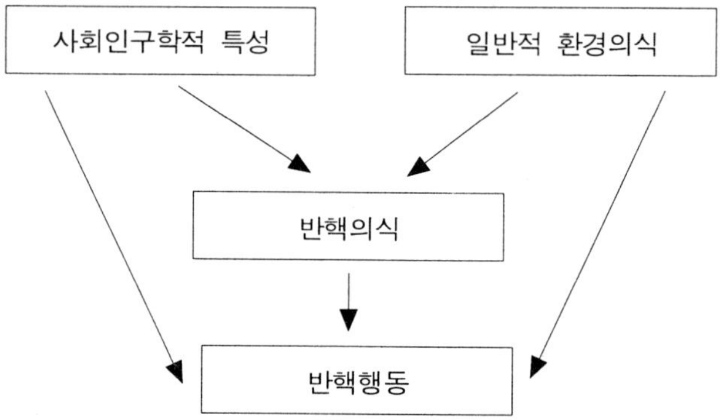


종속변수는 핵발전소에 대해 민원을 제기하고 동시에 반대모임에 참여한 경우 2점, 민원제기와 반대모임 둘 중에 하나만 관련된 경우 1점, 둘 다 행동하지 않은 경우 0점을 주어 서열화했다.[18] 또한 매개변수인 반핵의식은 앞 절의 핵발전소 위험도에 대한 4점 평가로 측정했다.[19] 그리고 독립변수 가운데 사회인구학적 특성은 비율(ratio) 척도로 연령을, 서열(ordinal) 척도로 교육수준(무학 1점에서 대학원 이상 7점까지), 경제사정 평가, 복지혜택 평가(두가지 변수 모두 매우 부정 1점에서 매우 긍정 4점까지로 구성) 등을, 모조변인인 명목(nominal) 척도로 성별(남성 1점, 여성 0점), 주거형태(자기집 1점, 기타 0점), 종교(불교 1점, 기타 0점), 직업(농업 1

18) 둘다 참여한 비율은 18.7%, 둘 중에 하나만 관련된 비율은 37.4%, 둘 다 참여하지 않은 비율은 43.9%이다.

19) 물론 핵발전소에 대한 위험도 평가만으로 반핵의식을 대표할 수 있는가라는 반론이 제기될 수 있는데, 핵에 대한 명확한 반대의식을 지표로 삼을 경우 오히려 반핵행동과 차별성이 거의 없게 될 우려가 있다. 따라서 반핵의식의 잠재적 차원으로 핵에 대한 위험의식을 선택하는 것은 나름대로 타당성을 갖는다고 볼 수 있다.

점, 기타 0점) 등을 사용했다.[20] 또다른 독립변수인 일반적 환경의식은 환경뉴스 보는 정도와 환경문제의 심각도 평가(둘다 매우 부정 1점에서 매우 긍정 4점까지)를 서열척도로 구성했다.

이 연구는 반핵의식을 매개로 하여 반핵행동에 영향을 미치는 독립변수들까지 포괄하기 위해, 우선 반핵의식을 종속변수로 하고 위에서 언급한 10개의 변수들을 독립변수로 하는 단계식 회귀분석을 수행했다. 그 다음에 반핵의식 또한 독립변수에 포함시켜 모두 11개의 독립변수가 반핵행동이라는 종속변수에 어떠한 영향을 미치는가를 파악하도록 했다. 그러한 두 개의 단계식 회귀분석의 결과는 <표 II-4>에 요약되어 있다.

<표 II-4> 단계식 회귀분석의 결과

| | 종속변수 : 반핵의식 | | 종속변수 : 반핵행동 | |
|---|---|---|---|---|
| | 회귀계수(b) | 표준화된 회귀계수(β) | 회귀계수(b) | 표준화된 회귀계수(β) |
| 독립변수 | | | | |
| 성별 | | | | |
| 연령 | | | | |
| 교육수준 | -.235 | -.410** | | |
| 직업 | | | .466 | .309** |
| 주거형태 | | | .568 | .255** |
| 종교 | | | | |
| 경제사정 평가 | | | | |
| 복지혜택 평가 | | | | |
| 환경뉴스 보는 정도 | .218 | .222* | | |
| 환경문제의 심각도 평가 | | | | |
| 반핵의식 | | | .224 | .235* |

주 : * $P<0.05$, ** $P<0.01$.
자료 : <표 II-1>과 같음.

20) 반핵의식, 반핵행동과 관련하여 소득수준, 거주기간 등의 사회인구학적 특성이 추가될 필요가 있으나 여기서는 이들 두 변수를 고려하지 못했다.

먼저 반핵의식을 종속변수로 하는 단계식 회귀분석의 결과, 통계적으로 유의미한 독립변수는 교육수준과 환경뉴스를 보는 정도인 것으로 나타난다. 그런데 교육수준은 핵발전소의 위험도 평가와 -의 관계에 있어, 학력이 높을수록 오히려 핵발전소가 안전하다고 생각하는 경향이 큼을 알 수 있다. 그 밖에 환경문제의 심각도 평가와 같은 일반적 환경의식은 반핵의식에 유의미한 영향이 없는 것으로 결론지을 수 있다.[21)]

다음으로 반핵행동을 종속변수로 하고 매개변수인 반핵의식까지 독립변수에 포함시켜 단계식 회귀분석을 해 보면, 직업, 주거형태, 반핵의식 등 세가지가 통계적으로 유의미한 것으로 계산된다. 즉 농업을 직업으로 할수록, 자기집을 소유한 사람일수록, 핵발전소가 위험하다고 생각할수록 핵발전소를 둘러싼 민원제기나 반대모임 참여 등의 행동 정도가 높은 셈이다. 또 교육수준이나 환경뉴스 보는 정도의 두 변수는 반핵의식을 매개로 하여 반핵행동에 간접적으로 영향을 미친다고 볼 수 있다.

## 4. 맺음말

지금까지 월성과 고리 핵발전소 주변 주민의 환경의식과 반핵의식, 반핵행동 등에 관해 살펴 보았다. 그러면 마지막으로 이 글의

---

21) 핵발전소의 위험도 평가를 종속변수로 하고 환경관리주의, 생태주의, 환경정의 등의 가치관을 독립변수에 포함시켜 보아도, 이들 세 독립변수의 영향은 유의미하지 않은 것으로 파악된다.

분석 결과를 머리말에서 제시한 연구쟁점에 비추어 정리해 보도록 하자.

첫째 핵발전소 주변 주민의 피해로는 건강상의 피해가 가장 두드러지며, 그 다음으로 경제적 손해보다는 마을 전통의 파괴와 같은 문화적 손실이 좀더 많이 나타난다. 한편 핵발전소의 입지에 따라 한국전력으로부터 전기요금 보조, 장학금 지급 등의 혜택이 주어지고 있으나, 미흡하다는 반응이 지배적이다.

둘째 환경뉴스를 보는 정도와 환경문제의 심각도 평가가 꽤 높아, 핵발전소 주변 주민의 전반적 환경의식이 상당한 수준임을 보여준다. 또 환경문제의 책임은 정부에게 가장 많다고 느끼고 있으며, 환경관리주의, 생태주의보다는 환경정의 가치관을 좀더 많이 표방하고 있다. 이는 정부가 위험시설인 핵발전소의 입지를 정치경제적 권력이 없는 하층 거주지역에 집중시킨다는 주민 인식을 어느정도 반영하는 것이라 추정된다.

셋째 주민의 반핵의식은 일반적인 환경의식과는 별개의 메커니즘을 갖는 것으로 추정된다. 특히 핵발전소의 위험도 평가가 고학력층에서 낮은 반면 환경뉴스를 관심있게 볼수록 높다는 사실은 과학기술과 환경문제, 핵문제의 관계에 대한 정확한 정보제공이 중요함을 시사한다. 또한 반핵행동에 영향을 미치는 유의미한 변수로 반핵의식 외에 농업 종사, 자가소유 등이 발견되는데, 이는 올슨의 견해처럼 개인이 관심대로 행동하는 데에는 일정한 자원이 필요함을 가리키는 것이다.

그렇다면 이와 같은 발견이 갖는 실천적 함의는 무엇인가? 우선 핵발전소의 입지에 따른 피해로 건강 요인과 마을 공동체 요인이 손꼽히는 반면에, 이에 대한 원자력 관련기구의 보상은 경제적 보조에 국한됨을 알 수 있다. 그러므로 건강권과 안전을 확보하기 위해서는 지역사회의 공동체성을 유지하는 가운데 핵발전소 운영에 대한 주민의 민주적 참여가 이루어져야 할 것이다.

한편 환경문제에 대한 관심과 환경정의 가치관에 대한 동조가 높은 수준임에도 불구하고, 이러한 환경의식은 반핵의식과 별개의 맥락을 갖는 것으로 파악된다. 따라서 우리나라의 환경정의운동과 지역반핵운동이 좀더 조직적인 연대를 구축하려면, 주민의 반핵의식을 전반적인 환경의식과 접맥시키고 반핵행동을 일상적인 환경친화적 행동으로 전화시킬 수 있는 틀이 필요하리라 여겨진다.

다음으로 학교교육과 언론이 반핵의식에 상반된 영향을 미치는 것으로 나타나, 핵발전을 둘러싼 담론이 이데올로기적 투쟁의 영역에 있음을 시사한다. 원자력 관련기구의 찬핵 논리와 환경운동 진영의 반핵 논리 가운데 어떠한 것이 사회적 대세를 차지할 것인가는 결국 핵발전과 관련된 정확한 정보 공유와 원활한 의사소통의 여부에 크게 영향받을 것으로 예상된다.

또한 농업 종사, 자가소유의 변수가 반핵행동에 유의미한 효과를 지닌다고 해서, 지역반핵운동이 중간층의 소자산가들에 의해 주도된다고 단정할 수는 없을 것이다. 왜냐하면 농촌과 농업 전반이 피폐화되고 있는 우리 사회에서 집 한채 갖고 농사짓는 주민 역시 하층에 가까울 것이기 때문이다.

단지 여기에서 분명한 것은 반핵행동이 자원과 기회에 바탕을 둔 합리적 선택으로 이루어진다는 점이다. 그런데 지역반핵운동이 이처럼 비용, 편익에 대한 이기적 고려로 치닫기만 한다면 지역이기주의라는 비난을 면하기 어려울 것이다. 따라서 반핵운동이 일회성 님비(NIMBY; Not In My BackYard)가 아니라 지속가능한 니아비(NIABY; Not In Anybody's BackYard)의 요구로 발전되기 위해서는 지역반핵운동과 다른 환경정의운동, 더 나아가 전문적 시민운동과의 활발한 연대와 교류가 요청된다고 할 수 있다.

제III장

# 반핵운동을 둘러싼 시민의식과 참여도

- 울주군 서생면 원전 추가건설 문제를 중심으로

## 1. 원전 유치를 둘러싼 여러 집단들의 반응

지역사회의 환경개선을 위해서는 환경보전 기술의 개발과 환경행정의 선진화 등이 시급하지만, 좀더 근본적인 차원에서 보면 시민의 환경의식 제고와 환경운동에 대한 활발한 참여가 중요하다고 할 것이다. 그러한 관점에서 여기서는 최근 지역 환경문제의 현안이 되고 있는 울주군 서생면 핵발전소(이하 원전) 유치 문제를 사례로 하여, 서생면민 뿐만 아니라 울주군민, 더 나아가 울산광역시 시민의 원전문제를 둘러싼 환경의식 및 환경운동에 대한 참여수준을 파악하고자 한다.

서생면의 원전 문제는 원래 1996년 7월에 산업자원부(이하 산자부)와 한국전력(이하 한전)이 울주군 서생면 비학리 일대 42만평과 기장군 효암지역 39만평에 원전 4기를 짓기로 결정한 데서 시발되었다. 그 당시에도 서생면 반대투쟁위원회의 주민환경운동이 전개되었으나 울산 전체의 관심을 받지 못하다가, 광역시 승격 후인

1998년 12월에 기존 부지외 서생면 24만평에 원전 4기를 추가로 건설한다는 발표 이후 원전반대 환경운동이 범울산적으로 촉발되었다. 2000년 9월 현재 서생면에 대한 원전 추가건설이라는 산자부 방침에는 변화가 없으나, 반대운동으로 사업 집행이 어려워지자 한전에서는 1996년부터 지정된 기존 부지에 대한 우선 건설에 주력하고 있다.

이 절에서는 원전 문제를 둘러싼 울주군민, 울산시민의 의식과 환경운동 참여도를 본격적으로 다루기에 앞서, 울주군, 환경운동단체, 울산시 의회, 서생면민 등 네 가지 이해집단을 중심으로 원전 유치에 대한 반응을 정리해 보기로 한다. 먼저 서생면의 원전 추가 건설을 추진한 울주군은 세수 증가와 지역개발을 주된 명분으로 제시해 왔다. 먼저 원전 건설에 따른 수입은 원전 4기당 특별지원금 1,100억원, 기본지원금 약 700억원과 지방세 수입 약 15억원, 기타 취득세 및 등록세 1기당 70~80억원으로 구성된다. 그 밖에 원전 건설기간 7년 동안 1일 평균 5,000명의 건설노동자가 필요한데, 그 중 지역주민이 3,000명을 차지하리라는 고용창출 효과도 거론되고 있다. 게다가 '발전소 주변지역 지원에 관한 법률'에 따라 원전 주변지역이 도로건설, 복지회관 등 공공시설의 확충과 전기요금 보조, 한전 입사시 10% 가산점 부여 등의 혜택을 받게 됨도 부각시키고 있다.

이에 대해 울산지역의 환경운동단체들은 서생면민은 물론 울산시민 전체를 대상으로 원전 반대 논리의 대중화와 원전반대 운동의 조직화에 힘써 왔다. 이들은 원전의 비경제성, 원전의 사고가능성, 경제성장을 이유로 한 대규모 원전 추가건설 논리의 허구성,

원전이 무공해 에너지라는 논리의 허구성, 사용후 핵원료의 위험성, 대안으로서의 대체에너지 개발의 필요성, 자원빈국을 이유로 한 에너지 안보 차원에서의 원전개발 논리의 허구성 등등을 집중적으로 지적하고 있다.

한편 서생면 원전유치에 대한 반대운동을 울산시민 전체의 관심사로 승화시키는 데에는 환경단체 외 울산시 의회의 적극 개입의 영향이 컸다. 울산광역시 의회는 기초자치단체인 울주군과 중앙정부의 중간에서 원전유치가 울산에 미치는 영향에 대해 다음과 같은 다섯가지 입장을 밝히고 있다. 첫째 울주군을 원전 유치 지역으로 지정한 점은 신중하지 못한 정책이다. 둘째 환경친화도시로서 푸른울산 21이 추진되어야 할 이 시점에서 원전 유치는 울산광역시 정책과 정면으로 배치되며 경제성이 없다. 세째 원전 건설에 대한 안전성 문제가 제기된다. 넷째 원전유치에 따른 지원금과 세수 증대에 따른 지원효과가 크지 않다. 다섯째 원전유치 신청은 시민들 다수 의견을 존중해야 한다.

끝으로 원전 문제의 직접 이해당사자인 서생면 주민의 대응은 어떻게 전개되어 왔을까? 우선 원전에 반대 입장을 가진 주민들은 미편입지역과 편입지역 모두에서 찾을 수 있다. 그 중 원전예정부지에 편입되지 않은 주민들은 원전 유치로 인한 농수산물 생산 저하와 판매 부진을 가장 우려한다. 그리고 양산단층에서 지진이 발생될 경우 방사능 유출의 위험이 있는 것도 반대의 주된 이유가 되고 있다. 한편 원전부지 편입지역 주민 가운데 고정재산이 적은 경우 보상금이 적기 때문에 반대하는 경향이 있다. 게다가 서생면에 평생 살고 있는 주민들은 고향을 버리고 떠나야 한다는 것 자체를 받아들이지 못하는 경우도 있다.

이에 반해 원전 유치를 찬성하는 주민들은 대체로 편입지역내 토지를 소유하고 있는 층에서 많이 발견된다. 이들은 토지와 어업권에 대해 보상해주고 보상금도 많이 준다면 굳이 반대할 이유가 없다는 반응을 보이고 있다.

이렇게 볼 때 울주군과 원전 유치를 찬성하는 서생면민은 지역개발이나 재산상 이익이라는 관점에서 원전 문제에 접근함을 알 수 있다. 또한 원전유치를 반대하는 서생면민과 울산시 의회는 경제활동을 통한 생존권의 보장, 그리고 울산지역경제의 발전이라는 차원에서 원전 반대운동에 참여한다고 하겠다. 마지막으로 환경운동단체는 원전 자체의 위험성과 비경제성을 극복하는 대안적 에너지 구조의 정착을 목표로 한다고 볼 수 있다.

그렇다면 울산시민은 전체적으로 원전 유치를 둘러싼 환경운동의 전개에 어떠한 태도를 나타내는가? 서생면 원전 추가유치가 결정된지 1년 반 가까이 지난 시점에서 울주군민과 서생면민은 원전유치에 어떤 입장을 갖고 있으며 원전 반대운동에 얼마나 참여하고 있는가? 이런 물음들이 이 장에서 집중적으로 해명될 연구 쟁점이다.

## 2. 원전주변 거주 시민의 특성

이 장에서는 원전 유치 반대를 둘러싼 환경운동에 대한 의식 및 참여도를 분석하기 위해 2000년 5월에 서생면민 195명, 기타 울주군민 55명, 기타 울산시민 625명 등 모두 875명의 울산시민을 대상으로 설문지에 의한 면접조사를 실시했다. 제3절에서는 서생면민, 기타 울주군민, 기타 울산시민 등 세 집단별로 원전에 대한 의식과 원전유치에 대한 태도를 비교하고, 제4절에서는 서생면민과 기타 울주군민을 포함한 원전 주변 거주 주민을 대상으로 원전반대 환경운동에 대한 태도와 참여도를 좀더 구체적으로 살피기로 하겠다.

그에 앞서 이 절에서는 원전 주변에 거주하는 울주군민 250명의 사회인구학적 특성을 배경적으로 서술하기로 한다. 먼저 원전예정부지와 응답자의 현거주 주택간 거리는 60.5%가 반경 5km 이내이고 39.5%가 반경 5km 이외 지역으로 나타난다.[1)] 그리고 성별은 전체적으로 남성 64.8%인데, 서생면의 경우 67.2%로 기타 울주군 56.4%보다 좀더 남성이 많게 표집되었다. 또 <그림 III-1>을 보면 원전 주변 울주군민의 연령별 분포가 제시되어 있다. 전체적으로 50대 이상 고령층이 가장 많고, 농촌지역인 서생면의 경우 그 비율은 40.5%로 기타 울주군 16.4%보다 훨씬 높다.

1) 원전예정부지로부터의 거리를 반경 5km 기준으로 나누는 이유는 앞서 언급한 '발전소 주변지역 지원에 관한 법률'의 혜택 대상이 대부분 원전부지에서 반경 5km 이내로 제한되기 때문이다. 박재묵(1995) 등 많은 연구에서는 원전반대 환경운동이 원전으로부터 반경 5km 이외 지역주민을 중심으로 한다고 보고되고 있다. 서생면의 주민환경운동에서도 그러한 결과가 되풀이되는가를 살피는 것도 이 장의 제4절에서 갖고 있는 하나의 쟁점이다.

<그림 III-1> 원전 주변 거주 시민의 연령별 분포

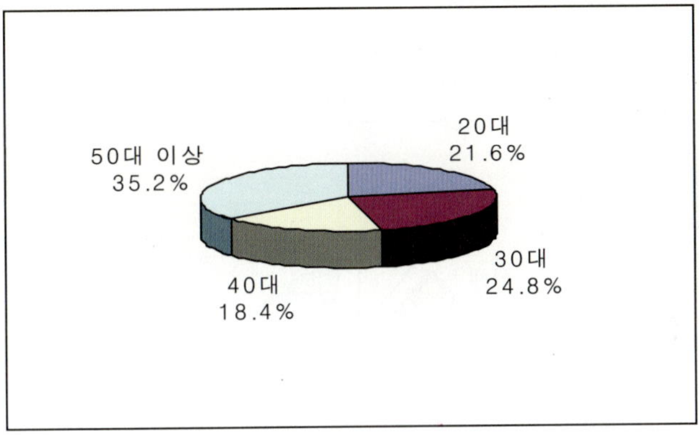


<그림 III-2> 원전 주변 거주 시민의 직업 분포

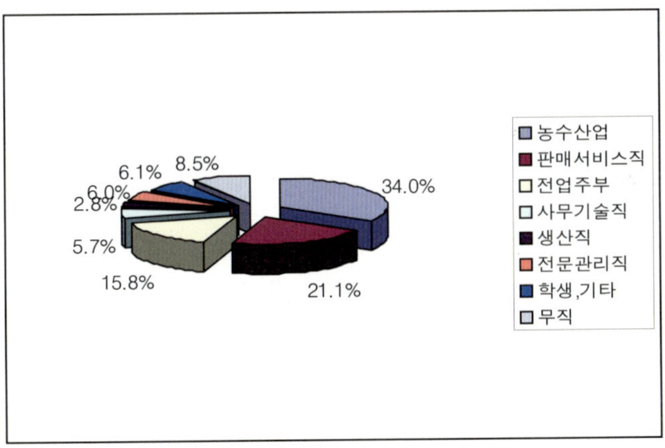


다음으로 교육정도는 초등학교 졸 이하 15.7%, 중졸 이하 21.1%, 고졸 이하 46.7%, 전문대졸 이상 16.5%로서, 고졸 학력층이 가장 많다. 응답자의 직업 분포는 <그림 III-2>와 같은데, 농수산업이 가장 많고 판매서비스직, 주부, 무직의 순서로 되어 있다. 서생면의 경우 농수산업 비율이 42.7%로 더 많으며, 기타 울주군

에서는 판매서비스직이 50.9%로 과대 표집되었다.

<그림 III-3> 원전 주변 거주 시민의 가구소유 형태

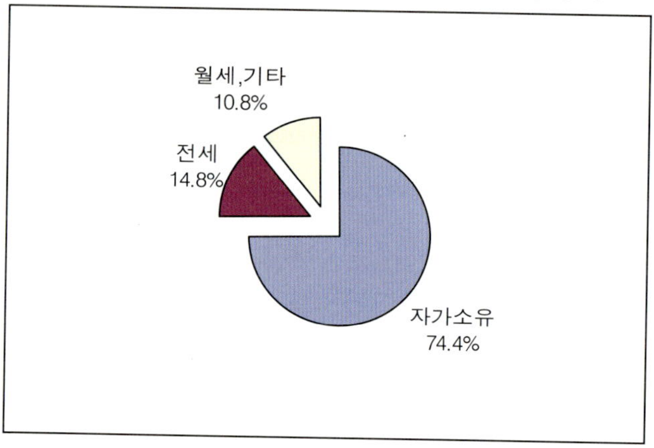


한편 조사대상 울주군민의 주택유형은 단독주택이 72.7%로 압도적인데, 서생면의 경우 그 비율이 81.5%나 되지만 기타 울주군에서는 아파트도 31.5%로 상대적으로 높다. 가구의 소유형태를 보면(<그림 III-3> 참조), 전체적으로 자가소유자가 3/4이고 전세가 15% 수준이다. 그런데 단독주택이 많은 서생면은 자가비율이 78.5%로 더 높고 기타 울주군은 전세 비율이 32.7%로 좀더 많게 나타난다.

끝으로 생활수준에 대한 주관적 평가를 볼 때, 전체적으로 상 0.8%, 중 73.1%, 하 26.1%여서 중간 정도라는 반응이 가장 크다. 자가소유자가 약간 더 많은 서생면의 경우 상 1%, 중 76.3%로 비교적 높은 생활수준으로 자평하는 데 비해, 기타 울주군에서는 상 0%, 중 61.8%로 이보다 낮은 평가를 내리고 있다.

## 3. 울산시민의 거주지별 원전에 대한 의식

이 장에서의 설문조사 이전에도 서생면 원전 문제를 둘러싼 울산시민 의식조사가 몇 차례 있어 왔다. 1999년 1월에 경상일보와 울산리서치가 공동으로 울산시민 2천명(울주군민 1천명, 기타 4개구 1천명)에 대해 조사한 결과, 원전 건설에 대해 반대하는 비율은 66.1%(적극 반대 30.3%, 대체로 반대 36.1%)로, 찬성 21.3%(적극 찬성 2.8%, 대체로 찬성 18.5%)의 3배 수준이었다. 원전과 직접 관련이 있는 울주군에서는 65%가 반대, 20.5%가 찬성의사를, 원전 예정지인 서생면에서는 61%가 반대, 15.6%가 찬성의사를 나타내 기타 울산 4개구와 큰 차이를 보이지 않았다.

한편 같은 해 11월에 울산시의회 산업건설위가 울산리서치에 의뢰해 20세 이상 울산시민 800명을 대상으로 조사한 결과에 따르면, 찬성(적극 찬성, 대체로 찬성)이 17.9%, 반대(대체로 반대, 적극반대) 72.2%여서 표집방식의 차이[2]를 무시하고 본다면 1월 조사에 비해 반대 비율이 약간 높아짐을 알 수 있다. 그리고 원전 건설이 취소될 경우의 대안은 '원전을 좀더 나은 조건에 있는 지역에 건설하면 된다'가 25.8%, '원전을 그만 만들고 대체에너지 개발에 나서야 한다'가 46.9%여서, 지역이기주의적 발상보다는 원전 문제의 근본적 대안을 좀더 지지함을 엿볼 수 있다.

그렇다면 2000년 5월의 시점에서 울산시민은 원전 및 원전 문제

2) 1999년 11월의 조사는 울주군민에 가중치를 둔 것이 아니라 인구비례로 표집된 것이므로 1월 조사에 비해 울주군민 표본 수가 훨씬 적다고 할 수 있다.

에 대해 어떤 태도를 갖고 있을까? 여기서 전제되어야 할 것은 표본의 특성이 위의 두 차례 조사와 차이나기 때문에 결과를 단순히 비교하기 힘들다는 점이다. 이 절에서의 표본은 앞서 언급했듯이 울산시 4개구 주민 625명과 기타 울주군민 55명, 서생면민 195명으로 구성되어 있어 울주군 거주자의 표본이 1999년 1월보다는 과소표집되었고 1999년 11월보다는 과대표집되었다고 말할 수 있다.

원전관련 의식을 거주지별로 분석하기에 앞서, 울주군 이외 울산거주 시민의 표본 특성을 살피면 다음과 같다. 먼저 성별은 남성 50.1%로 고루 표집되었고, 연령별 분포는 20대 25.1%, 30대 34.9%, 40대 21.4%, 50대 이상 18.6%로 앞서 본 울주군민 표본에 비해 50대 이상 고령층이 적은 편이다. 교육정도는 초졸 이하 4.9%, 중졸 이하 11%, 고졸 이하 53.3%, 전문대졸 이상 30.8%으로 고학력층이 비교적 높은 비율을 차지하고 있다. 직업별로는 판매서비스직이 37.6%로 가장 높고, 전업주부 18.8%, 사무기술직 17.8%, 학생 및 기타 10.9%, 전문관리직 6.6%, 생산직 4.2%, 무직 2.4%, 농수산업 1.8%의 분포를 보인다.

주택형태는 서생면과 대조적으로 아파트가 40.3%으로 가장 많고 단독주택 36.2%, 연립주택 10%로 구성되어 있다. 또 가구소유형태는 자가 69.5%, 전세 24.9%, 기타 5.6%이다. 끝으로 생활수준에 대한 주관적 평가는 상 0.8%, 중 80.7%, 하 18.5%로 울주군민에 비해 중류층 귀속의식이 더 높다고 평가된다. 그러면 이들 울산시민과 기타 울주군민, 서생면민의 원전 의식이 어떠한지를 원전에 대한 전반적 인식, 원전 안전도에 대한 의식, 서생면 원전 유치에 대한 반응, 서생원전의 영향에 대한 평가, 서생원전 유치의 향후 전망 등을 중심으로 살펴 보자.

### 1) 원전에 대한 전반적 인식

먼저 원전에 대한 인지도는 전체적으로 84.8%인데, 울산시민 81.5%, 울주군민 89.1%, 서생면민 94.3% 등 원전 시설 주변으로 갈수록 높다. 따라서 서생면 원전 문제가 불거지면서 원전에 대한 울산시민의 이해도는 상당히 높아졌음을 알 수 있다.

다음으로 원전의 청정도, 경제성 여부, 지역발전에 대한 기여도, 미래에 대한 위협, 원전지역 상품의 불매문제 등을 둘러싼 의견을 매우 찬성 2점, 찬성 1점, 반대 -1점, 매우 반대 -2점의 4점 척도로 계산한 결과는 <표 III-1>과 같다. 서생면민의 평균점수는 청정도, 경제성, 지역발전 기여의 경우 0점을 밑돌아 상대적으로 부정적이며, 미래위협과 상품불매의 경우에는 좀더 긍정하는 것으로 나타난다. 그런데 원전의 미래에 대한 위협과 원전지역 상품의 불매문제를 둘러싸고는 기타 울주군민, 울산시민도 어느 정도 긍정하고 있어 원전문제를 울산전체로 확산시키는 주요 쟁점이 됨을 알 수 있다.

<표 III-1> 원전에 대한 전반적 인식 비교

단위 : 점

| | 울산시 | 울주군 | 서생면 | 계 |
|---|---|---|---|---|
| 원자력발전은 깨끗하다 | .32 | .13 | -.66 | -.09 |
| 원자력발전은 경제적이다 | .72 | .69 | -.06 | .55 |
| 원자력발전소 건설은 지역발전을 가져온다 | .18 | .32 | -1.01 | -.07 |
| 원자력발전은 미래후손의 삶의 질을 위협한다 | .35 | .43 | .68 | .43 |
| 원자력발전소가 있는 지역상품은 팔리지 않는다 | .37 | .65 | .75 | .47 |

## 2) 원전의 안전도에 대한 의식

안전도에 관해서는 위험하다는 반응이 54.5%로 안전하다는 비율 45.5%보다 높다(<그림 III-4> 참조). 또한 <표 III-2>를 보면, 다른 지역 거주자에 비해 서생면민에게서 매우 위험하다는 반응이 훨씬 더 높음을 알 수 있다.

한편 원전의 환경오염 가능성 인식을 전체적으로 살펴 보면, 89.9%라는 압도적 다수가 이에 동의하고 있다. 그러한 환경오염 가능성 동의율을 지역별로 나누어 볼 때에도, 서생면민이 96.4%로서, 울산시민 88.4%, 울주군민 83.6%보다 높게 나타난다. 즉 원전의 안전도에 대해서는 주변에 거주하는 서생면 주민일수록 비판적으로 느끼고 있음을 알게 된다.

<그림 III-4> 원전의 안전도 의식

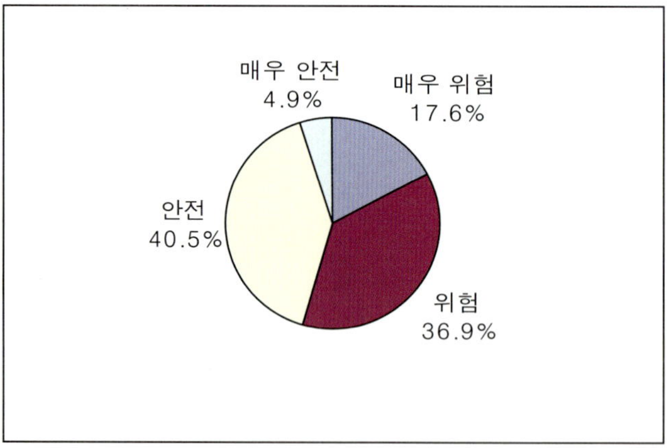

<표 III-2> 거주지별 원전의 안전도 의식

단위 : %

| | 울산시 | 울주군 | 서생면 | 전체 |
|---|---|---|---|---|
| 매우 안전하다 | 5.8 | 1.9 | 3.1 | 4.9 |
| 대체로 안전하다 | 45.4 | 49.1 | 22.6 | 40.5 |
| 대체로 위험하다 | 36.2 | 37.7 | 39.0 | 36.9 |
| 매우 위험하다 | 12.6 | 11.3 | 35.4 | 17.6 |
| 계 | 100.0 | 100.0 | 100.0 | 100.0 |

원전을 반대하는 경우 구체적인 문제점을 조사한 결과, 방사능 폐기물 처리, 일상적인 방사능 누출, 폭발 위험 등이 주로 거론되고 있다(<그림 III-5> 참조). 원전에 근접한 서생면민, 울주군민의 경우 일상적 방사능 누출의 응답이 비교적 높고 기타 울산시민의 경우는 방사능 폐기물 처리문제를 손꼽는 비율이 더 높다(<표 III-3> 참조).

<표 III-3> 거주지별 원전의 구체적 문제점 의식

단위 : %

| | 울산시 | 울주군 | 서생면 | 전체 |
|---|---|---|---|---|
| 폭발물 위험 | 21.1 | 7.1 | 20.4 | 20.1 |
| 일상적 방사능 | 26.4 | 50.0 | 33.8 | 29.8 |
| 온배수 바다오염 | 14.9 | 7.1 | 15.9 | 14.8 |
| 방사능 폐기물 처리문제 | 35.1 | 32.1 | 27.4 | 32.7 |
| 기타 | 2.5 | 3.6 | 2.5 | 2.6 |
| 계 | 100.0 | 100.0 | 100.0 | 100.0 |

<그림 III-5> 원전의 구체적 문제점 의식

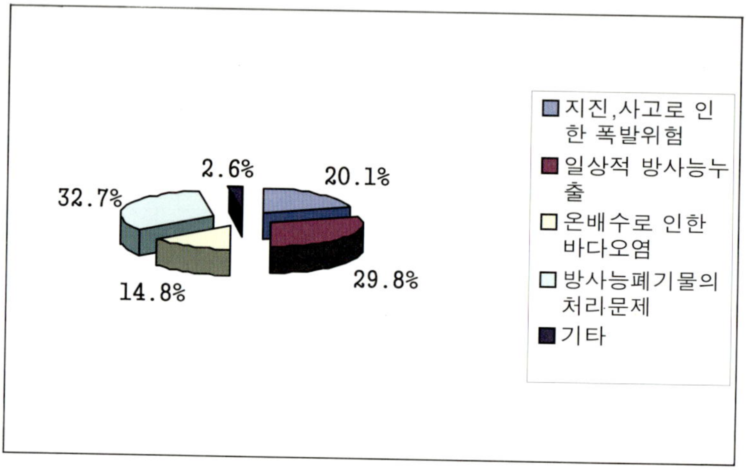


한편 원전의 지역경제에 대한 공헌도를 물어본 결과, 서생면민은 도움이 안된다가 77.8%로 압도적인 반면 울산시민, 울주군민은 도움이 된다가 각각 61.7%, 69.8%로 더 많아 대조적이다.

### 3) 서생면 원전 유치에 대한 반응

서생면 원전 유치에 대한 반응을 살피기에 앞서, 우리 나라가 원전을 건설하는 것에 대해 의견을 조사해 보았다(<그림 III-6> 참조). 전체적으로 점차 다른 방식으로 대체해 나가야 한다가 42%로 가장 높고 즉각 중단해야 한다는 의견까지 합치면 반대가 60%를 웃돎을 알 수 있다. 그리고 <표 III-4>를 보면 즉각 중단해야 한다는 강력한 반대의 의지는 당연히 서생면민에게서 가장 세게 나타난다.

<그림 III-6> 우리나라가 원전을 건설하는 것에 대한 의견

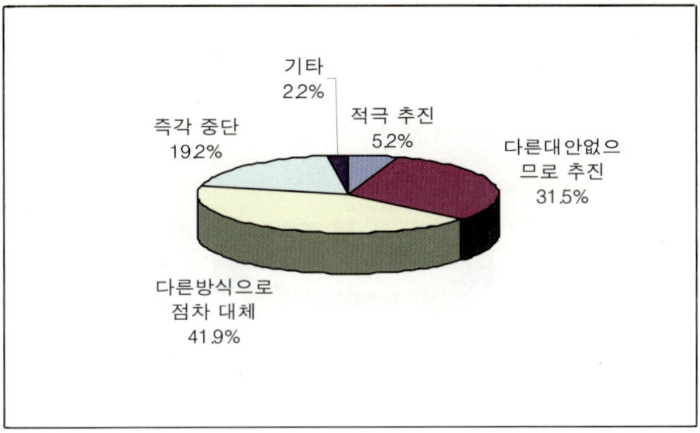


그렇다면 구체적으로 서생면 원전 건설에 대한 찬반의 정도는 어떠한가? <그림 III-7>과 <표 III-5>를 보면 전체적으로 반대가 70%를 넘고 서생면민에게서 그 반대의 강도가 더 큼을 알 수 있다. 이러한 반대의 비율은 1999년 1월의 조사결과보다는 높고 1999년 11월의 조사결과와는 거의 비슷한 수준이라 할 수 있다. 즉 서생면 원전 유치가 쟁점화된 지 2년 가까이 흘렀는데도, 반대의 강도는 여전한 편이라 풀이된다.

<표 III-4> 거주지별 우리나라가 원전을 건설하는 것에 대한 의견

단위 : %

| | 울산시 | 울주군 | 서생면 | 전체 |
|---|---|---|---|---|
| 적극 추진 | 6.3 | 1.8 | 2.6 | 5.2 |
| 문제있지만 다른 대안없어 추진 | 36.4 | 47.3 | 11.3 | 31.5 |
| 점차 다른 방식으로 대체 | 42.5 | 32.7 | 42.8 | 41.9 |
| 어떠한 이유로도 즉각 중단 | 12.7 | 16.4 | 41.2 | 19.2 |
| 기타 | 2.2 | 1.8 | 2.1 | 2.2 |
| 계 | 100.0 | 100.0 | 100.0 | 100.0 |

<그림 III-7> 서생면 원전 건설에 대한 의견

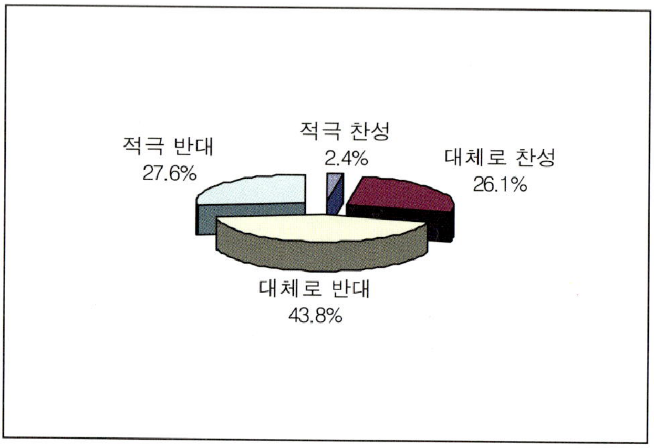


<표 III-5> 거주지별 서생면 원전 건설에 대한 의견

단위 : %

| | 울산시 | 울주군 | 서생면 | 전체 |
|---|---|---|---|---|
| 적극 찬성 | 2.6 | 3.6 | 1.6 | 2.4 |
| 대체로 찬성 | 33.0 | 23.6 | 4.7 | 26.1 |
| 대체로 반대 | 44.8 | 47.3 | 39.5 | 43.8 |
| 적극 반대 | 19.6 | 25.5 | 54.2 | 27.6 |
| 계 | 100.0 | 100.0 | 100.0 | 100.0 |

그런데 찬성하는 28.5%의 시민에 대해 찬성이유를 물어 보면, 원전이 국가발전에 큰 역할을 담당한다는 추상적인 근거가 39.9%로 가장 높고 지역개발로 경기 활성화 등의 경제적 이득을 얻는다는 이유가 33.6%로 그 다음이다. 한편 지역의 세수증대에 대한 기여는 17.5%, 학자금, 전기세 등에 대한 직접적 혜택은 5.2%로 그다지 높게 지적되고 있지 않다.

그리고 반대하는 70%의 시민에게 그 이유를 물어본 결과, <표 III-2>에서 보았듯이 안전에 대한 위협이 가장 큰 요인임을 알 수 있다. 전체적으로 안전한 생활의 위협이 81.6%로 압도적이고, 지역 이미지 손산 9%, 재산가치 하락 4.1%, 경제활동 손실 3.1% 등으로 분포되어 있기 때문이다.

### 4) 서생원전의 영향에 대한 평가

다음으로 서생원전이 지역경제, 지역이미지, 애향심, 생활환경, 자연환경 등에 미치는 영향을 매우 긍정적 2점, 긍정적 1점, 변화없음 0점, 부정적 -1점, 매우 부정적 -2점의 5점 척도로 합산해 평균을 지역별로 비교해 보자(<표 III-6> 참조). 전체적으로 지역경제의 활성화에 미치는 영향을 제외하고는 모든 항목에 대한 영향을 부정적으로 보고 있는 것으로 나타난다. 가장 부정적으로 평가되는 것은 지역 이미지이고 울산의 자연환경에 대한 영향도 그 다음으로 부정적으로 인식되고 있다.

<표 III-6> 거주지별 서생원전의 영향에 대한 비교

단위 : 점

| | 울산시 | 울주군 | 서생면 | 계 |
|---|---|---|---|---|
| 지역 경제 활성화 | .36 | .28 | -.54 | .79 |
| 지역 이미지 | -.70 | -1.15 | -1.42 | -.87 |
| 시민 애향심 | -.57 | -1.13 | -1.13 | -.72 |
| 전반적 생활환경 | -.19 | -.46 | -1.01 | -.37 |
| 전반적 자연환경 | -.66 | -.78 | -1.20 | -.77 |

다른 한편 서생원전 유치결정과정과 유치반대운동에 대한 의식을 알아 보면 <그림 III-8>, <그림 III-9>와 같다. 먼저 원전건설을 결정하는 데 가장 큰 역할을 한 곳은 전체적으로 산업자원부, 울주군, 한국전력, 원전부지 주민의 순으로 꼽히고 있으며, 울산시민, 울주군민, 서생면민의 의식 차이는 그리 크지 않다(<표 III-7> 참조). 또한 원전건설에 가장 열심히 반대한 사람으로는 서생면 해당 주민이 압도적으로 많게 나타나고, 환경운동단체, 지방의원 순으로 그 뒤를 잇고 있다. 이 역시 지역별 의식의 차이는 대동소이함을 알 수 있다(<표 III-8> 참조).

### 5) 서생원전 유치의 향후 전망

이제 마지막으로 서생원전 건설의 문제가 앞으로 어떻게 전개될 것인가에 대한 시민의 생각을 파악해 보자. 전체적으로 주민반대로 상당히 지체되더라도 결국은 건설될 것이라는 응답이 69.4%로 가장 높고, 주민반대 때문에 중도포기될 것이다가 21.8%, 대다수 주민동의 속에 계획대로 추진될 것이다가 6.1%이다. 서생면민에게서도 결국 건설이 49.5%로 중도포기 38.1%보다 높게 나타나는 것은 주목할 만 하다.

<그림 III-8> 원전건설 결정에 가장 큰 역할을 한 곳

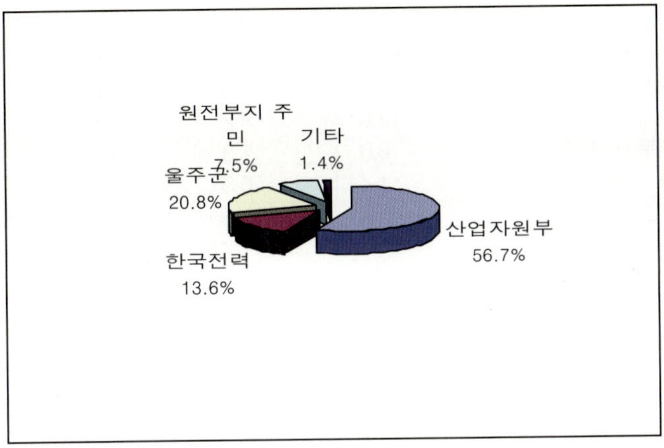


<그림 III-9> 원전건설을 가장 열심히 반대한 사람

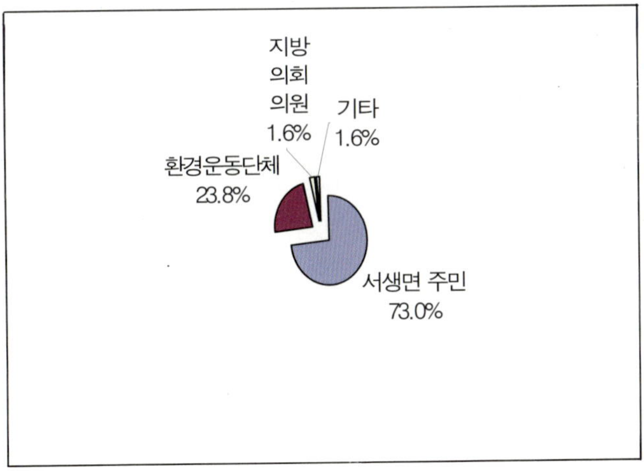

<표 III-7> 거주지별 원전건설 결정에 가장 큰 역할을 한 곳에 대한 의견

단위 : %

| | 울산시 | 울주군 | 서생면 | 전체 |
|---|---|---|---|---|
| 중앙정부(산업자원부) | 58.9 | 69.1 | 46.1 | 56.7 |
| 한국전력 | 13.0 | 5.5 | 17.8 | 13.6 |
| 기초자치단체(울주군) | 18.6 | 18.2 | 28.8 | 20.8 |
| 원전부지 주민 | 8.0 | 7.3 | 5.8 | 7.5 |
| 기타 | 1.4 | 0.0 | 1.6 | 1.4 |
| 계 | 100.0 | 100.0 | 100.0 | 100.0 |

<표 III-8> 거주지별 원전건설을 가장 열심히 반대한 사람에 대한 의견

단위 : %

| | 울산시 | 울주군 | 서생면 | 전체 |
|---|---|---|---|---|
| 서생면 해당주민 | 68.3 | 78.2 | 86.6 | 73.0 |
| 환경운동단체 | 27.7 | 18.2 | 12.9 | 23.8 |
| 지방의회 의원 | 1.8 | 0.0 | 0.5 | 1.6 |
| 기타 | 2.2 | 3.6 | 0.0 | 1.6 |
| 계 | 100.0 | 100.0 | 100.0 | 100.0 |

그렇다면 서생원전이 건설되는 것으로 최종 확정될 경우 울산시민의 대응 태도는 어떠할지 검토해 본다(<그림 III-10>, <표 III-9> 참조). 전체적으로 극단적 방법보다 정치적 해결을 모색해야 한다는 응답이 가장 많지만, 1/3 가량은 그럴 경우에라도 모든 방법을 동원해 철회시켜야 한다는 반응을 보이고 있다. 그러한 강경반응은 원전예정지 주변에 거주하는 서생면민일수록 더 높으며, 기타 울주군민은 울주군외에 거주하는 울산시민보다 오히려 정부정책상 어쩔 수 없으므로 수용해야 한다는 비율이 더 크게 나타난다.

<그림 III-10> 서생원전 확정시 바람직한 대처방안

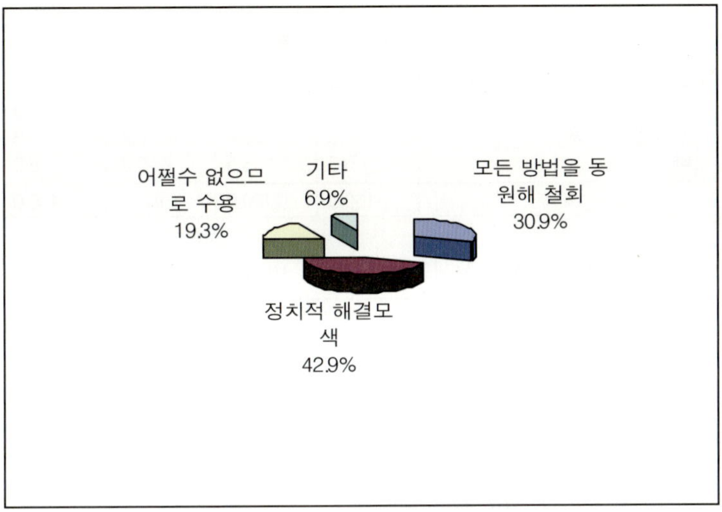


다른 한편 서생원전이 취소되는 것으로 최종 확정될 경우, 바람직한 원전 처리방안은 어떻게 인식되고 있을까(<그림 III-11>, <표 III-10> 참조)? 우선 전체적인 빈도를 볼 때, 가장 많은 수인 절반 가량이 대체 에너지를 개발하는 방향에 동의함을 알 수 있다. 거주지별로는 서생면민에게서 대체 에너지 개발 비율이 더 높고, 울산시민, 울주군민에게서 좀더 나은 조건의 지역에 건설하자는 응답이 약간 많이 나타나고 있다. 그리고 이러한 응답의 분포는 앞서 살핀 1999년 11월의 시의회, 울산리서치 조사 결과와 거의 일치하는 것으로 볼 수 있다.

<표 III-9> 거주지별 서생원전 확정시 바람직한 대처방안에 대한 의견

단위 : %

| | 울산시 | 울주군 | 서생면 | 전체 |
|---|---|---|---|---|
| 모든 방법을 동원해서 철회 | 25.2 | 14.5 | 53.6 | 30.9 |
| 정치적인 해결을 모색 | 46.3 | 43.6 | 32.0 | 42.9 |
| 정부정책상 수용 | 21.9 | 36.4 | 6.2 | 19.3 |
| 기타 | 6.6 | 5.5 | 8.2 | 6.9 |
| 계 | 100.0 | 100.0 | 100.0 | 100.0 |

<그림 III-11> 서생원전 취소 시 바람직한 처리방안

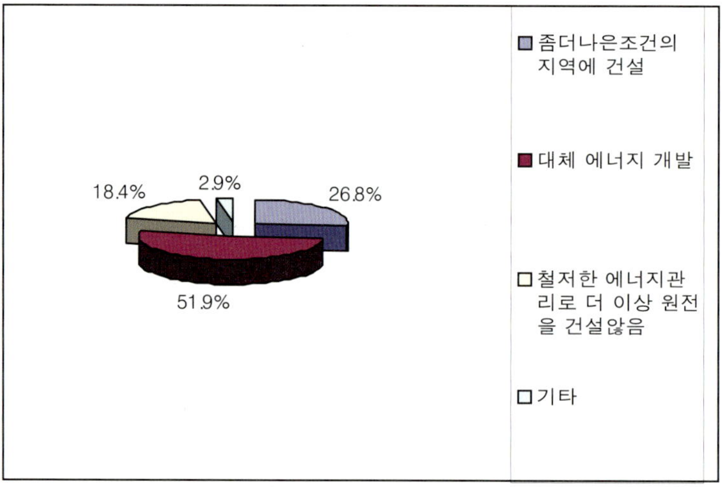


<표 III-10> 거주지별 서생원전 취소 시 바람직한 처리방안에 대한 의견

단위 : %

| | 울산시 | 울주군 | 서생면 | 전체 |
|---|---|---|---|---|
| 좀더 나은 지역에 건설 | 29.3 | 35.2 | 16.2 | 26.8 |
| 대체 에너지 개발 | 49.0 | 46.3 | 63.4 | 52.0 |
| 에너지 관리로 발전소를 더 이상 건설않음 | 18.7 | 18.5 | 17.3 | 18.4 |
| 기타 | 3.1 | 0.0 | 3.1 | 2.9 |
| 계 | 100.0 | 100.0 | 100.0 | 100.0 |

끝으로 위 쟁점과 관련되기는 하지만 서생원전에 대한 반대운동이 님비(NIMBY; Not In My BackYard)식 지역이기주의인지, 아니면 니아비(NIABY; Not In Anybody's BackYard)를 지향하는 환경운동의 일환인지 원전건설에 대한 근본적 입장을 알아 본다. <그림 III-12>에서 보듯이 전체적으로 서생면이 아닌 다른 지역에 원전을 건설해야 한다는 님비적 태도보다 어떤 곳에도 건설되어서는 안된다는 니아비적 입장이 훨씬 많음을 알 수 있다. 또 <표 III-11>에 의하면 서생면민에게서 니아비적 입장의 빈도가 좀더 높아, 원전예정지역 주변 주민의 반대운동을 님비적 태도로만 예단하기 어려움을 시사한다.

<그림 III-12> 원전건설에 대한 입장

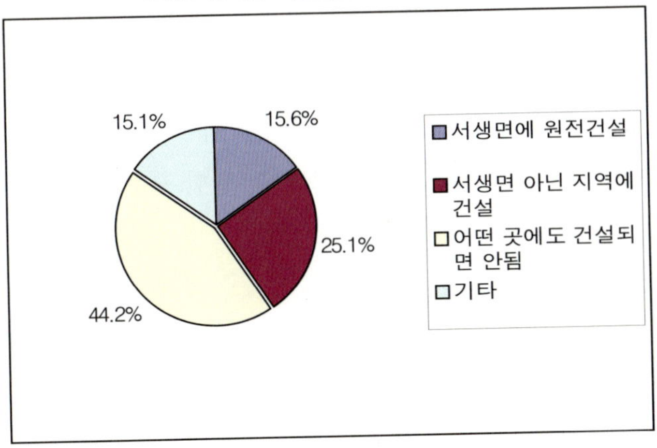

<표 III-11> 거주지별 원전건설에 대한 입장

단위 : %

| | 울산시 | 울주군 | 서생면 | 전체 |
|---|---|---|---|---|
| 울주군 서생면에 원전 건설 | 18.5 | 20.4 | 4.8 | 15.6 |
| 서생면이 아닌 다른 지역에 원전 건설 | 27.9 | 29.6 | 14.5 | 25.1 |
| 어떤 곳에도 건설되어서는 안됨 | 37.3 | 42.6 | 67.7 | 44.2 |
| 기타 | 16.4 | 7.4 | 12.9 | 15.1 |
| 계 | 100.0 | 100.0 | 100.0 | 100.0 |

결론적으로 원전을 둘러싼 견해가 서생면민과 기타 울산시민과 약간의 차이는 나지만 지역이미지나 미래의 울산환경에 대한 우려는 모든 시민에게서 공통됨을 알 수 있었다. 다만 원전반대운동의 강도가 떨어지고 인근주민에 대한 보상이 계속 진행됨에 따라, 원전건설 자체에 대한 반대 의지는 약화됨을 추정할 수 있다. 그럼에도 무조건 건설이 아닌 정치적 조정을 포함한 환경운동의 지속이 좀더 타당한 해결책으로 받아들여지고 있다. 이와 함께 서생원전 반대운동을 통해 울산시민 전체의 환경의식을 제고하고 원전이 갖는 위험도에 대한 인식을 확산시키는 것 또한 필요한 과제라 볼 수 있다.

## 4. 원전주변 시민의 환경운동 의식 및 참여도

여기서는 서생면민 195명과 기타 울주군민 55명 등 울주군 원전 문제에 직접 연관되는 주민 250명을 따로 표본으로 설정하여, 원전유치 과정에서의 구체적인 의견들을 분석하기로 하겠다. 현재 울주군 서생면 원전 문제를 매듭짓기 위해서는 해당 원전 주변 지역인 서생면민과 울주군민의 의견을 제대로 반영하는 것이 실마리가 된다고 볼 수 있다. 또한 앞서 제기한 원전 주변 반경 5km이라는 공간적 구획이 주민의 원전반대운동에 어떠한 영향을 끼치는지를 파악하는 것도 이 절의 주요 관심 가운데 하나이다.[3] 그 밖에도 원전주변 시민의 원전 관련 의식 및 원전반대운동 참여도를 성별, 연령별, 거주지별로도 교차분석하기로 한다.

애초에 서생면 원전 추가 유치를 결정할 때의 과정은 민주적인 주민들의 의사반영 절차가 미흡했다고 평가된다. 1998년 11월말 울주군에서 실시한 원전유치에 대한 울주군민 여론조사는 전체 2,531가구 중 주변지역 거주자인 서생면민은 6%에 그쳐, 가중표집이 되지 못한 한계를 나타냈다. 그리고 조사의 방식도 12개 읍면의 반상회를 이용한 것이어서, 서생면 원전유치 경위와 이유, 이주민 보상문제 등을 미리 홍보한 뒤 실시한 결과라는 편의성(bias)을 갖는 것이다. 이 절에서는 원전 주변 거주자인 서생면민을 중심으로 울주군민의 태도를 좀더 심층적으로 접근하도록 한다.

### 1) 원전 관련 정보에 대한 접근성

우선 울주군민들은 원전 관련 정보에 대해 얼마나 접근하고 있으며, 원전 문제 해결을 위한 여론 수렴방안으로 어떠한 방식을 선호하는지 알아 보자. <그림 III-13>을 보면, 서생면 원전 유치문제

3) 그런데 1997년에 개정된 '발전소 주변지역 지원에 관한 법률'은 지원금 규모를 확대하는 한편, 필요한 경우 원전 주변 반경 5km 이외라 할지라도 동일 행정구역(읍, 면, 동)에 대해 지원할 수 있도록 하고 있다.

가 2년 가까이 시간을 끌게 되면서 울주군민에게 관련 정보에 대한 접촉도는 꽤 높아졌음을 알 수 있다. 절반이 넘는 주민들은 아주 자주, 또는 자주 원전 정보에 접함을 알 수 있는데, 물론 아직까지 전혀 정보를 접하지 못하는 비율도 10% 수준으로 나타난다. 이를 성별로 교차해 보면, 남성의 경우 자주 정보에 접하는 비율이 60%로서 여성보다 약간 높음을 알 수 있다(<표 III-12> 참조). 원전 정보에 전혀 접하지 못하는 비율 역시 여성이 남성보다 좀더 높다.

<그림 III-13> 원전 관련 정보 접촉의 정도

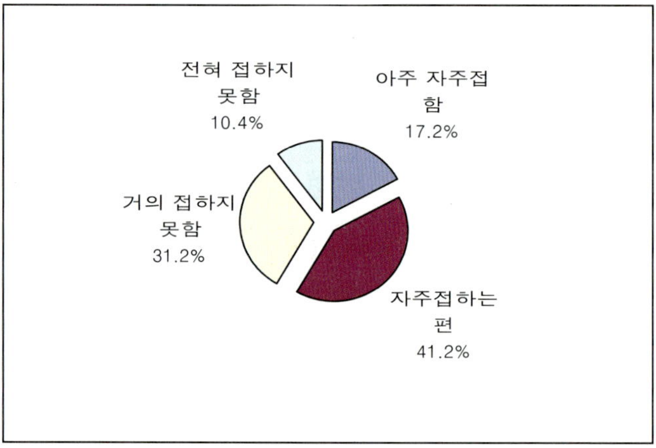


그렇다면 원전주변 거주 시민들은 그러한 정보를 어디에서 주로 얻고 있을까? <그림 III-14>와 <표 III-13>을 보면, 가장 많은 시민들이 지역주민모임이라고 응답하고, 그 다음으로 언론매체, 환경단체 자료 등이 손꼽히고 있다. 이에 비해 행정기관이나 한전의 홍보물은 주민들의 주된 정보원으로 활용되지 않고 있다. 원전으로부터의 거리별로는 반경 5km 이내 주민들이 지역모임, 환경단체에

대한 정보의존도가 높고 반경 **5km** 이외에서는 언론매체와 한전 홍보물의 비율이 조금 더 높다.

<표 III-12> 성별 원전 관련 정보 접촉의 정도

단위 : %

| | 남자 | 여자 | 전체 |
|---|---|---|---|
| 아주 자주 접한다 | 24.1 | 4.5 | 17.2 |
| 자주 접하는 편이다 | 35.8 | 51.1 | 41.2 |
| 거의 접하지 못한다 | 30.9 | 31.8 | 31.2 |
| 전혀 접하지 못한다 | 9.3 | 12.5 | 10.4 |
| 계 | 100.0 | 100.0 | 100.0 |

<그림 III-14> 원전 관련 정보의 입수경로

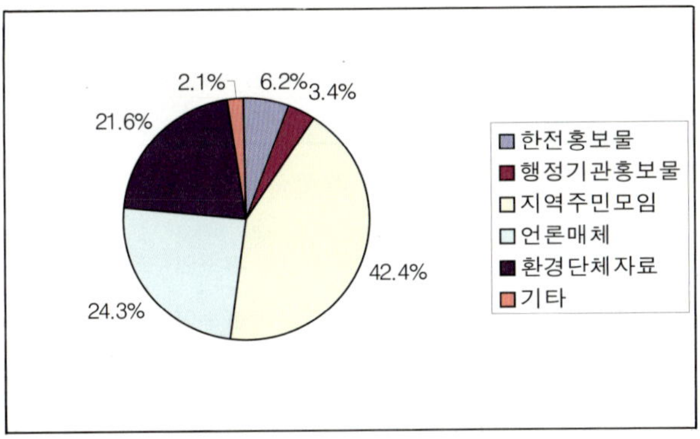


<표 III-13> 원전으로부터의 거리별 원전 관련 정보의 입수경로

단위 : %

| | 반경 5㎞ 범위 이내 | 반경 5㎞ 범위밖 | 전체 |
|---|---|---|---|
| 한국전력 홍보물 | 3.9 | 14.0 | 6.2 |
| 행정기관의 홍보물 | 3.9 | 2.3 | 3.4 |
| 지역주민이나 지역모임 | 43.1 | 39.5 | 42.1 |
| 언론매체 | 21.6 | 30.2 | 24.1 |
| 환경단체의 자료 | 25.5 | 11.6 | 21.4 |
| 기타 | 2.0 | 2.3 | 2.1 |
| 계 | 100.0 | 100.0 | 100.0 |

이와 함께 울산시민은 물론 원전 주변 주민 간 갈등요인이 되고 있는 원전문제를 해결하기 위한 바람직한 여론수렴 방안은 어떻게 의식되고 있을까(<그림 III-15>, <표 III-14> 참조)? 주민투표가 가장 높은 빈도로 나타나지만 공청회, 토론회를 손꼽는 비율도 1/3 가량이고 15%의 시민은 주민이 선정한 기관에 의한 여론조사를 선호하고 있다. 연령별로는 50대 이상 고령층에서 주민투표 비율이 더 높고 20, 30대의 청장년층에서는 공청회 선호도가 약간 높은 한편, 40대 장년층에서는 대중집회라는 좀더 주민주도적 여론 수렴방안 비율이 상대적으로 크게 나타난다.

<그림 III-15> 원전 문제 해결을 위한 바람직한 여론수렴 방안 의식

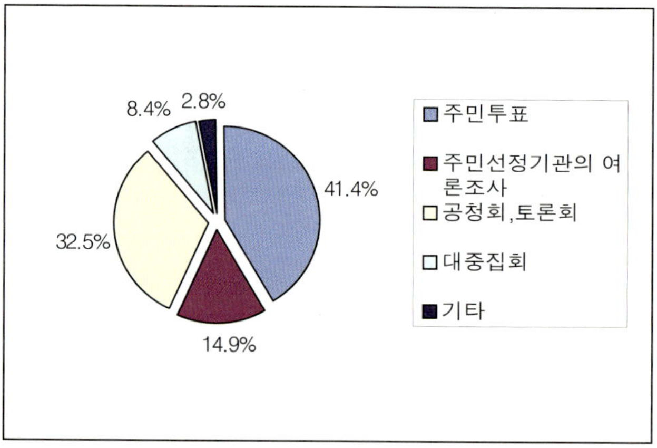

<표 III-14> 연령별 원전 문제 해결을 위한 바람직한 여론수렴 방안 의식

단위 : %

| | 20대 | 30대 | 40대 | 50대 이상 | 전체 |
|---|---|---|---|---|---|
| 주민투표 | 37.0 | 40.3 | 34.8 | 48.3 | 41.4 |
| 주민들이 선정한 기관의 여론조사 | 18.5 | 12.9 | 19.6 | 11.5 | 14.9 |
| 공청회나 토론회 | 33.3 | 35.5 | 28.3 | 32.2 | 32.5 |
| 대중집회 | 7.4 | 9.7 | 17.4 | 3.4 | 8.4 |
| 기타 | 3.7 | 1.6 | 0 | 4.6 | 2.8 |
| 계 | 100.0 | 100.0 | 100.0 | 100.0 | 100.0 |

마지막으로 원전문제 해결을 위해 가장 믿을 만한 사람은 누구인지 각각의 행위자에 대해 매우 신뢰 2, 신뢰 1점, 보통 0점, 불신 -1점, 매우 불신 -2점의 점수를 주어 계산해 보겠다. <표 III-15>를 보면, 환경운동단체가 가장 신뢰를 받고 있으며, 주민단체 대표, 마을 대표, 교수 등 전문가의 순으로 신뢰의 정도가 높게 나타난다. 이에 반해, 한전 관계자 및 지자체의 장, 국회의원 등은 -의 평균점수를 보여, 주민들로부터 신뢰를 잃고 있음을 엿보게 한다.

## 2) 원전반대 집단행동에 대한 태도

다음으로 1998년말 이후 지속적으로 전개되어 온 원전반대 집단행동에 대한 원전주변 주변 거주 시민들의 태도는 어떻게 드러나고 있을까? 전체적으로는 44%의 주민들이 그러한 집단행동에 참여한 경험이 있으며, 거주지별로는 원전 예정지와 근거리인 서생면이 56%인 반면에 기타 울주군은 2%에도 미치지 못한다(<표 III-16> 참조). 즉 서생면을 제외한 울주군 지역 주민은 3절의 분석에서도 나타났듯이 원전 문제를 '자기 지역'의 문제로 인식하지 않음을 시사한다. 따라서 원전 문제의 해결방안으로 주민투표를 시행한다 하더라도 그 대상을 울주군 전체로 삼는 것은 논란의 소지가 있다고 보여진다.

<표 III-15> 성별 원전 문제 해결에 가장 믿을 만한 사람에 대한 평균점수

단위: 점

| | 남자 | 여자 | 합계 |
|---|---|---|---|
| 지역 국회의원 | -.24 | -.21 | -.23 |
| 시, 군의회 의원 | -.08 | -.07 | -.07 |
| 울산광역시장 | -.52 | -.24 | -.43 |
| 울주군수 | -.63 | -.21 | -.49 |
| 면장 등 공무원 | -.21 | .27 | -.05 |
| 이장 등 마을대표 | .66 | .85 | .72 |
| 주민단체 대표 | .88 | .97 | .90 |
| 교수 등 관계전문가 | .77 | .51 | .68 |
| 환경운동단체 | .97 | 1.03 | .99 |
| 한국전력 관계자 | -.72 | -.40 | -.61 |

<표 III-16> 거주지별 원전 반대를 위한 집단행동 참여 여부

단위 : %

| | 서생면 | 기타 울주군 | 전체 |
|---|---|---|---|
| 있다 | 56.4 | 1.8 | 44.4 |
| 없다 | 43.6 | 98.2 | 55.6 |
| 계 | 100.0 | 100.0 | 100.0 |

원전 반대 집단행동의 효과에 대해서는 참여도보다 높은 60%를 웃도는 비율로 현재 가장 확실한 방법이라는 의견이 가장 많이 분포한다(<그림 III-16>, <표 III-17> 참조). 즉 집단행동에 참여하지 않은 주민에게도 그것의 효과는 어느 정도 긍정적이라 파악되는

것이다. 이에 비해 어떤 형태의 집단행동이든 잃는 것 뿐이라는 견해는 2%도 안 되는 극소수에게만 발견된다. 거주지별로는 역시 서생면민에게서 집단행동에 대한 긍정적 태도가 좀더 두드러지며, 자기 문제라는 관심이 떨어지는 기타 울주군민의 경우 항상 바람직한 것은 아니라는 중립적 의견이 비교적 높음을 알 수 있다.

이와 함께 집단행동에 참여해 본 경험이 있는 시민을 대상으로 집단행동 고려요인과 형태별 참가도의 평균점수를 산출해 보았다 (<표 III-18>, <표 III-19> 참조). 여기에서 집단행동 고려요인은 아주 많이 고려함. 많이 고려함, 약간 고려함, 거의 고려하지 않음, 전혀 고려하지 않음이라는 5점 척도로서 각각에 2점, 1점, 0점, -1점, -2점을 부여하여 계산되었다. 또 형태별 참가도는 집단행동 형태 각각에 대해 거의 매번 참여, 자주 참여, 가끔 참여, 전혀 참여하지 않음이라는 4점 척도에 각각 2점, 1점, -1점, -2점을 주어 평균한 점수이다.

<그림 III-16> 집단행동의 효과에 대한 의식

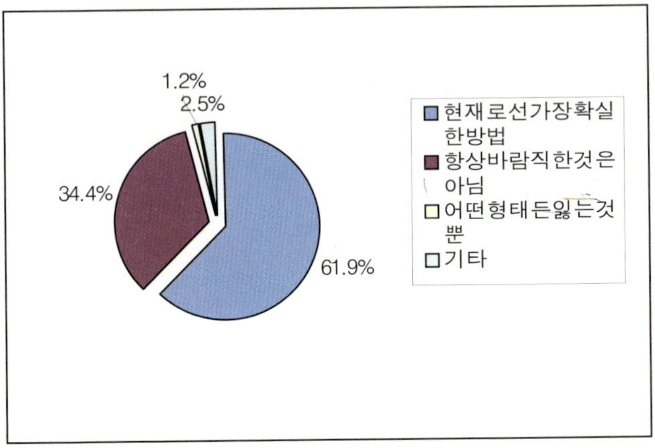

<표 III-17> 거주지별 집단행동의 효과에 대한 의식

단위 : %

| | 서생면 | 기타 울주군 | 전체 |
|---|---|---|---|
| 현재로선 가장 확실한 방법이다 | 65.4 | 49.1 | 61.9 |
| 집단행동이 항상 바람직한 것은 아니다 | 31.4 | 45.3 | 34.4 |
| 어떤 행태의 집단행동이든 잃는 것뿐이다 | 0.5 | 3.8 | 1.2 |
| 기타 | 2.6 | 1.9 | 2.5 |
| 계 | 100.0 | 100.0 | 100.0 |

<표 III-18> 연령별 집단행동 참여시 고려요인의 평균 점수

단위 : 점

| | 20대 | 30대 | 40대 | 50대이상 | 합계 |
|---|---|---|---|---|---|
| 경제적 손실 때문에 | 1.67 | 0.17 | 0.46 | 0.92 | 0.80 |
| 건강과 환경을 지키기 위해 | 1.67 | 1.08 | 1.48 | 1.84 | 1.64 |
| 정부나 원전관계자를 믿을수 없어서 | 1.55 | 1.25 | 0.67 | 1.23 | 1.15 |
| 애향심 때문에 | 1.36 | 0.70 | 0.86 | 1.52 | 1.26 |

그 결과를 분석하면, 전체적으로 집단행동의 고려요인은 건강과 환경에 대한 관심이 평균 1.6점으로 가장 높고 애향심, 정부나 관계자에 대한 불신, 경제적 손실의 순서로 나타나고 있다. 즉 경제적 손실보다는 건강문제, 환경보전의 문제가 원전반대 집단운동의 주된 변수임을 알 수 있다. 연령별로는 50대 이상에서 특히 건강과 환경문제, 애향심을 거론하는 정도가 꽤 높은 편이다.

<표 III-19> 원전으로부터의 거리에 따른 집단행동 형태별 참가도 평균 점수

단위 : 점

| | 반경 5㎞ 범위 이내 | 반경 5㎞ 범위밖 | 합계 |
|---|---|---|---|
| 서명운동 | 0.99 | 1.57 | 1.07 |
| 서생면에서의 대중집회 | 1.14 | 1.19 | 1.15 |
| 울주군청에서의 대중집회 | 0.95 | 1.00 | 0.96 |
| 가두시위 | 0.98 | 1.20 | 1.01 |

그리고 집단행동 형태별 참가도는 서생면에서의 대중집회가 가장 빈번하고 서명운동, 가두시위, 울주군청 대중집회의 순서로 점수가 높지만 그 차이는 그리 크지 않다. 단지 반경 5km를 기준으로 한 원전으로부터의 거리가 이러한 집단행동 참가도에 어떤 영향을 미치는지 살펴 보면, 반경 5km 이외의 지역에서 모든 집단행동 형태의 참여가 좀더 많은 것으로 드러난다. 이는 원전 예정 부지까지 포함하는 반경 5km 이내 거주 주민보다는 그 외부의 주민들이 약간 적극적인 반대행동을 보여 왔음을 시사한다.

### 3) 개발과 이주에 대한 태도

이제 원전 주변 주민들의 개발에 대한 태도와 이주의사에 관해 살펴 보기로 한다. 우선 서생면 원전 주변에 설정되어 있는 개발제한구역에 대한 견해를 보면, 환경보전을 위해 필요하지만 원전 주변의 경우 특별조치가 필요하다는 주장과 전면해제의 입장이 서로 비슷하게 분포됨을 알 수 있다(<그림 III-17>, <표 III-20> 참조).

연령별로는 40대 이상 중고령층의 경우 전면해제의 비율이 더 높으며, 20대, 30대의 경우에는 환경보전 전제하 특별조치가 좀더 선호되고 있다. 즉 원전 유치에 따라 재산상 불이익을 가져오는 개발제한구역의 해제 요구가 두드러지지만, 그대로 두는 것이 낫다는 응답까지 포함하면 환경보전의 필요성 역시 공감을 얻고 있다고 할 수 있다.

<그림 III-17> 원전 주변 개발제한구역에 대한 견해

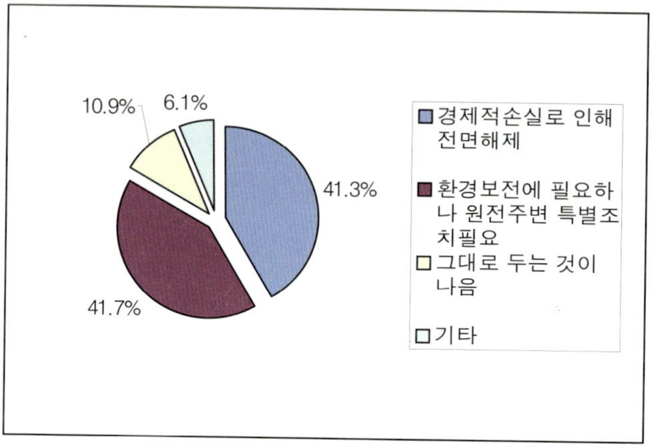


한편 울주군의 현재 거주하는 지역에서 이주할 의사에 관해 살펴 본 결과, 80%의 주민이 계속 거주할 의사를 보여 거주지에 대한 정주의식이 높음을 시사한다(<그림 III-18>, <표 III-21> 참조). 무슨 일이 있어도 계속 거주하겠다는 적극적 지역애착이 기타 울주군보다 서생면에서 더욱 높다는 사실은 원전유치에 따라 고향을 등지는 것에 대한 반발을 반영하는 것이라 풀이된다. 이렇게 개발제한구역 해제를 통한 개발욕구라든지 높은 정주의식 등에 비추어 볼 때, 원전 주변 거주민은 현 지역에 거주하면서 개발이익을 확보하는 방향을 선호한다고 평가할 수 있다.

<표 III-20> 연령별 원전 주변 개발제한구역에 대한 견해

단위: %

| | 20대 | 30대 | 40대 | 50대 이상 | 전체 |
|---|---|---|---|---|---|
| 경제적 손실을 주고 있으므로 전면해제 | 33.3 | 24.6 | 50.0 | 53.5 | 41.3 |
| 환경보전위해 필요하나 원전부지 주변에 대해서는 특별조치 필요 | 53.7 | 62.3 | 32.6 | 24.4 | 41.7 |
| 그대로 두는 것이 낫다 | 9.3 | 11.5 | 13.0 | 10.5 | 10.9 |
| 기타 | 3.7 | 1.6 | 4.2 | 11.6 | 6.1 |
| 계 | 100.0 | 100.0 | 100.0 | 100.0 | 100.0 |

<그림 III-18> 울주군 현 지역에 대한 계속 거주 의사

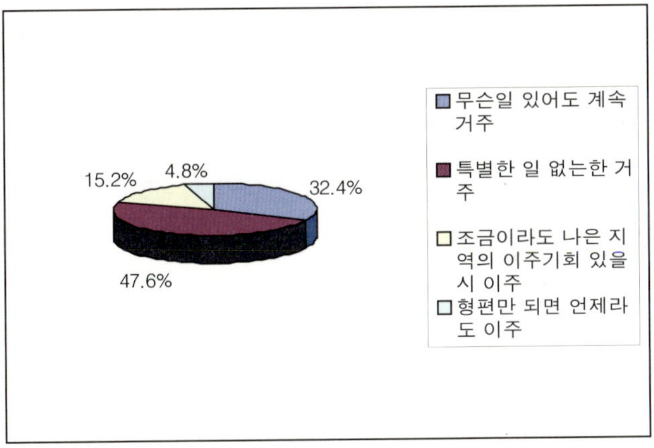


<표 III-21> 거주지별 울주군 현 지역에 대한 계속 거주 의사

단위 : %

| | 서생면 | 기타 울주군 | 전체 |
|---|---|---|---|
| 무슨일이 있어도 이곳을 떠나지 않고 계속거주 | 41.0 | 1.8 | 32.4 |
| 특별한 일이 없는 한 계속거주 | 45.6 | 54.5 | 47.6 |
| 조금이라도 나은 지역으로 이주할 기회가 주어지면 이주 | 8.7 | 38.2 | 15.2 |
| 이보다 못한 곳은 없으므로 형편만 되면 언제라도 이주 | 4.6 | 5.5 | 4.8 |
| 계 | 100.0 | 100.0 | 100.0 |

### 4) 원전 주변 지역 지원사업에 대한 태도

여기서는 마지막으로 원전 주변 거주 시민들이 지역지원사업에 대해 어떤 태도를 보이는지 검토해 보기로 한다. 먼저 발전소 주변 지역 지원에 대한 법률을 얼마나 인지하고 있는지를 보면, 전체적으로 알고 있는 비율이 1/3 정도이고 나머지는 자세히 모르는 것으로 나타난다(<표 III-22> 참조). 이를 원전으로부터의 거리별로 교차해 볼 때, 한전의 지원대상으로 규정되어 있는 반경 5km 범위 이내 주민들의 인지도가 좀더 높음을 알 수 있다.

<표 III-22> 원전으로부터의 거리별 발전소 주변지역 지원에 대한 법률 인지도

단위 : %

| | 반경 5㎞ 범위 이내 | 반경 5㎞ 범위밖 | 전체 |
|---|---|---|---|
| 아주 잘 알고 있다 | 10.6 | 5.4 | 8.6 |
| 대강 알고 있다 | 23.4 | 23.9 | 23.6 |
| 들어 보았지만 잘 모른다 | 38.3 | 50.0 | 42.9 |
| 전혀 모른다 | 27.7 | 20.7 | 24.9 |
| 계 | 100.0 | 100.0 | 100.0 |

한편 한전이 원전주변 지역 지원사업을 왜 하는지에 대해서는 가장 많은 수가 피해보상 차원이라는 생각을 갖고 있다(<그림 III-19>, <표 III-23> 참조). 그리고 1/4 가량은 발전소 부지확보에 도움이 된다는 이유를 들고 있으며, 전력사업 이익의 지역환원 차원이라는 응답 비율은 얼마 되지 않고 있다. 그러므로 원전주변 지원사업이 이윤의 지역 환원으로 받아들여지기 보다는, 원전 조성에 따른 피해에 대한 정당한 보상으로 이해됨을 엿볼 수 있다. 성별로는 남성에게서 사업이익의 환원 응답 정도가 좀더 높고, 여성

에게서 발전소 부지확보에 도움이 된다는 응답이 약간 더 많이 발견된다.

<그림 III-19> 한전이 원전주변 지역 지원사업을 하는 이유에 대한 의식

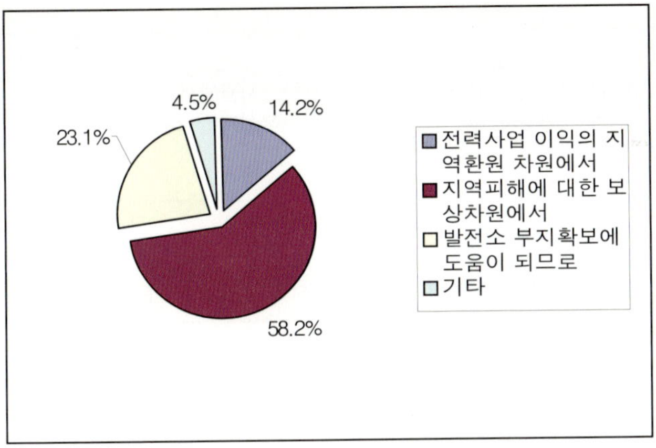


그러면 이러한 지원사업이 지역발전에 얼마나 기여한다고 느껴지고 있을까? 물론 울주군에는 원전 가동에 따른 구체적인 지원사업이 이루어지지 않고 있기 때문에, 이러한 기여도 판단은 주민들의 각자 추정에 근거한 것이다. 어쨌든 크든 작든 기여하고 있다는 응답 비율은 44.6%로 기여하지 못한다는 응답 55.3%에 비해 약간 낮다(<그림 III-20>, <표 III-24> 참조). 더욱이 크게 기여한다는 응답은 5%에 못미쳐 지역발전에 대한 기여도를 긍정적으로 받아들인다고 보기는 힘들다. 원전으로부터의 거리별로는 의외로 반경 5km 범위 밖의 주민에게서 기여하리라는 긍정적 반응이 훨씬 높게 나타난다. 즉 지원사업의 주된 대상이 되는 반경 5km 이내 거주 주민의 경우 실제 위험도나 피해가능성에 비해 지역사회에 대

한 지원 정도가 미약하다고 비판적으로 인식하는 경향이 있는 것이다.

<표 III-23> 성별 한전이 원전주변 지역 지원사업을 하는 이유에 대한 의식

단위 : %

| | 남성 | 여성 | 전체 |
|---|---|---|---|
| 전력사업에서 생기는 이익을 지역에 돌려주는 차원에서 | 16.7 | 9.4 | 14.2 |
| 해당 지역에 피해를 주기 때문에 그에 대한 보상의 차원에서 | 59.3 | 56.5 | 58.3 |
| 발전소 부지 확보에 도움이 되기 때문 | 20.4 | 28.2 | 23.1 |
| 기타 | 3.7 | 5.9 | 4.5 |
| 계 | 100.0 | 100.0 | 100.0 |

<그림 III-20> 한전 지원사업의 지역발전 기여도에 대한 의식

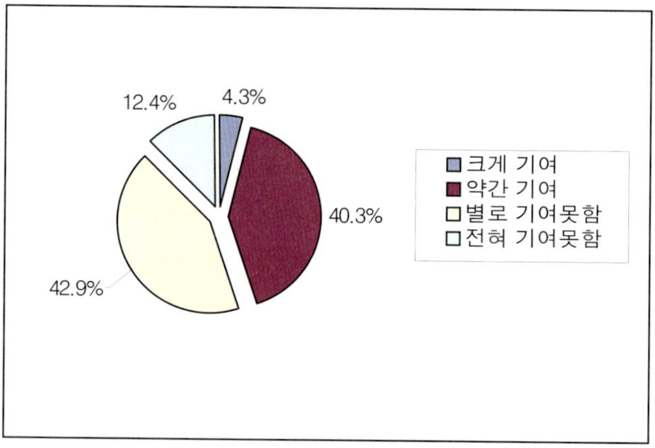


<표 III-24> 원전으로부터의 거리별 한전 지원사업의 지역발전 기여도에 대한 의식

단위 : %

| | 반경 5㎞ 범위 이내 | 반경 5㎞ 범위밖 | 전체 |
|---|---|---|---|
| 크게 기여 할 것이다 | 2.8 | 6.5 | 4.3 |
| 약간 기여 할 것이다 | 32.6 | 52.2 | 40.3 |
| 별로 기여하지 못할 것이다 | 46.8 | 37.0 | 42.9 |
| 전혀 기여하지 못할 것이다 | 17.7 | 4.3 | 12.4 |
| 계 | 100.0 | 100.0 | 100.0 |

또한 이들 사업 중 가장 보탬이 될 수 있는 것은 주거환경개선, 생활자금 융자 등의 주민복지지원사업과 마을회관 건립, 도로개설 등의 공동시설 사업 순으로 손꼽힌다(<그림 III-21>, <표 III-25> 참조). 그 다음으로는 공동영농시설이나 어업관련시설 등 소득증대사업, 장학금 지급 등의 육영사업이 뒤따르고 있으며, 전기료 보조사업에 대해서는 보탬이 된다는 의식이 매우 희박하게 나타난다. 연령별로 보면, 주민복지지원사업은 20대, 30대의 청장년층에서, 공동시설 사업은 40대의 중년층에서, 소득증대사업은 50대 이상의 고령층에서 좀더 선호받음을 알 수 있다. 이는 청장년층의 경우 사업이나 자영을 위한 자금필요성이, 농어민이 많은 고령층의 경우 영농 및 어업관련 시설의 필요성이 크기 때문인 것으로 풀이된다.

<그림 III-21> 지역지원사업 중 가장 보탬이 되는 사업에 대한 의식

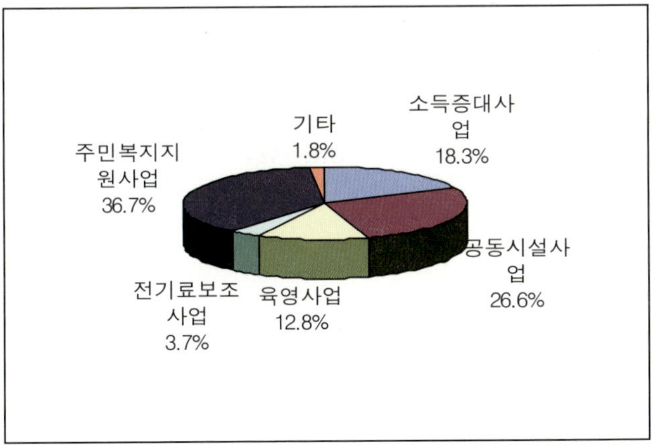

<표 III-25> 연령별 지역지원사업 중 가장 보탬이 되는 사업에 대한 의식

단위 : %

| | 20대 | 30대 | 40대 | 50대 이상 | 전체 |
|---|---|---|---|---|---|
| 공동 영농시설 및 어업관련시설 등의 소득증대 사업 | 14.7 | 16.7 | 5.6 | 33.3 | 18.3 |
| 마을회관 건립, 도로개설 등 공동시설사업 | 26.5 | 13.3 | 44.4 | 29.6 | 26.6 |
| 교육기자재 확충, 장학금지급 등 육영사업 | 14.7 | 13.3 | 22.2 | 3.7 | 12.8 |
| 전기요금 보조사업 | 2.9 | 0 | 5.6 | 7.4 | 3.7 |
| 주거환경개선, 생활안정자금융자 등 복지 지원사업 | 41.2 | 56.7 | 22.2 | 18.5 | 36.7 |
| 기타 | 0 | 0 | 0 | 7.2 | 1.8 |
| 계 | 100.0 | 100.0 | 100.0 | 100.0 | 100.0 |

이제 끝으로 한전의 지역지원사업에 어떠한 미흡한 점이 있을지 모아 보도록 한다(<그림 III-22>, <표 III-26> 참조). 기타를 제외하고는 소규모 사업의 분리시행으로 효과가 적다는 반응이 가장 많아, 지원사업이 주민의 생활상 이익에 크게 기여하지 못함을 엿보게 한다. 그 다음으로는 절차가 복잡하고 적절한 시기에 시행되지 않는다는 문제점이 지적되고 있으며, 지원금이 적다는 응답이 그 뒤를 잇고 있다. 한편 원전으로부터의 거리별로 교차해 볼 때, 무엇보다 반경 5km 밖에 거주하는 주민들의 경우 같은 읍면지역을 5km 범위로 구분해 주민간 갈등을 일으킨다는 반응이 높음을 알 수 있다.

<그림 III-22> 지역지원사업의 미흡한 점 의식

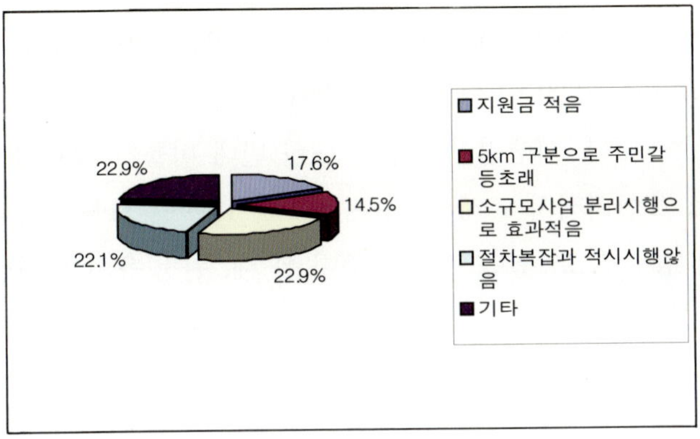


<표 III-26> 원전으로부터의 거리별 지역지원사업의 미흡한 점 의식

단위 : %

| | 반경 5㎞ 범위 이내 | 반경 5㎞ 범위밖 | 전체 |
|---|---|---|---|
| 지원금액 자체가 너무 적다 | 20.0 | 12.2 | 17.6 |
| 동일 읍,면을 5㎞로 구분해 주민간의 갈등을 일으킨다 | 2.2 | 41.5 | 14.5 |
| 마을마다 사업을 쪼개어 시행하여 지원효과가 떨어진다 | 24.4 | 19.5 | 22.9 |
| 절차가 복잡하고 때에 맞추어 시행하지 못한다 | 25.6 | 14.6 | 22.1 |
| 기타 | 27.8 | 12.2 | 22.9 |
| 계 | 100.0 | 100.0 | 100.0 |

## 5. 요약과 함의

이 절에서는 지금까지의 논의를 요약하고 정책적 함의와 원전 반대운동을 중심으로 한 환경운동의 전개 방향을 전망해 보겠다. 먼저 이 장에서의 분석 결과 중 주요 내용은 다음과 같이 정리될 수 있다.

첫째 본 조사에서 서생면 원전 건설에 대한 반대 비율은 71.4%로 나타나고, 서생면민의 경우 93.7%라는 압도적 다수가 반대의사를 보이고 있다. 서생원전 건설에 대한 반대 비율이 1999년 1월 경상일보, 울산리서치 조사의 경우 66.1%, 1999년 11월 울산시의회 조사의 경우 72.2%였던 것에 견주어 볼 때, 원전 유치에 대한 반대의 정도는 여전히 강하다고 볼 수 있다.

둘째 원전에 대한 전반적 인식과 서생면 원전유치의 영향에 대한 평가에서 주목할 만한 것은 다른 항목의 원전 영향에 대해서는 거의 부정적인 반면에 경제활성화의 효과에 대해서는 긍정적 의견이 많다는 점이다. 즉 매우 찬성 2점에서 매우 반대 -2점의 4점 척도로 계산된 원전의 경제성에 대한 평가점수는 0.55점이고, 서생원전 유치가 지역경제활성화에 미치는 영향에 대한 평가점수도 0.79점으로 꽤 높다는 사실이다. 물론 서생면 주민의 경우 경제활성화에 대해서도 부정적인 점수를 주고 있지만, 기타 울주군이나 울산시민에게 원전은 경제적인 측면에서만큼은 긍정적으로 받아들여짐을 시사한다.

셋째 위의 결과와 대조적으로 원전에 의한 미래 후손의 삶의 질 위협과 안전도 문제는 매우 심각한 것으로 인식되고 있다. 위의 4점 척도방식으로 계산한 미래 후손의 삶의 질 위협에 대한 평가점수는 0.43점이고, 집단행동의 이유를 물어본 결과를 보더라도 경제적 손실이라는 차원 0.8점보다 건강, 환경을 지키기 위한 삶의 질 차원이 1.64점으로 훨씬 높은 지지를 받고 있다. 더욱이 원전의 안전도 의식에서 보았듯이 위험하다는 반응이 54.5%로 좀더 높게 나타남을 알 수 있다.

넷째 원전건설에 대한 울산시민의 근본입장은 님비식 지역이기주의적 발상이 아닌 니아비식 환경운동의 정향을 보인다는 점이다. 서생면이 아닌 다른 곳에 원전이 지어지는 것은 상관없다는 님비적 반응은 25%인데 비해, 어떤 곳에도 건설되어서는 안된다는 니아비적 응답이 44%로 훨씬 높기 때문이다. 이는 1999년 11월의 시의회 조사에서도 마찬가지로 발견된 바 있다.

다섯째 원전 유치에 따른 지역지원 혜택이나 원전 반대운동 면에서 반경 5km 이외 주민이 훨씬 소외되기 때문에 더 적극적이라고 단정하기 힘들다는 점이다. 조사의 결과 서명운동 같은 소극적 집단행동은 반경 5km 이외 주민이 비교적 많이 참여했지만, 적극적인 반대운동 형태인 대중집회의 경우 반경 5km 이내 주민과 큰 차이가 없다. 그리고 지역지원사업의 기여도 면에서는 오히려 반경 5km 이내 주민이 더욱 비판적인 반응을 보이고 있다. 이는 관련 법률 개정으로 반경 5km 이외 주민들도 지역지원사업의 혜택 대상이 됨에 따라, 원전 위험과 잠재적 피해가 더 많은 반경 5km 이내 주민의 불만이 많아질 수 있음을 시사한다. 그리고 원전반대운동의 주도세력을 반경 5km 이외 주민으로 설정하려는 기존의 논의는 운동의 성격을 피해보상에 국한시키는 한계를 보인다고 할 수 있겠다.

그렇다면 이 연구의 결과가 중앙정부, 지방정부, 한전 등에게 시사하는 정책적 함의들에는 어떤 것이 있을까? 첫째 원전관련 정보의 투명한 공개가 필요하다는 점이다. 원전 관련 정보의 입수경로를 보면, 지역주민모임, 언론매체, 환경단체 등이 대부분이고 한전이나 행정기관의 홍보물은 전체의 10%도 되지 않는다. 이는 정부기관이 아무리 많이 홍보를 한다해도 주민들이 진정한 정보로 받아들이지 않음을 의미한다. 즉 투명한 정보공개와 함께 주민에 대한 신뢰도를 제고시킬 수 있는 전력정책에 대한 주민참여 방안을 강구해야 할 것이다. 원전 문제 해결을 위해 믿을 수 있는 사람으로 한전 관계자, 광역 및 기초단체장이 매우 낮은 점수를 얻고 있는 것도 이러한 필요성의 배경이 된다.

둘째 서생면 원전문제의 바람직한 해결을 위해 좀더 다양한 여론수렴 장치를 동원해야 할 필요성이다. 여론수렴 방안에 대한 주민들의 의식으로는 주민투표가 41.4%로 가장 선호되지만 공청회나 토론회도 32.5%로 꽤 높은 비중을 보이고 있다. 그리고 주민투표 방식으로 여론을 수렴하더라도 원전 유치에 직접 관련이 있는 서생면민에게 가중치를 두어 고려해야 한다. 왜냐하면 북서부 울주군민들에게 서생 원전 문제는 아무래도 남의 일일 가능성이 높기 때문이다.

셋째 서생 원전에만 해당되는 문제는 아니지만 한전에 의한 지역지원사업이 내실화될 필요가 크다는 점이다. 현재의 사업은 소규모로 마을마다 쪼개 시행하고 복잡한 절차와 부적절한 시기선정의 문제점을 안고 있다. 한편 서생면의 또다른 현안인 개발제한구역 문제와 관련해서는 전면 해제나 원전주변 특별조치라는 요구가 가장 많지만, 울산광역시와 전체 환경의 보전 차원에서 접근하는 것이 타당하다고 보여진다.

마지막으로 원전반대 환경운동의 전개방향과 관련한 함의를 두 가지만 지적하도록 한다. 첫째 원전반대의 논리를 지역개발과 경제활성화를 저해한다는 경제적 측면에서 찾는 것은 불충분하다는 것이다. 요약의 두 번째에서 언급했듯이 울산시민은 원전이 상품불매 효과, 추후 막대한 해체비용 등 비경제적 측면을 갖는다 하더라도 이를 상쇄시킬 만큼 경제적 이득을 얻을 수 있다고 생각하고 있다. 그러므로 서생면 원전 문제를 둘러싼 환경운동은 경제성 논리보다는 원전의 위험성, 미래 세대의 삶의 질, 생태계 파괴라는 보편적인 생태주의 논리를 강화하는 것이 요청된다고 여겨진다.

둘째 2년여를 끌어온 반대운동의 결과 서생면민을 비롯한 울산시민들은 님비적인 협소한 관점보다는 원전 그 자체를 근본적으로 반대하는 니아비적 태도를 보이고 있다. 따라서 원전반대운동 역시 울산지역에 대한 애향심, 원전주변 서생면민들의 직접적 피해 등을 기반으로 하되, 추가원전이 쟁점이 되고 있는 부산이나 울진 등 다른 지역 원전반대운동과의 연대를 활성화시키는 것이 요구된다. 더 나아가 서울이나 해외에 소재하는 국내외 전문환경운동단체와의 긴밀한 협조체계를 통해 서생면 원전문제를 널리 여론화시킴으로써, 님비적 환경운동이 한 단계 진전되는 데 기여해야 할 것이다.

제IV장

# 정보화 시대의 환경문제와 환경운동

## 1. 머리말

21세기를 눈앞에 두고 '정보'와 '생명'이 세기말의 화두가 되고 있다. 그것은 세계화를 주도하는 강대국, 대자본의 기술개발 경쟁 면에서나, 대안적인 사회정의를 추구하는 시민운동, 민중운동의 전략 수립 면에서나 마찬가지이다. 선진국 대기업들은 정보고속도로(information superhighway)의 구축과 멀티미디어(multimedia)의 개발은 물론, 정보통신기술 이후 경쟁력의 원천이 될 생명기술(biotechnology), 유전공학의 연구에도 앞다투어 나서고 있다. 다른 한편으로 사회운동 세력은 사회주의권이 붕괴하고 탈근대론이 득세하는 혼돈 가운데서도 정보의 공유와 생명가치의 보전이라는 시대적 과제에 당면해 있다.

오늘날 자본주의 사회는 화석연료를 에너지 원천으로 하여 기계화되고 집중된 공장체제를 특징으로 하는 산업화 단계를 지나, 바야흐로 인간 지식과 생명체의 가공을 핵심으로 하는 정보화 시대로 접어들고 있다. 그런데 정보화가 진척된다고 해서 미래학자들이 주장하듯이 자본주의 사회에서의 자본과 노동의 관계가 지식, 정보를 둘러싼 새로운 사회관계로 대체된다고 볼 수는 없을 것이다. 왜냐하면 작금의 현실에서도 확인할 수 있듯이 정보화 시대는 자본주의를 넘어선 어떤 것이 아니라, 자본의 논리가 더욱 지배하는 정보자본주의 사회로의 진입을 뜻하는 것이기 때문이다.

생태적 관점에서 볼 때, 정보화는 200년에 걸친 산업화의 결과 생물적, 무생물적 환경의 파괴에 따른 자원의 한계에 봉착한 자본주의가 위기에서 벗어나기 위해 선택할 수밖에 없는 발전양식이라 해석될 수 있다. 그런만큼 정보화 시대에는 산업화에 따른 환경악화를 방지할 수 있는 긍정적인 측면이 분명히 존재한다. 하지만 정보화를 밑받침하는 세계관이 인간의 자연에 대한 지배를 더욱 고양시키는 반생태적인 과학기술만능주의라는 면에서, 자연적으로 존재하는 현실과 생명체가 아닌 가상현실(virtual reality)과 인공생명(artificial life)의 등장은 '자연의 왜곡된 재생산'이라는 새로운 위험을 던져줄 것이다. 이 글은 정보화의 흐름이 환경문제에 대해 갖는 이와 같은 긍정적, 부정적 측면들을 검토한 다음, 정보화 시대 환경운동의 과제와 과학기술을 둘러싼 사회적 통제방안에 관해 전망하기로 하겠다.

## 2. 정보화 흐름의 환경문제에 대한 긍정적 측면

요즘 인터넷과 개인휴대전화의 급속한 보급에서 보듯이 정보통신기술은 정부정책이나 기업전략의 수준을 벗어나 일반시민의 일상생활에까지 깊숙이 침투하고 있다. 디지털기술과 광통신 및 위성통신기술이 지금의 추세대로 계속 발전할 경우, 21세기에는 문자, 그림, 소리를 복합화시킨 멀티미디어에 의해 사람들끼리 직접 만나지 않더라도 실감나는 상호작용성이 구현될 수 있을 것이다. 이와 함께 정보화에 따른 사무자동화와 광속상거래(CALS; Commerce At Light Speed)의 도입은 기업내, 그리고 기업간의 효율적인 정보교환으로 비용을 크게 절감시킬 수 있다.

환경문제와 관련하여 볼 때, 이러한 정보화의 흐름은 인적, 물적 이동에 따른 기름소모 및 대기오염과 아울러 종이문서의 원료인 나무의 소비를 감소시키는 긍정적인 요인으로 작용한다. 예를 들어 재택근무, 화상회의나 원격교육, 홈쇼핑, 홈뱅킹 등의 일반화는 출퇴근, 출장 뿐만 아니라 나들이의 필요성을 어느 정도 대체하여 교통수단의 이용에서 생기는 오염물질을 줄일 수 있다. 게다가 전자결재와 전자우편이 일상적으로 사용된다면, 원목 소비량은 물론 펄프의 생산, 종이의 수송 및 폐기에서 발생하는 유해물질을 억제할 수 있을 것이다. 그 밖에 정보통신망을 통해 감시체계를 강화하여 환경오염을 좀더 효과적으로 방지하는 것도 가능하다.

이처럼 정보화 시대가 환경문제에 대해 갖는 긍정적 측면은 컴퓨터 매개 커뮤니케이션을 통해 인간의 무매개적인 자연착취에 따른 산업주의적 환경문제를 완화한다는 데에 있다. 기술적 소재 면에서도 산업화는 석탄, 석유 등 제한된 화석연료를 바탕으로 하는 데 비해, 정보화의 동력인 컴퓨터의 주된 원료가 되는 실리콘은 지구의 모래에 널려 있다는 차이가 있다. 더욱이 텔리비전을 중심으로 한 매스미디어 시대에는 수동적인 시청자의 지위에 머물러 있던 시민들이 이제 PC통신, 인터넷 등의 미디어를 능동적으로 활용함으로써, 전자공간(cyberspace) 속에 가상공동체(virtual community)를 형성하고 있다. 이와 같은 가상공동체는 시민사회의 공공영역을 확장시킬 잠재력을 갖고 있으며, 환경운동의 온라인 조직화에도 유리한 조건을 마련해 주는 것이다.

한편 21세기에 더욱 발전되리라 예상되는 생명기술은 정보화 시대의 또다른 변수가 되고 있다. 생명기술과 유전공학은 그 수요가 의약 분야와 더불어 농업, 오염방지 분야에서 비롯된 것이기 때문에, 환경문제에 대한 영향이 정보통신기술보다 훨씬 직접적이라 할 수 있다. 식량증산을 위한 수단으로 오래전부터 연구되어온 농업 분야의 유전공학은 최근에는 병충해에 저항력이 있도록 유전자를 조작한 품종까지 개발함으로써, 농약살포에 의한 토양오염을 예방하는 수준에 이르고 있다. 또 효소생산과 단백질 합성기술이 발전하여 콩과류 식물로부터 고기의 대체물을 얻게 된다면, 육류 소비가 줄어들어 더 많은 땅에 농사를 짓게 될 수도 있을 것이다. 더 나아가 정보통신기술과 생명기술을 결합시킨 나노기술(nanotechnology)[1)]이 본격적으로 등장할 경우, 분자의 합성에 의해 오염물질을 완전히 정화시킬 수 있다고 주장되기도 한다.

---

1) 나노(nano)란 1/10억을 뜻하며, 나노기술은 나노컴퓨터에 의해 분자조합을 재구성하는 것을 가리킨다.

## 3. 정보화 흐름의 환경문제에 대한 부정적 측면

정보통신기술의 핵심인 반도체나 컴퓨터 부품을 생산하기 위해서는 맹독성 가스, 강산, 유기용제 등을 필수적으로 투입해야 한다. 컴퓨터의 급속한 보급은 이들 유해물질의 남용과 함께 전자파에 의한 피해를 직접적으로 발생시키게 된다. 그런데 환경문제에 대한 정보화의 부정적 요인을 제대로 평가하기 위해서는 이와 같은 작업장이나 가정의 오염 뿐만 아니라 실제공간을 잠식하는 전자공간의 일상화가 어떤 효과를 지니는가에도 눈길을 돌려야 할 것이다. 전자공간에서는 실제공간의 기준이 해체되고 실시간(real time)의 기준이 득세함으로써, 빨리 전달되는 정보만이 가치를 지녀 심지어 속도 자체가 정보로 간주되는 경향이 있다. 이렇게 전자공간에 넘쳐나는 겉치레의 정보쓰레기는 실제공간의 오염 못지않은 공해가 될 수 있는 것이다.

그런데 정보화 시대의 새로운 환경문제로 더욱 중요한 것은 가상현실과 인공생명에 의한 자연 의 왜곡된 재생산이라 할 수 있다. 가상현실은 전자적 실존(telepresence)의 수준까지 물리적 공간을 재현하는 기술로서, 대형화면이나 스테레오 음향의 화면장치를 갖춘 헬멧을 통해 인간이 시뮬레이션화된 환경에 몰입하는 것을 가능케 한다. 예컨대 가상현실 오락을 할 때 사용자는 물리적 우주는 물론 상상력으로 가능한 세계를 전자적으로 재현한 오락기 안에서 아무런 제약을 받지 않고 끝없이 돌아다닐 수 있다.

가상현실은 인간을 물리적인 육체와 전자적인 신체 이미지라는 두 개의 부분으로 분리시킨다. 이 때 육체는 아무런 느낌도 없이 컴퓨터의 단추를 누르는 기계일 뿐이고, 단지 신체 이미지를 쫓는 눈만이 가상세계를 체험하는 특권적 지위를 부여받게 된다. 이처럼 현실적이고 생생한 것이 아닌 전자 이미지와의 상호작용이 많아질수록, 인간은 자연에 대한 감각과 체화된 경험을 상실할 수 밖에 없다. 즉 정보통신기술이 실제 자연과 가상적 자연의 경계를 모호하게 만들 정도로 일상생활에 뿌리를 내린다면, 인간은 가상현실이라는 우리에 갇힌 환각 상태의 가축 신세가 될지도 모른다. 따라서 가상성교(virtual sex)의 상품화로까지 치닫고 있는 가상현실기술에 대해서는 개발과정 자체를 사회적으로 통제하는 방안도 필요하다고 여겨진다.

다른 한편 정보화와 병행하여 비약적으로 발전되어 온 생명기술은 최근 '유전자 조작 콩'이나 '복제양 돌리'가 던져준 파문에서 보듯이 생태환경의 근본적인 혼란을 예고하고 있다. 식물품종의 유전자 조작은 단기적으로는 앞서 지적했듯이 환경문제에 긍정적으로 기여하기도 하지만, 장기적인 측면에서는 인위적 형질을 무차별하게 전이시킴으로써 유전자의 오염을 낳을 수 있다. 더욱 우려되는 것은 유전공학이 이러한 식량기술의 영역에 그치지 않고, 동물복제와 인간 유전정보의 해독 으로까지 발전하고 있다는 사실이다. 인간의 행위는 항상 의도하지 않은 결과를 수반하는데, 생태계의 재생능력과 에너지 흡수능력을 고려하지 않은 과학기술에 의한 생명의 재구성은 생태적 위험을 필연적으로 발생시킬 것이다.

뿐만 아니라 생명기술은 정보통신기술과 결합하여, 컴퓨터로 인공생명을 창조하는 새로운 영역을 개척하고 있다. 정보기술의 발달은 드디어 생명의 본질마저 정보로 치환시키고 있는 것이다. 인공생명은 생명의 자연적 형태 및 과정을 컴퓨터라는 인공적인 매개체에 이식함으로써 만들어진다. 현재 인공생명에 대한 연구는 실험관에서의 단일세포 유기체 성분의 구축, 로봇과 같은 체현된 생명형태의 구성, 단순한 규칙에서 시작하여 매우 반응적인 구조를 통해 동시에 발생하는 컴퓨터 프로그램의 창조라는 세 가지 방향으로 이루어지고 있다. 그 가운데 가장 잘 알려진 것은 두번째 분야로서 단백질과 실리콘을 합성시킨 이른바 '사이보그(cyborg)'는 이제 현실에서도 출현가능해지고 있다.

1995년에 독일의 막스플랑크 생화학연구소가 신경세포와 실리콘칩을 결합하는 데 성공한 이래, 최근의 인공생명 분야에서는 아예 디엔에이로 칩을 만드는 연구 또한 가시적인 성과를 거두고 있다. 물론 이와 같은 기술은 박테리아를 실리콘 칩에 부착시켜 환경오염 물질을 검출하는 방식으로 환경문제에 긍정적으로 작용할 수도 있다. 그러나 컴퓨터 내부에 머무르지 않고 생태계 속으로 유입된 인공생명은 스스로 생식, 진화할 수도 있기 때문에 장기적으로 자연의 질서를 오염시킬 수밖에 없다. 더욱이 인간과 같은 고도의 지능을 가진 인공생명체가 출현한다면, 그것은 복제인간보다도 더욱더 인간의 재생산을 왜곡시키는 사회적 위험이 될 것이다.

## 4. 정보화 시대 환경운동의 전망

지난 10월초 호주 멜버른에서 열린 '21세기 환경정의와 지구윤리'에 관한 국제 학술회의의 기조발표를 통해 하비(Harvey)는 보편적 환경윤리의 확립이 불가능해 보일지라도 바람직하고 불가피한 것임을 강조했다. 오늘날 서구의 환경운동은 인간중심주의 대 생명중심주의, 개인주의 대 공동체주의, 유물론 대 영성론 등과 같은 뿌리깊은 담론의 차이로 인해 대안적 정치전략의 통일에 어려움을 겪고 있다. 이에 대해 하비는 환경문제의 본질을 지구의 '파멸'이나 성장의 '한계'가 아니라 불확실한 '위험'으로 볼 것을 주장하면서, 맑스주의적인 보편과 개별의 변증법을 바탕으로 생명중심주의, 환경정의(environmental justice)운동과의 연대를 모색하고 있다.

우리나라에서 환경운동의 흐름은 환경피해집단의 조직화를 통한 환경정의운동, 생태적인 생활방식을 추구하는 생명공동체운동, 시민사회의 확장을 지향하는 전문환경운동이라는 세 가지로 전개되어 왔다. 우리나라의 경우 서구에 비해 환경운동의 연륜이 상대적으로 짧은 탓에, 지금까지 환경문제를 둘러싼 이론과 실천 면에서 입장의 차이가 뚜렷이 드러나지는 않았다고 볼 수 있다. 그런데 환경운동의 발전을 위해서는 핵심쟁점에 대한 토론이 분명히 필요하지만, 그 과정은 개별 운동의 대립이 아니라 환경정치에 대한 보편적 요구 아래 연대의 틀을 갖추는 결과를 낳도록 이끌어져야 할 것이다. 그런 뜻에서 여기서는 각각의 운동형태가 갖는 의의와 과제를 나름대로 평가하고, 정보화 시대의 통일적인 발전방향을 전망하도록 하겠다.

먼저 환경피해집단의 조직화는 산업폐수에 의한 중금속 중독, 핵폐기물처리장 설치에 저항하는 온산과 안면도의 주민운동에서 나타났듯이 사회적 파급력이 가장 강력한 환경운동 형태라고 할 수 있다. 그동안 이러한 운동들은 환경정의의 틀에서 파악된 적이 없었는데, 환경피해에 크게 노출되어 있는 집단이 도시빈민, 농어민과 같은 하층계급이라는 점에서 환경정의운동으로 규정될 수 있다. 환경정의의 관점은 지방적, 국내적 차원에서 환경운동의 주체를 형성하는 데 중요한 실마리를 제공할 뿐더러, 세계적 차원에서도 제3세계의 생존권을 우선으로 하는 국제환경기구를 확보하는 데 필수적인 것이다. 물론 지금까지의 환경정의운동은 한시적이고 방어적인 조직화의 한계를 안고 있는 것이 사실이다. 그러나 21세기에는 생태적 위험이 더욱 지속적으로 구조화될 것이라고 본다면, 이 운동형태는 생태사회주의적 전망 아래 환경빈민의 삶의 질 확보를 공세적으로 제기하는 유력한 정치세력으로 등장할 수 있다.

다음으로 생명공동체운동은 생태적 가치체계를 실현하는 대안공동체의 실험으로서, 생활협동조합운동이나 대안교육운동과 결합하여 새로운 문화적 실천의 흐름을 이루고 있다. 필자는 이와 같은 생명공동체운동 가운데 기존의 사회제도를 전면 거부하고 자연친화적인 소규모 공동체만을 강조하는 근본생태주의의 입장은 인간의 생존권을 무시한 정치적 허무주의의 편향이라고 생각한다. 하지만 자율적 지역자치주의에 의해 정치와 생활을 통합시키는 사회생태주의의 환경민주주의 모형은 눈여겨볼 가치가 있다고 판단된다. 왜냐하면 정보통신기술의 발전은 세계화 경향과 맞물려 지역사회가 정보통신망을 통해 세계와 직접 대면하는 기회를 늘리고 있고, 생명기술의 등장 또한 대안적인 생명가치의 모색 자체에 전략적인 지위를 부여하고 있기 때문이다. 그럼에도 불구하고 이 운동형태가 지니고 있는 중앙정치의 무용론이나 지식인 중심의 경향은 좀더 대중적인 차원에서 극복되어야 할 것으로 보인다. 그렇게 될 때 정보화 시대의 생명공동체운동은 일반시민이 갖고 있는 환경의식과 환경행태의 괴리를 치유하는 근본적인 시민네트워크운동으로 자리잡을 수 있을 것이다.

마지막으로 전문환경운동은 생태적 이해관심 속에 환경쟁점을 전문화시킨 집단에 의해 주도되는 운동을 가리킨다. 이 운동 형태는 새로운 사회운동의 전망 아래 전체 사회의 환경문제를 포괄하는 상시적인 조직으로 가동되고 있다. 1990년대 들어 환경운동연합, 녹색연합 등 전문환경운동단체의 출범은 환경운동의 대중화에 전기를 마련한 것이었다. 이들 단체는 환경정책에 대한 비판이나 환경오염기업에 대한 감시를 통해 시민사회의 환경문제에 대한 인식을 높이는 데 이바지해 왔다. 특히 지방의제 21의 작성과 같은 환경정치에 대한 전문환경운동의 참여는 환경문제를 둘러싼 공공영역의 확보에도 긍정적인 역할을 한다고 볼 수 있다. 이제 21세기 정보화 시대를 맞이하여 전문환경운동은 지방시민사회에 뿌리를 둔 지구적 연대의 매개체로 자리매김함과 아울러, 과학기술의 민주화를 위한 전문성 확보에 더욱 힘을 기울여야 할 것이다.

지난 3월에 '의제에서 행동으로'라는 주제로 브라질의 리우데자네이루에서 열린 비정부기구(NGO; Non-Governmental Organization) 세계환경회의인 '리우+5' 포럼은 1992년 리우회담 이후의 성과를 중간 점검하고, 21세기의 새로운 실천과제를 모색하기 위한 자리였다. 이 모임에서는 자본의 세계화에 의해 의제 21의 실천이 뒷전으로 밀리고 있음을 확인하면서, 비정부기구 역시 '아니오'만을 연발하는 반대세력이 아니라 대안적 비전을 제시하는 새로운 정부기구(Neo-GO; Neo-Governmental Organization)의 역할을 해야 한다는 주장이 호응을 얻었다. 그렇다면 강대국과 대자본이 주도하는 정보화 시대에 환경운동은 세계적, 국내적, 지방적 차원에서 어떻게 대안적인 환경정치세력으로 거듭날 수 있을 것인가?

정보통신기술의 발전은 기존의 '장소의 공간' 외에 자본과 정보가 순환하는 '흐름의 공간'을 형성시킨다. 세계화란 대자본이 흐름의 공간을 이용하여 생산, 관리의 유연한 분업을 전세계로 확대하는 과정이라 할 수 있다. 하지만 이와 같은 전자공간의 등장은 지방이라는 장소의 공간에 근거한 환경운동의 세계화에도 긍정적인 기회를 제공하는 것이다. 환경문제는 지방적, 국내적 수준에서 지속가능성을 추구하는 것만으로 해결될 수 없는 본질적으로 지구적인 쟁점이다. 그러한 까닭에 21세기의 환경운동은 지역사회와 시민사회에 대한 환경정의의 목표를 세계적 수준에서도 확보할 수 있도록, '생각은 지구적으로, 행동은 국지적으로(Think globally, Act locally)'가 아니라 '생각과 행동을 지구적, 국지적으로(Think and act, globally and locally)'라는 원칙 아래 움직여야 할 것이다.

정보화 시대를 맞이하여 환경정의운동, 생명공동체운동, 전문환경운동은 전자공간의 네트워크를 활용하여 교류함으로써 환경정치의 전략을 효율적으로 공동모색할 수 있다. 현재에도 지속가능한 개발 네트워크 한국본부나 전문환경운동단체들의 인터넷 홈페이지가 개설되어 있지만, 앞으로도 지역사회 정보망을 통해 지역환경운동의 기반을 넓혀 나가는 동시에 인터넷에 의한해 국제환경운동과의 유대를 더욱 강화시켜야 할 것이다. 또한 이를 바탕으로 환경정치의 대안을 시급히 마련하기 위해서는, 개별 운동형태의 차이를 무시한 단일한 이념의 수립보다는 영역별 분업을 전제로 한 연대를 추구하는 것이 타당할 것으로 생각된다. 물론 이론적인 측면에서는 생태사회주의와 사회생태주의를 연계한 환경정의운동의 영역을 발굴하고, 이것과 새로운 사회운동의 관계를 생산적으로 설정하는 노력도 필요할 것이다.

## 5. 과학기술에 대한 사회적 통제방안

가상현실과 인공생명이 새로운 환경문제로 등장할 21세기에 양심적인 과학기술자 집단은 환경운동의 중요한 주체가 될 수 있다. 정보통신기술, 생명기술 등을 연구하는 전문가들의 세계관은 대체로 급진적 인간주의, 급진적 기술주의, 급진적 생태주의라는 세 갈래로 나타난다. 아직까지는 급진적 인간주의의 순진한 낙관론이 대세를 잡고 있지만, 나머지 두가지 주장의 경우 과학기술의 사회적 통제라는 정보화 시대 환경운동의 또다른 과제를 제기한다는 점에서 귀기울일 가치가 있다.

급진적 인간주의는 비약적으로 발전하는 과학기술을 이용하여 인류가 자연의 굴레로부터 궁극적으로 해방될 수 있다고 파악한다. 즉 생물적 잠재력을 개발만 하면 인간은 더욱 영리해질 수 있으며 기존의 인간주의를 더욱 고양시킬 수 있다고 한다. 그러나 이러한 천박한 인간중심주의는 생태적 왜곡과 사회적 위험에 대한 배려가 전혀 없을 뿐더러, 영리한 기술에 접근할 수 있는 소수의 인간만을 해방시킬 뿐이다. 한편 급진적 기술주의는 "기술이 당신을 이용하기 전에 기술을 이용하라"는 원칙 아래 작업장에서 전자적 태업을 시도한다든지 대안적인 미디어 기관을 설립하는 등의 국지적 실천을 지향한다. 이 관점은 이와 같은 소규모 저항말고도 기술적 조건을 최대한 창의적으로 이용한 정치전략을 제시하기도 하지만, 정보기술의 이데올로기 자체는 문제삼지 않는 경향이 있다. 또한 급진적 생태주의는 인간이 아닌 동식물과 무생물도 윤리적 가치를 갖는다는 생명중심주의를 표방하며, 자연의 질서유지와 생태계 지속을 위한 적정기술의 확보와 문화적 의식의 교정을 강조하고 있다.

정보화 시대의 과학기술을 사회적으로 통제하기 위해서는 우선 인간, 자연, 사회의 관계를 올바로 설정할 필요가 있다. 인간은 다른 동물, 식물들과 마찬가지로 생존과 재생산을 위해 자연을 변형시키는 종(species)이다. 그리고 자연과 사회는 별개의 체계가 아니라 인간의 노동을 매개로 하는 하나의 총체로 이해되어야 한다. 이렇게 볼 때 과학기술에 의한 자연의 왜곡된 재생산은 본질적으로 사회적인 위험이며, 그러한 과학기술에 대한 사회적 통제는 생태계의 자기규제를 지속시키기 위한 '자연의 생산(production of nature)'을 요청하는 것이다. 여기에서 자연의 생산이란 인간에 의한 자연의 교란을 당연시하는 것이 아니라, 정보화 시대에서의 자연의 변형과정이 낳는 환경문제를 정확히 진단하고 사회와 생태계가 공존하는 대안적인 자연을 끊임없이 창조해야 함을 가리키는 개념이다.

과학기술의 급속한 발전에 따른 불확실한 위험을 방지하려는 이러한 틀은 환경정치전략의 중요한 항목으로 구체화시키는 것이 필요하다. 이를 위해서는 자연의 지속가능한 생산에 적정한 과학기술의 분야별, 단계별 기준을 정해 시민사회의 감시체계를 구축해

나가야 한다. 물론 이러한 과정은 과학기술 전반의 사회적 영향을 평가하는 데 시민의 참여를 제도화시키는 기술개발의 민주화와 병행되어야 하는 것이다. 특히 정보통신기술, 생명기술처럼 일상생활과 환경문제에 밀접한 연관이 있는 과학기술에 대해서는, 연구의 구상 단계부터 다양한 사회구성원들이 그것의 사회생태적 효과를 판단하는 통로가 반드시 마련되어야 할 것이다.

이와 관련하여 눈여겨 볼 만한 방안은 서구에서 보편화되고 있는 '과학 상점(science shop)'이다. 이는 지역사회 시민단체, 지방정부, 노동자 등이 제기하는 구체적인 기술적, 사회적 문제들에 대해 대학의 전문가 집단이 연구와 자문을 하는 제도를 뜻한다. 이와 같은 모형은 국가와 자본에 종속된 학문 연구를 그것에 대해 세금 부담을 지는 지역사회와 일반시민에게 개방하여, 과학기술과 사회의 상호작용을 활발하게 하려는 시도에서 비롯되었다. 네덜란드의 경우 과학 상점은 하층계급의 이익을 위해 사회적으로 적합한 연구개발을 증진하려는 목적으로 활발하게 정착되어 왔다. 현재 이 제도는 고객이 연구를 위해 돈을 지불하지 않아 어떠한 상업적 동기도 개입되지 않으며 연구결과를 사회에 도움이 되는 방향으로 사용하는 것을 원칙으로 운영되고 있다.

# 제2부

# 공업도시의 환경피해와 환경부정의

## - 평등적 환경정의의 모색

제V장

# 울산공단 환경문제의 구조와 전망

## 1. 머리말

울산의 중심부에 우뚝 서 있는 공업탑에는 "공업생산의 검은 연기가 대기 속으로 뻗어나가는 그날엔 국가의 희망과 발전이 눈앞에 도래했음을 알 수 있을 것"이라고 새겨져 있다. 또한 5.16 쿠데타에 성공한 직후인 1962년에 울산공단의 첫 삽을 뜨면서 박정희 당시 국가재건최고회의 의장은 울산 공업도시의 건설을 "신라의 영성을 재현하려는 것이며 민족재흥의 터전을 닦는 것이며 국가백년대계의 보고를 마련하려는 것이니 자손만대의 번영을 약속하는 것"이라고 규정했다. 이처럼 '산업화의 1번지'인 울산공단은 검은 연기와 썩는 물을 도외시한 채 저돌적인 중화학공업화의 전초기지로서 우리나라의 경제개발을 이끌어 왔다.

하지만 그 결과 국가의 희망과 발전이 도래했음을 알 겨를도 없이 울산공단은 '공해 1번지'라는 오명 아래 주민의 삶의 질을 위협하는 화약고가 되어가고 있다. 수출주도 성장전략이 한 세대를 경과한 이제, 자손만대의 번영을 약속하는 것은 더 이상 공업생산의 검은 연기일 수 없다. 우리가 울산공단의 환경악화에 눈길을 돌리는 이유는 그것이 한 지역만의 문제가 아니라 다른 공단, 다른 지역의 멀지않은 미래의 문제이기 때문이다. 지금까지 울산공단이 산업화의 숙제를 앞장서서 해결해 온 것처럼 앞으로 이 곳에서 생태적으로 건전하고 지속가능한 발전을 실현시킨다면 그것은 환경친화적 사회를 만들어나가는 신호가 될 것이다.

1960년대 초반 울산이 특정공업지구로 지정된 이래 울산국가공단은 울산석유화학단지, 여천지구, 매암지구, 용연지구, 미포지구, 효문지구 등 6개 지구에 걸쳐 형성되어 왔다. 한편 울산국가공단 남쪽에 자리잡은 온산국가공단은 1973년의 중화학공업화 정책선언에 따라 비철금속업의 유치를 목적으로 건설되었다. 이 글에서 울산공단은 울산국가공단과 온산국가공단을 모두 포함하는 것으로 보는데, 1993년 현재 울산의 광공업이 전국에서 차지하는 비중은 생산액의 11.5%, 부가가치의 9%에 이르고 있다(통계청, 1993). 그런데 울산공단 가운데 환경악화와 더욱 밀접하게 관련되는 지역은 자동차, 조선 중심의 미포, 효문지구보다는 석유화학업체와 금속제련업체가 몰려 있는 나머지 5개 지구라고 할 수 있다.

울산공단의 조성은 한국경제가 국제분업구조에 편입되는 본격적인 계기가 되었다. 2차대전 이후 대량생산, 대량소비의 포드주의 생산방식 아래 호황을 누렸던 서구 선진국들은 1960년대 중반 들어 대규모 생산의 경직성, 석유 등 원자재의 가격 상승 때문에 경기둔화를 경험하게 된다. 그러한 위기를 선진국들은 생산방식의 유연화, 신기술의 개발 등으로 극복하는 한편, 에너지다소비산업이나 공해업종을 개발도상국으로 이전시켜 왔다. 이러한 맥락에서 자원이 부족한 한국의 산업화 전략은 석유나 광물을 수입하여 정제, 처리하는 중화학공업에 비중을 두게 되었으며, 그 돌파구를 울산에서 찾았던 것이다. 특히 온산공단의 비철금속 공장 가운데 많은 수는 자국의 환경악화 때문에 밀려난 미국, 일본 등의 다국적기업들로 이루어져 있다.

이 글은 울산공단의 환경악화를 낳게 한 직접적 원인과 구조적 원인을 구별해 보고 그에 따른 사회적 결과를 경제활동의 피해, 주민의 건강문제, 공동체의 파괴라는 측면에서 밝히도록 하겠다. 그런 다음 이를 바탕으로 울산공단과 울산시의 지속가능한 발전을 위해 요청되는 지방정부, 기업, 시민의 역할을 전망하도록 한다.

## 2. 울산공단 환경악화의 원인

### 1) 환경악화의 직접적 원인

울산, 포항, 여천 등 공단지역에 대한 조사결과(이창걸. 1996)에 의하면, 공단주변 주민들은 환경악화의 원인으로 공장가동에 따른 어쩔 수 없는 현상, 환경오염 방지시설의 미비, 행정기관의 관리감독 소홀 등을 주로 손꼽는 것으로 나타난다. 이들 요인은 누구의 눈에나 쉽게 띄는 환경악화의 직접적 원인이라고 말할 수 있다. 무엇보다도 울산에는 중구, 동구, 남구 등 도심지역에만도 전체의 23%를 차지하는 면적에 자리잡은 600개가 넘는 제조업체들이 1년에 250만톤의 연료를 사용하고 하루에 22만톤의 폐수를 방류하고 있다. 울산공단의 수많은 석유화학, 비철금속 공장에서는 아황산가스, 황화수소, 벤젠 등 각종 유해물질들이 방출되어 대기를 오염시키고 악취를 발생시키고 있으며, 공장폐수에 섞인 구리, 납, 비소 등의 중금속 성분이 수질 또한 악화시키고 있다.

한편 오염방지시설의 미비, 행정적 감독의 소홀이라는 원인은 업종의 특성상 필연적일 수 밖에 없는 울산공단의 환경악화에 대해 기업과 정부가 사전적, 사후적으로 적절히 대처하지 못하는 측면들을 가리킨다. 울산공단 업체들의 환경시설 투자는 1994년의 8백억원에서 1995년에는 3천억원으로 최근에 규모가 늘고는 있지만, 대부분 대기업 중심으로 이루어지고 있다는 데 문제가 있다. 많은 중소공장들의 경우 가스배출관, 화염방지기 등이 노후화되거나 아예 설치되어 있지 않아, 오염을 가중시키는 것은 물론 안전마저 위협하고 있다. 또한 무계획적인 공단 건설의 결과이기도 하지만 공해를 차단하는 녹지가 제대로 조성되어 있지 않은 점도 울산공단 환경악화의 직접적 원인 가운데 하나이다. 특히 온산공단의 녹지면적은 전체의 0.01%에 그쳐, 전체 면적의 32%를 녹지로 확보하고 있는 반월공단에 뚜렷이 대비된다.

다음으로 행정적 감독과 관련하여 문제가 되는 것은 환경악화를 규제하는 정책수단의 미흡과 이를 실행하는 단속 공무원의 부족이라고 할 수 있다. 1996년 7월 전국에서는 처음으로 울산지역에 실시하기로 했던 오염물질 총량규제는 기업체와의 마찰과 부작용이 예상된다는 환경부의 발표로 사실상 백지화되었다. 뿐만 아니라 다른 도시들에서 이미 시행하고 있는 오존경보제 등 대기오염경보제가 울산에는 도입되어 있지 않아, 오염물질이 환경기준을 웃돌아도 대책이 미미한 실정이다. 울산공단의 오염물질 배출에 대한 단속권 또한 울산시가 아닌 낙동강 환경관리청 울산환경출장소에 주어짐으로써, 환경관련 민원들이 효율적으로 처리되지 못하고 있다. 게다가 석유화학단지의 안전점검 업무는 낙동강 환경관리청과 노동부, 입주업체 협의회 등 8개 기관으로 분산되어 있어, 전문적인 안전관리가 이루어지지 않고 있다.

### 2) 환경악화의 구조적 원인

그렇다면 울산공단의 환경을 악화시키는 직접적 원인의 배후에 있는 구조적인 요인들은 무엇일까? 여기서는 울산공단의 입지, 생산방식, 도시형성이 갖고 있는 특성에 초점을 맞추어 살피도록 하겠다. 먼저 생산입지 면에서 석유, 광물 등 자연자원을 수입, 가공하여 수출하는 공업단지로서 울산의 항만 지형이 적합하다는 점을 지적할 수 있다. 울산만은 조수의 간만차가 0.85m이고 수심이 깊을 뿐더러 장생포와 방어진이 자연적인 방파제 역할을 하고 있어 어느 항만보다도 수출입과 연관된 중화학공업의 생산에 유리한 조건을 갖추고 있다. 하지만 환경악화와 관련하여 볼 때, 울산의 지리적 여건은 석유화학단지로 매우 부적합하기도 하다. 1970년대초 중화학공업기획단이 1931-60년이라는 30년 동안의 기상상태를 분석한 결과, 바람이 불지 않는 날의 비율은 울산이 22.8%로서 인천 4.3%, 부산 7.5%, 목포 6.4%보다 매우 높은 것으로 나타났다. 이렇게 바람불지 않는 날이 많으면 오염물질이 정체되어 대기의 악화를 가중시키게 된다. 결국 울산공단이 중화학공업의 입지로 결정된 데에는 생산과 환경 측면의 상반된 특성 가운데 환경악화보다는 수출입에 유리한 생산조건이 우선적으로 고려되었다고 볼 수 있다. 그 밖에 대단위 설비가 요구되는 석유화학, 금속제련 등 장치산업의 경우 한 번 입지한 뒤에는 생산시설의 공간적 이전이 상대적으로 어렵다는 점도 울산공단 환경악화의 구조적 원인으로 작용하고 있다.

다음으로 대량생산, 대량소비의 포드주의 생산방식에서 비롯되는 본사기능과 생산기능의 공간적 분리에 주목할 필요가 있다. 우리나라 최초로 포드주의를 적용하여 조성된 울산공단의 중화학업체들은 거의 모두가 서울에 본사를 두고 있는 분공장들이다. 이처럼 기획관리, 연구개발 기능과는 분리되어 단순실행기능으로 특화된 까닭에 울산공단은 업종의 다양화나 친환경적인 유연한 생산방식으로의 전환에 한계를 지닐 수 밖에 없다. 더욱이 본사의 구상 아래 더 많은 생산을 수행하여 부가가치를 다시 본사가 입지한 지역으로 보내는 분공장은 주변 지역의 환경악화로 인한 생태계 피해나 공동체 파괴에는 거의 관심을 기울이지 않는다. 특히 석유화학업 등은 지역사회에 대한 고용효과와 최종소비재의 생산 비율이 적기 때문에, 주민과 소비자의 생활환경을 배려할 여지가 별로 없다고 할 수 있다.

이와 함께 울산공단 환경악화의 구조적 원인으로 들 수 있는 것은 울산의 도시형성이 갖고 있는 기형성이다. 1960년대 초반의 울산공단 조성은 배후도시 입지에 관한 계획 없이 오로지 공장유치만을 목적으로 이루어졌다. 정부는 이 과정에서 입주희망업체가 필요로 할 때 부지를 사서 공장을 짓도록 하는 방식으로 일관함으로써, 공장 바로 옆에 주거지와 농경지가 무질서하게 혼재하는 결과를 빚었다. 이후 30년이 넘는 울산의 산업화 과정에서도 환경악화로 폐허가 된 농경지가 아파트 단지로 전용된다든지 오염피해로 철거된 주거지에 공장이 들어서는 등의 무계획적 토지이용이 되풀이되어 왔다. 이와 함께 문제가 되는 것은 공단 조성 초기에 3만명에 지나지 않았던 울산의 인구가 오늘날 100만명으로 증가함에 따라, 시민들 가운데 외지인의 비율이 매우 높다는 사실이다.[1)] 이는 지역사회에 대한 애착을 저해함으로써 환경악화에 대한 주민들의 결집된 개선 노력을 어렵게 하는 요인이라 할 수 있다.

## 3. 울산공단 환경악화의 사회적 결과

### 1) 경제활동의 피해

환경악화는 생태계 파괴를 통해 자연의 일부인 사회에 막대한 영향을 미친다. 그러한 사회적 결과에는 경제활동의 피해, 주민의 건강문제라는 직접적 차원 뿐만 아니라 공동체의 파괴라는 문화적 차원 또한 포함된다고 볼 수 있다. 우선 울산공단의 환경악화는 울산지역의 전통적 산업이었던 농업, 어업의 기반을 침식함은 물론, 원인 제공자인 제조업 활동 자체도 위축시키는 이른바 '환경부메랑' 효과를 발생시켜 왔다.

---

1) 장병익 외(1996)에 따르면 울산시민 가운데 토박이는 27%에 그치는 것으로 나타난다.

울산공단이 본격 가동된 1960년대 중반 이후 경남의 곡창지대였던 100만평에 이르는 삼산평야에는 농작물 피해가 나타나기 시작했다. 이 지역에서의 농업 수확량의 감소는 주변 석유화학 공장에서 내뿜는 아황산가스, 불화수소 등 대기오염 물질에서 비롯된 것이었다. 1978년의 모내기철 때는 가뭄과 모래채취로 인한 태화강의 염해까지 겹쳐 더욱 피해가 심했는데, 삼산달동평야는 전체 벼농사 면적의 91.6%가 볍씨조차 건질 수 없는 형편이었다. 1979년부터는 농업 피해의 원인이 울산공단의 유독성 가스 때문인 것이 공식적으로 밝혀짐으로써, 54개 공장들이 분담하여 배상하게 되었다. 결국 환경악화로 더 이상 농사를 지을 수 없는 땅이 된 이 지역은 1990년대 들어 대규모 아파트 단지로 탈바꿈하여 농작물이 아닌 인간을 새로운 피해 당사자로 만들고 있다.

한편 어업의 피해는 금속제련, 제지 등 수질악화를 유발하는 공장들이 밀집해 있는 온산공단에서 상대적으로 더욱 심하다고 할 수 있다. 1983년의 조사에 의하면, 온산면에서 어업에 종사하는 인구는 전체의 73%에 달했다. 이들이 생산하는 수산물은 미역, 전복, 성게 등으로, 선박을 이용한 어로작업보다는 주로 양식, 채집에 의한 것이었다. 그런데 공단의 가동 이후 중금속 성분의 폐수가 방류됨과 동시에 북항 방파제 때문에 내해의 순환이 어렵게 됨으로써, 이들 정착성 수산물은 거의 자취를 감추게 되었다. 수산물의 피해는 온산공단에서 생산이 시작된 직후인 1978년부터 나타났는데, 이를 둘러싸고는 1984년까지 16건에 13억 6천만원의 보상이 이루어졌다. 온산의 어민들은 '온산병'을 계기로 죽음의 바다가 알려진 이후에는 환경오염지구 이주사업에 의해 아예 생업의 터전을 등질 수 밖에 없었다.

울산공단의 환경악화에 따른 또다른 경제적 피해는 다름아닌 제조업체 환경비용의 부담 가중에서 찾을 수 있다. 앞서 보았듯이 울산공단 업체들의 환경시설 투자는 해마다 늘어나고 있어, 생산비 가운데 무시못할 비중이 되어감을 알 수 있다. 특히 오존층 보호와 유해폐기물의 교역 규제 등을 위한 국제협약의 발효, 국제표준화기구(ISO)의 환경표준 개발을 선두로 하여 진행되는 그린라운드의 물결은 울산공단 제조업체의 생존 자체에 영향을 미칠 수 있다. 환경악화는 공단업체에 이러한 구조적 손실 말고도 직접적 피해를 낳기도 하는데, 수질악화로 인한 공업용수의 부족이 그 예이다. 울산의 석유화학공장들은 최근 들어 가뭄과 수질오염으로 정수처리를 제대로 하지 못해 생산에 어려움을 겪어 왔다. 이들 공장에서는 공업용수의 원천인 낙동강물이 4급수 이하로 떨어져 이온 등 불순물이 많아지자, 정수처리비가 급증하는 것은 물론 어쩔 수 없이 가동을 중단시키는 경우마저 생기고 있다.

### 2) 주민의 건강문제

지금까지 살핀 경제활동의 피해, 그 가운데서도 농어업의 기반인 생태계의 파괴는 필연적으로 그것을 먹고 사는 주민들의 건강을 위협하기 마련이다. 울산공단의 대표적인 건강 피해로는 산업주의로 치달아온 사회에 환경문제를 처음으로 부각시킨 온산병을 들 수 있다. 온산병은 1982년경부터 온산주민 약 1천명이 앓아온 전신신경통, 수족마비, 피부병 등의 괴질을 가리킨다. 이 괴질은 주민들이 먹는 어패류에 온산공단에서 흘러나온 중금속 오염 폐수가 농축됨으로써 생긴 중금속 축적에 의한 공해병으로 판명되었다. 그러나 정부는 온산병을 아직까지도 공식적으로 인정하고 있지 않아, 온산병 환자들은 신체적 불편에다가 경제적 부담과 사회적 냉대까지 떠안아야 하는 3중의 고통에 시달리고 있다. 일본의 경우 신일본질소공장의 폐수로 발생한 미나마따병을 공해병으로 인정하기까지 16년이 걸렸지만, 그 이후에는 공해피해건강보상법 등을 통해 환자에 대한 각종 보상이 이루어졌다.

온산병이 아니더라도 울산공단의 환경악화는 일상적으로 시민의 건강에 영향을 미쳐 왔다. 여름철에 특히 심한 울산의 광화학스모그 현상은 길게는 사나흘동안 지속되어, 호흡기 질환의 원인이 되고 있다. 한편 울산공단에서 눈여겨 보아야 할 것은 석유화학, 금속, 제지 등의 공장이 배출하는 황화수소, 메르캅탄류, 아민류 등에서 비롯된 각종 악취의 피해이다. 악취는 인체에 정신적, 생리적 스트레스 뿐만 아니라 메스꺼움, 두통, 식욕감퇴, 호흡곤란, 알레르기 등을 유발시킨다. 더 나아가 주민들의 삶의 욕구를 상실케 함으로써 사회적 행동의 변화를 초래한다는 주장도 제기되고 있다. 실제로 울산시의 일선 기관에 접수된 환경관련 민원 가운데 악취문제가 상당한 비중을 차지할 뿐더러, 그 건수도 1989년의 356건, 1990년의 472건, 1991년 1-6월 사이 388건으로 매해 증가하는 것으로 나타난다.

더욱 충격적인 것은 울산지역 신생아의 36%가 비정상아이며 이러한 현상과 환경악화가 연관되어 있다고 추정하는 울산매일신문의 1995년 7월 27일자 보도 내용이다. 이 보도에 따르면, 1994년

한해 동안 울산의 한 종합병원에서 출생한 신생아와 다른 의료기관이 이 병원에 진료를 의뢰한 비정상아 가운데 질병아가 25%, 미숙아가 8%, 기형아, 사망아, 쌍태아 등이 3%로 분석되었다고 한다. 이 내용은 울산 전체를 대상으로 한 것이 아니기 때문에 타당성이 떨어지기는 하지만, 울산공단의 환경악화가 태아의 건강에까지 영향을 미치고 있음을 시사한다. 그 밖에 상대적으로 주목을 받지 못해 온 측면은 오염과 안전사고의 위험에 노출되어 있는 공단노동자의 작업환경인데, 이에 대해서는 앞으로 좀더 관심이 기울여져야 할 것이다.

### 3) 공동체의 파괴

환경악화의 사회적 결과에는 경제활동이나 건강의 피해처럼 사람들이 제대로 의식하지 못하는 사이에 발생하는 직접적인 손실뿐만 아니라, 누구나 공유하는 문화적 가치를 가시적으로 손상시키는 것도 포함된다. 예를 들어 석유화학단지의 환경악화는 약간의 물질적 피해나 빈번한 호흡기 질환에서보다는 공장 굴뚝으로부터 밤마다 솟아오르는 불길에서 더욱 생생하게 느낄 수 있다. 비록 그 불길이 대기오염과는 실제로 상관없는 것일지라도 그것은 공해공장의 상징이기 때문에 사람들로 하여금 그 주변에서 생활하는 것을 기피하게 만든다. 그리고 울산공단 환경악화의 심각성은 초등학교 담장 옆에 건물 높이만큼 쌓아 올린 산업쓰레기 더미를 볼 때 쉽게 이해가 간다. 왜냐하면 환경악화가 가져올 미래의 결과가 미래의 주인을 키우는 초등학교와 대비되어 매우 강렬한 인상을 남기기 때문이다. 환경오염지구 이주사업에 따른 공동체의 파괴는 환경악화가 낳는 이와 같은 총체적인 문화적 결과를 뚜렷이 보여준다.

울산공단 조성에 따른 공동체의 해체는 1981년 신군부의 집권 초기에 이 곳을 방문한 전두환 당시 대통령이 공단인근 지역 주민의 이주대책을 추진하도록 지시한 데서 비롯되었다. 그리하여 공교롭게도 온산병이 사회문제가 된 1985년에 '울산.온산공단 환경오염 주민이주대책사업'이 공고되었으며, 1986년부터 석유화학단지, 여천지구, 매암지구, 용연지구 주변의 4,866가구와 온산공단 주변의 2,601가구에 대한 철거 이주가 시작되었다. 사업의 방식을 보면, 토지와 건물의 보상비는 중앙정부가 맡고 영업권, 농기구, 이농비, 어업권 등 간접보상비는 기업이 부담하며 이주택지 조성사업은 지방자치단체의 재정에서 충당하는 것으로 되어 있었다. 이주대책의 핵심은 울산공단 주변의 주민들을 이주시키는 한편으로, 환경오염 저감대책을 실시해 신규업체의 입주를 적극 추진하는 데 있었다. 이러한 정책은 거주지가 철거된 곳에 다시 공장이 들어서게끔 하여 울산공단의 총량적인 환경악화를 부채질한 꼴이 되고 말았다.

울산공단의 환경오염지구 이주사업은 사업시행 공고 당시에 법적으로 거주하는 가구만을 대상으로 하여, 시행 초기부터 소유권 이전이 늦거나 직장 등을 이유로 주민등록이 다른 지역에 있는 주민들을 배제시켰다. 그 결과 8년이 지난 1994년 현재 울산국가공단의 경우 대상가구의 45%인 2,196가구만이, 온산공단의 경우 대상가구의 75%인 1,490가구만이 철거 이주하는 데 그쳤다. 토지, 건물에 대한 보상비도 1985년 평가액을 기준으로 설정된 평균 2천만 원 이하의 금액이 4,5차례에 걸쳐 분할지급됨으로써, 이주택지에서의 건축비를 감당하지 못해 전매하는 주민들이 많았다. 더욱 문제가 되는 것은 2,087가구의 세입자들로서, 이들 중 640가구에 대해서만 임대아파트가 알선되었을 뿐 나머지에게는 대책이 없는 실정이다. 또한 세입자를 내보내고 철거를 끝낸 가옥주만이 보상금과 이주택지 분양을 받을 수 있어서, 오랫동안 정들어 살던 가옥주와 세입자의 관계가 험악해 지고 있다.

이처럼 환경오염지구 이주사업은 금전적인 손해를 넘어 공동체적 생활양식 자체를 뿌리뽑는다는 데 문제의 핵심이 있다. 그 예를 온산공단 주변의 철거 이주지역에서 찾아 보자. 1974년 4월 1일 라디오를 통해 온산면 일대 850여만평이 산업기지 개발구역으로 지정되었다는 소식을 들은 이 마을 주민들은 "오늘이 만우절이라 거짓말하는 게 아니냐"고 가볍게 생각했다고 한다. 그러나 20년이 지난 지금 그들은 "공단 지정이 대대로 내려오던 문전옥답과 황금어장을 버리고 공해 속에 살아가는 것인줄 알았더라면 미리 데모라도 한 번 했을텐데"라며 후회하고 있다. 주민들은 공해병에 시달리며 공단에서 2km밖에 떨어지지 않은 이주택지에 집을 짓고 살거나 아직도 철거를 거부하고 있다. 온산공단 지정 이전에는 "개가 만원짜리를 물고 다닌다"고 할 정도로 풍족하게 살았던 해안가 마을에는 이주하지 못한 가난한 세입자들이 썩은 바다에서 불법어로를 하며 생계를 이어가고 있다. 공동체의 파괴에 따른 정신적 고통을 한 주민은 이렇게 말하고 있다. "가만히 내버려 뒀으면 바다에 나가 고기나 잡으면서 촌놈으로 살아갈텐데 경제개발이다 뭐다해서 돈몇푼 쥐어주고 내보내면 무지렁이 농투산이들이 어디에 가서 무얼 해먹고 살겠어요."

## 4. 지속가능한 지역사회를 위한 전망

민선 지방정부의 등장은 개발과 보전 가운데 어떤 것이 우선되어야 하는가라는 문제를 지역사회의 중요한 쟁점으로 부각시켜 왔다. 어쨌든 주민의 표를 의식할 수 밖에 없는 자치단체들은 앞다투어 환경조례, 시민환경헌장, 지방의제 21 등을 제정하면서 환경보전에 관심을 나타내고 있다. 본격적인 지방자치제의 실시 이후 울산에서도 부산지검 울산지청을 중심으로 민관합동의 환경보호협의회가 구성되어, 환경오염에 대한 감시활동을 벌이고 있다. 그러나 전국 대부분의 민선단체장들은 임기내에 가시적인 성과를 올리기 위해 민간자본을 경쟁적으로 끌어들여 지역을 개발하는 데 앞장서고 있으며, 그에 따라 환경을 보전하기 위한 실질적 노력은 뒷전으로 밀리고 있는 것이 사실이다. 울산시의 경우에도 환경악화가 심각한 온산공단에 티타늄 공장을 허가하는 등, 환경보전보다는 지역개발을 위한 민선시장의 공격적 경영시정이 두드러지고 있다.

1997년에 광역시로 승격된 울산은 지역사회의 지속가능한 발전이라는 차원에서 한 세대를 끌어온 울산공단의 환경악화에 근본적으로 대응하도록 요청받고 있다. 이를 위해서는 지방정부의 환경친화적 혁신이 절실한 과제라고 보여진다. 그렇지 않고서는 광역시의 승격이 현재 울산시, 경상남도로 이원화되어 있는 행정창구를 단일화시킴으로써, 각종 개발에 대한 허가를 남발하여 환경이 더욱 악화되는 계기로 작용할 수도 있기 때문이다. 울산시는 이제라도 공단조성만을 위해 계획없이 형성된 도시구조를 재편하여 사람이 마음대로 숨쉴 수 있는 생태공간을 확보해야 한다. 우선 철거 이주되는 공단 주변의 거주지는 확충된 재정을 이용하여 녹지로 조성해야 할 것이다. 또한 신규 공장의 입주는 최대한 억제하되, 친환경적 업종이 기존의 환경악화 업종을 대체하도록 울산공단의 재구조화를 장려해야 한다. 이에 덧붙여 장기적으로 금융, 연구, 관리 등의 생산적 서비스 기능을 강화함으로써, 주민들이 지역사회를 일터로서만이 아니라 뿌리내리고 살아야 할 삶의 터전으로 인식하도록 유도할 필요가 있다.

그렇다면 시민들은 지속가능한 지역사회의 발전을 위해 어떻게 행동해야 할 것인가? 울산시민은 울산공단의 환경악화에 따른 최대의 피해자임에도 불구하고, 이를 개선하려는 노력이 기업이나 지방정부에 비해 오히려 미미한 것처럼 보인다. 그 이유는 앞서 지적한 것처럼 주민 가운데 외지 출신이 많아서이기도 하지만, 그들의 생업이 울산공단과 직간접적으로 연관되어 있어 근본적인 문제해결을 시도하기에는 경제적 부담이 너무 큰 탓도 있을 것이다. 그러므로 울산의 환경보전을 위한 조직화는 시민 전체를 무차별한 대상으로 하기보다는, 노동자, 주부, 학생 등 계층별 주요 관심사를 반영하여 이루어질 필요가 있다. 노동자의 경우 작업장에서의 건강문제가, 주부의 경우에는 소비자운동 차원의 환경감시가 주요 쟁점이 될 수 있을 것이다. 특히 1960년대 이후 울산에서 태어난 새로운 세대는 지역사회에 대한 애착이 상대적으로 크기 때문에,

울산시가 공해도시라는 명예스럽지 못한 낙인으로부터 벗어나게 하는 데 가장 중요한 역할을 할 수 있다. 경제적 논리가 아닌 공동체적 생활원리의 정착이 울산공단의 환경악화를 저지할 수 있는 유일한 대안이라고 볼 때, 미래의 주인인 이들이 환경친화적 가치를 내면화하고 공동의 행동에 나서는 것이 매우 요청되는 것이다.

제VI장

# 공단 조성과 환경오염지역 이주사업이 주민생활에 미치는 영향

## - 온산공단 주변 주민의 신체적, 경제적, 공동체적 상태를 중심으로

## 1. 머리말

21세기의 중요한 화두인 '환경문제'는 산업화, 근대화에 대한 찬양보다는 그 그늘 아래 신체적, 경제적, 공동체적 피해를 겪어 온 공단 주변 주민의 삶의 질에 눈길을 돌리게 하고 있다. 1960년대 이래 우리나라 공업단지의 환경문제는 포드주의 중화학공업화에 따른 산물이었다. 2차 대전 이후 대량생산, 대량소비의 포드주의 생산방식 아래 호황을 누렸던 서구 선진국들은 1960년대 중반 들어 대규모 생산의 경직성, 석유 등 원자재의 가격 상승 때문에 경기둔화를 경험하게 된다. 그러한 위기를 선진국들은 생산방식의 유연화, 신기술의 개발 등으로 극복하는 한편, 에너지 다소비산업이나 공해업종을 한국과 같은 개발도상국으로 이전시켜 왔던 것이다.

이 연구의 대상지역인 온산공단 역시 1974년에 비철금속 공업단지로 지정되어, 국내의 각종 금속 및 화학업체는 물론 자국의 환경악화 때문에 밀려난 미국, 일본 등의 초국적기업들이 입주해 왔다. 그 결과 온산 주변에서 대대로 어업에 종사해 온 주민들은 우선적으로 해양오염에 따른 경제적 피해를 입기 시작했다. 그러한 어업피해는 온산공단에서 생산이 시작된 직후인 1978년부터 나타났는데, '온산병'의 발병 이후에는 아예 생업을 포기하고 건강 피해와 공동체 와해까지 겪는 악조건에 처하게 된다.

온산병은 1982년경부터 온산주민 약 1천명이 앓아온 전신신경통, 수족마비, 피부병 등의 괴질을 가리킨다. 이 괴질은 주민들이 먹는 어패류에 온산공단에서 흘러나온 중금속 오염 폐수가 농축됨으로써 생긴 중금속 축적에 의한 공해병으로 인정되고 있다. 그러나 정부는 온산병을 아직까지도 공식적으로 인정하고 있지 않아, 주민들은 제대로 된 치료를 받지 못하고 있다. 한편 온산병이 사회문제가 된 1985년에 공고된 '환경오염지역 주민이주사업'은 온산공단 주변의 2,601가구를 철거 이주시켰다. 그런데 이 사업은 공단주변의 주민들을 이주시킨 이전적지에 신규공장의 입주를 적극 추진함으로써, 온산지역의 총량적인 환경악화를 가중시켜 왔다.

지금까지 중화학공업단지 조성에 따른 환경오염 문제는 대기질 개선, 악취 저감 등을 다루는 환경공학 분야의 독점물이었지, 사회과학적 관심으로부터는 거리가 먼 것이었다. 단지 환경정책이나 환경운동의 차원에서 접근한 정준금(1995), 구도완(1996)의 연구가 눈에 띌 정도이다. 그러나 이들 연구는 환경오염의 규제수단이라는 정책적 관심과 이주사업에 반대하는 운동 역학에 국한되어, 공단조성과 환경오염이 주민생활에 미치는 영향을 총괄적으로 다루지 못하고 있다. 공단주변 주민의 환경의식을 실증적으로 분석한 이창걸(1996)의 연구 또한 양적 방법에 의거하여 주민의 주관적 인식을 요약하는 데 그치고 있다.

물론 그렇다고 해서 이들 기존 연구의 의의가 전혀 없는 것은 아니다. 공단주변의 환경개선과 주민 삶의 질 제고를 위해서는 지방환경정책의 제도적 수단과 재원조성 방안에 관한 연구가 필수적이다. 또한 환경오염에 따른 이주사업의 경제적, 공동체적 효과는 보상 등의 이해관계를 둘러싼 집단적 운동과정의 분석을 통해 잘 이해될 수 있을 것이다. 그리고 환경오염 지역 주변 주민의 건강상태, 이웃관계 등에 대한 심층적 분석에는 주민의 주관적 의식 파악이 선행되어야 한다.

이 글은 위의 연구 성과를 바탕으로 한국 최초의 공해병 발생지역이자 우리나라에서 최초로 환경오염에 따른 주민이주사업이 시행된 온산공단 주변 주민의 생활상태를 고찰함으로써, 중화학공업화가 가져온 환경오염이 20여년 동안 주민과 지역사회의 삶의 질을 어떻게 변모시켜 왔는가를 해명하고자 한다. 특히 온산공단 주변 주민의 이주단지인 덕신지구 또한 15년 간의 공단 확장에 따른 환경오염에 노출되고 있어, 단기적인 정책 판단에 의한 공단 외곽 근거리의 이주단지 입지가 주민의 신체적, 경제적, 공동체적 생활에 어떤 영향을 미쳐 왔는지에 대한 정밀한 평가가 필요한 시점이라 여겨진다. 다시 말해 이 연구의 목적은 온산병 이후의 신체적 상태, 이주 후 전업에 따른 경제적 상태, 이주단지의 공동체 기능 변화 등에 초점을 맞춰 온산공단 주변의 주민생활을 분석하여, 공단조성으로 인한 환경오염의 심각성과 현행 환경오염지역 이주사업의 문제점을 도출하는 데에 있다.

## 2. 연구의 범위와 방법

### 1) 연구의 범위

이 연구의 지리적 범위는 울산광역시 울주군에 소재한 온산국가공단 지역과 주변 이주단지인 덕신리를 포괄한다. 박정희 정부의 중화학공업화 선언에 뒤이어 1974년에 비철금속제련기지로 형성된 온산공단은 1999년 현재 2,600만m2의 면적에 442개 업체 8만7천여명의 종업원을 포괄하고 있다. 애초에 금속업종으로 특화되었지만 울산시내 석유화학공단의 영향으로 온산공단 업체의 37%는 석유화학제품을 생산하고 있다.

한편 이 연구의 시간적 범위는 온산공단이 가동되기 시작된 1978년부터 2002년까지의 25년이 해당되며, 주민생활의 시계열적 변화는 환경오염지역 이주사업이 시작된 1986년과 이주단지의 환경오염이 가시화된 1999년을 중심으로 비교하기로 한다. 온산공단 주변 주민의 어업 피해는 ㄱ 아연, ㅎ 알미늄 등이 세워진 1978년부터 이진리, 원산리 일대에서 발견되었으며, 1982년에는 온산병 증세인 신경통과 피부병이 발견되기 시작했다. 그리하여 1986년에 당시 환경청은 '환경정책기본법'에 의거하여 온산공단을 울산.미포공단과 함께 대기보전 특별대책지역으로 지정했다.

## 2) 조사 방법

연구의 방법으로는 문헌연구는 물론, 설문지 조사에 의한 양적 접근과 심층면접에 의한 질적 접근을 병행한다. 문헌연구로는 온산공단 환경문제에 관한 이차 자료와 아울러, 환경청(1984), 경상남도(1989) 등의 공해피해 및 주민이주대책에 관한 일차 자료를 활용했다. 그리고 양적 접근의 자료는 김재홍 외(1999)의 울산지역 1,403가구를 대상으로 실시한 설문조사 중 온산읍, 덕신리, 이진리, 우봉리[1] 등 온산공단 주변 거주자 99가구에 대한 응답결과를 바탕으로 확보되었는데, 그 가운데 온산공단에서 이주한 경우는 40가구였다.

한편 공단주변 주민의 생활상태에 관심을 두는 이 글의 특성상 질적 접근이 중시될 수밖에 없다. 특히 애초의 공단주변 거주민에 대한 시계열별 신체적, 경제적, 공동체적 상태를 추적하는 심층면접에 의한 사례 기술이 수행하지 않으면 안 된다. 이를 위해 필자와 울산대 사회학과 대학원생 5명이 2002년 4월말에 덕신리에 거주하는 22가구의 환경오염지역 이주사업에 따른 이주민을 심층 면접했다.

1) 이진리, 우봉리는 1986년 이후 환경오염지역 이주사업이 이루어진 지역이지만, 신규 공장이 입주하지 않아 1999년 현재 일부 주민들이 거주하고 있었다.

### 3) 분석의 틀

다음으로 이 연구의 분석 틀은 <그림 VI-1>과 같이 제시된다. 여기에서 독립변수는 공단조성에 따른 환경오염(X1), 환경오염지역 이주사업의 시행(X2), 공단확장과 환경오염의 가중(X3) 등 세 가지인데, X1으로 갈수록 시간적으로 선행변수의 성격을 갖는다. 종속변수는 공단 조성과 환경오염지역 이주사업 이후의 주민생활 변화인데 <그림 VI-1>에서 점선의 아래 부분에 해당된다. 종속변수는 신체적 상태(YA1, YA2), 경제적 상태(YB1, YB2), 공동체적 상태(YC1, YC2)라는 세 가지 구성변수를 포함한다.

<그림 VI-1> 분석의 틀

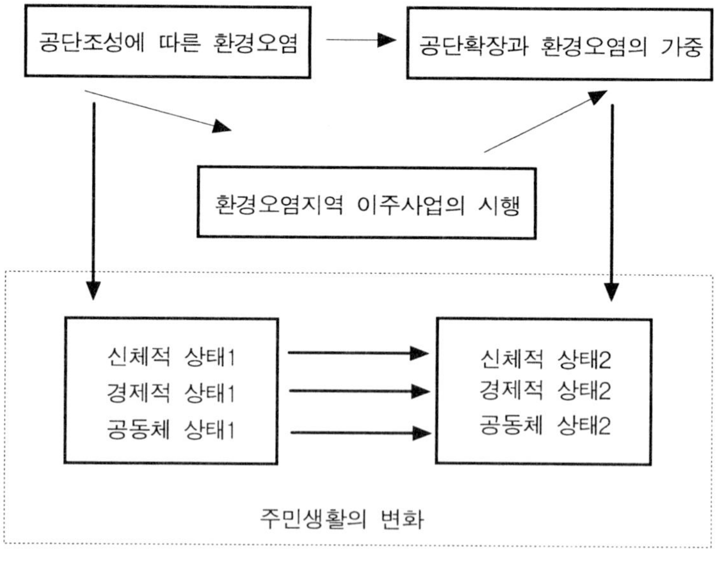

## 3. 온산공단의 조성과 환경오염지역 이주사업의 경과

### 1) 온산공단 조성에 따른 환경오염의 발생

제1, 2차 경제개발 계획을 거친 박정희 정권은 제3차 경제 개발 5개년 계획에서 지속적인 경제성장을 위해 '산업 구조의 고도화와 안정적인 균형성장'을 바탕으로 수출 증대와 중화학공업의 육성에 중점을 두었다. 제3차 경제개발 계획의 일환으로 온산기지에 4개의 국제적 비철금속 제련소를 신설키로 결정한 정부는 1973년 4월 비철금속 제련사업 육성계획을 발표했다. 같은 해 4월27일 중화학공업추진위원회에서는 울산군 온산면 공업단지 안에 선발사업으로 국제규모의 대단위 비철금속 제련소를 건설하기로 최종 결정하여 1974년 중 모두 착공하도록 계획했다(울산광역시, 2002).

이처럼 중화학공업화의 전초기지로 선정된 온산공단은 1974년 4월 1일에 산업기지개발구역으로 지정되어 단지조성기본계획이 확정되었다. 또한 1976년 3월과 12월 건설부 고시에 의해 두 차례에 걸쳐 산업기지개발촉진지역으로 추가 지정됨에 따라 울산.미포 국가공단과의 공업벨트로 형성되기 시작했다. 그리하여 온산공단은 총면적 17,306,000㎡, 공장부지 15,027,000㎡, 공공용지 1,363,000㎡, 지원시설면적 536,000㎡, 녹지구역 380,000㎡ 규모로 조성되었다. 한편 1984년 현재에는 12개의 공장만 가동되었고 3개 공장이 조성 중이었다. 이후 15년이 지난 1999년 현재에는 총면적도 2,600만㎡로 대폭 확장되었고 업체의 수는 40배에 가까운 442개로 늘어났다(동남국가관리공단, 1999).

온산공단이 지정된 후 10년이 지난 1984년 현재 온산공단의 대기 및 수질오염에 대한 조사 결과는 다음과 같다(환경청, 1984). 우선 대기오염의 경우 11개의 온산공단 업체 가운데 먼지(TSP), 아황산가스($SO_2$), 산화질소류(NOX), 염산(HCl), 염소($Cl_2$) 등을 배출하는 업체는 각각 9개, 7개, 4개, 4개, 2개로 나타난다. 중금속을 함유한 먼지는 비철금속 제련이 주종인 온산공단 업체의 특성 상 자용로(自熔爐), 전로(轉爐), 정제로, 황산공장 등에서 발생한다. 당시 중금속 성분의 오염배출이 많은 업체는 ㄱ 아연, ㅍ 금속, ㅎ 광업제련 등으로 파악되고 있다. 아황산가스에 대해서는 배연탈황을 실시하는 업체가 하나도 없고 생산과정의 발생부분만 습식흡수법으로 제거하는 수준이었는데, ㅈ 물산의 경우 방지시설 효율이 62%에 그쳐 아황산가스 회수율이 77%에 불과한 실정이었다.

한편 1984년 현재 온산면 대안리 온산국민학교에서 대기오염물질 농도를 실측한 결과를 울산·미포공단 및 공단외곽지역과 비교해 보도록 한다. 온산공단의 카드뮴, 구리, 납, 아연 등 중금속 농도(단위: 마이크로그램/$m^2$)는 각각 0.0656, 2.2281, 1.0223, 7.5752으로, 공단외곽지역인 화봉동의 해당농도 0.00, 0.1170, 0.0114, 0.0399는 물론, 울산석유화학공단 지역인 여천동의 해당 농도 0.00, 0.0551, 0.2132, 0.1046보다 훨씬 높음을 알 수 있다. 이는 온산공단의 제련과정에서 엄청난 중금속 성분의 먼지가 발생되었음을 보여주는 것이다. 이에 비해 온산의 아황산가스 농도는 평균 3.9ppb로 정유, 석유화학업체가 집중된 여천동의 11.2ppb와 화봉동의 5.0ppb보다 상대적으로 낮은 것으로 나타난다. 이산화질소($NO_2$)의 경우 온산 39.3ppb, 여천동 42.9ppb, 화봉동 12.1ppb로서, 공단외곽지역에 비해 울산 및 온산공단에서 오염도가 꽤 높은 편이다. 염산의 경우에는 온산이 12.6ppb로, 여천동 10.7ppb, 화봉동 5.0ppb보다 비교적 농도가 높다.

다음으로 수질오염을 보면, 1984년 현재 11개 온산공단 업체 가운데 수소이온농도(pH), 화학적 산소요구량(COD), 생화학적 산소요구량(BOD)으로 표시되는 수질오염물질이 발생되는 업체는 각각 9개, 6개, 5개 등으로 파악된다. 그러한 기본적인 수질오염물질 외에도 비철금속제련을 주종으로 하는 온산공단 업체의 폐수에는 크롬, 페놀, 카드뮴, 아연, 납, 구리, 알루미늄 등이 다량 포함되어 있는 것으로 조사되었다. 수질오염 부하량(단위: kg/D)이 높은 업체들로는 COD(단위: 밀리그램/리터)가 66.2이고 1일 배수량(단위: $m^3$/D)이 61,000인 ㄷ 펄프의 4,083.2를 위시하여, COD 85.8, 1일 배수량 1,740인 ㅍ 금속의 149.3, COD 13.7, 1일 배수량 3,072인 ㅆ 정유의 42.1 등을 들 수 있다.

한편 울산·미포공단과 온산공단의 중간지점인 외황강 유역의 1984년 5월 현재 수질조사 결과를 보면, pH만 8.0으로 정상이지 COD가 13.22로 부패해역의 수준이며 BOD도 11.8로서 3등급 수질의 기준치인 6.0 mg $O_2$/리터를 훨씬 초과하는 오염도를 나타낸다. 또 당시 온산공단 하천 하류의 중금속 농도는 상상을 넘어서는 것으로, 온산면 이진리 대정천 하류의 구리 농도는 50마이크로그램/리터로서 환경청에서 설정한 울산해역의 구리농도 제한값 20마이크로그램/리터를 훨씬 웃돌았다. 납의 농도도 방어진 부근이 0.13마이크로그램/리터인데 비해 대정천 하류에서는 14.3마이크로그램/리터였으며, 아연도 방어진 부근이 28.1마이크로그램/리터인 데 비해 대정천 하류는 이보다 80배 이상 높은 2,350마이크로그램/리터나 검출되었다. 이러한 온산공단 하천 하류와 인근 해역의 중금속 오염이야말로 온산병의 주범이었다고 할 수 있다.2)

### 2) 환경오염지역 이주사업의 전개

환경청(1984)의 울산 및 온산공단 주변 오염피해에 대한 주민의식 결과에는 전체 603 사례 가운데 온산공단내 당월, 이진, 대정, 산암, 방도, 처용, 학남, 원산, 우봉에 거주하는 44 사례가 포함되어 있다. <표 VI-1>을 보면 1984년 시점에서 온산공단 주민의 이주의사를 알 수 있는데, 찬성 비율이 전체의 3/4 수준으로 압도적이나 찬성의 강도는 석유화학공단지역 주민에 비해 약하다고 할 수 있다. 즉 온산공단의 환경오염지역 주민이주사업은 주민의 강력한 주도보다는 위로부터의 정책적 판단에 주로 의존했음을 시사받을 수 있다.3)

---

2) 환경청(1984)이 환경오염에 따른 피해에 대한 주관적 의식을 조사한 결과, 울산 시민 전체는 44.5%인데 반해 울산석유화학공단 주민은 79.5%, 온산공단 주민은 93.2%로 나타난다.

3) 김재홍 외(1999)의 조사에서 이주를 경험한 온산지역 주민 40명에게 환경오염지역 이주사업이 시행된 이유를 물어본 결과, 주민요구 때문이라는 응답은 22.5%인데 반해 대통령의 지시 30%, 기업의 공장부지 확보 47.5%의 분포를 나타내고 있다.

<표 VI-1> 온산공단과 울산석유화학공단 주민의 이주의사(1984)

단위: %(응답자수)

| | | 절대반대 | 반대 | 모르겠다 | 찬성 | 절대찬성 |
|---|---|---|---|---|---|---|
| 울산석유화학공단(44) | | 6.8 | 9.1 | 6.8 | 22.7 | 54.5 |
| 온산공단(44) | 당 월 리(4) | 25.0 | - | 25.0 | - | 50.0 |
| | 이 진 리(2) | - | - | - | 100.0 | - |
| | 대 정 리(3) | - | 33.3 | - | 66.7 | - |
| | 산 암 리(5) | - | 20.0 | - | 40.0 | 40.0 |
| | 방 도 리(7) | - | - | 28.6 | 71.4 | - |
| | 처 용 리(5) | - | - | - | 100.0 | - |
| | 학 남 리(5) | - | 20.0 | 20.0 | 40.0 | 20.0 |
| | 원 산 리(6) | - | 16.7 | 16.7 | 33.3 | 33.3 |
| | 우 봉 리(7) | - | - | 14.3 | 42.9 | 42.9 |
| | 합 계 | 2.3 | 9.1 | 13.6 | 52.3 | 22.7 |

출처 : 환경청(1984).

환경청(1984)의 보고를 바탕으로 '울산·온산공단 피해주민 이주대책'을 수립한 주체는 경제기획원 산하 환경보전위원회였다. 환경보전위원회(1985)에 의하면, 온산공단 주민이주대책은 유신정권 말기인 1979년 3월에 경제장관협의회에서 최초로 보고된 것으로 기록되어 있다. 그러나 당시의 추진 결과는 국민투자기금 41억원의 지원 결정에도 불구하고 융자가 실시되지 않아 자금을 확보하지 못한 것으로 나타난다. 이주대책에 힘이 실리게 된 계기는 1981년 2월에 전두환 당시 대통령이 경남도에서 계획을 수립하고 중앙부처에서 적극 협조하도록 지시한 데서 비롯된다.

뒤이어 1983년 8월에는 건설부에서 대책안을 작성하여 경제기획원에 제출했는데, 그 내용은 1단계 이주비로 550억원을 추정하여 1984-85년의 예산에 162억원을 반영하는 한편 환경오염 현황 조사연구를 환경청을 통해 서울대 환경대학원에 맡기는 것이었다. 또한 1984년 7월에는 국무총리실 계획안이 마련되어, 비용부담 주체를 결정하고 산업기지개발구역의 재조정이 이루어졌다. 환경청의 연구용역이 보고된 1985년 3월에는 환경보전실무대책위원회가 개최되어 세부계획 수립을 위한 실무소위원회가 구성되었다(경상남도, 1989).

이주는 오염극심 지역으로부터 단계적으로 추진하여, 1단계인 1986년에는 대안, 목도, 방도, 당월, 이진의 1,332가구, 2단계인 1987년에는 우봉, 원봉, 산남, 산성, 석당, 달포의 889가구, 3단계인 1988년에는 신기, 처용, 사방, 회남, 회학의 380가구를 대상으로 했다. 이주대상자는 공단내 재산을 보유한 이주희망자로 한정했고, 토지 및 건물의 보상은 중앙정부가, 영업권 등의 간접보상은 공단업체[4]가, 이주택지의 조성은 지방자치단체가 부담하도록 했다. 이주방식은 개별이주, 집단이주를 주민의사에 따라 선택 결정하게 했고, 이 당시 이주단지조성 예정지구로는 덕신과 함께 남창지구가 거론되었다.

이에 대해 온산 주민들은 1986년 1월에 온산면 이주보상협의회를 결성하고, 어업권의 보상은 공해가 일어나기 전의 생산고를 기준으로 할 것, 이농비·이어비의 보상, 자녀의 학자금 면제, 농수협 등의 융자금 변제기간의 연장, 취업의 최대 보장, 직업훈련소의 설치, 이주와 동시에 주거, 토지의 현실 보상 등을 요구했다(니시나 겐이치, 1991). 한편 청년을 중심으로 이주대책위원회가 별도로 구성되어 이주단지를 주민이 원하는 지역으로 재선정해 줄 것[5], 건

4) 간접보상비의 온산공단 업체별 부담액은 공해기여도 기준에 따라, 1천만원 이하 2개, 1-5천만원 2개, 5천만-1억원 2개, 1-5억원 3개, 5-10억원 2개, 10억원 이상 1개 업체로 구성되었다(환경보전위원회, 1985).

5) 환경청(1984)에 따르면, 온산공단 조성 초기인 1975년에 비철금속단지, 화학기지, 원유비축 기지 등에 대한 평가와 덕신 이주단지의 기본계획이 완성되었다고 서술되어 있다. 즉 덕신지역은 1980년대 중반 환경오염지역 이주사업의 이주단지로 처음 선정된 것이 아니라, 공단예정 부

물 보상과 어업권 보상을 현실 보상으로 해 줄 것, 이주단지의 도시 생활권을 형성해 줄 것, 온산 괴질의 사후대책 수립 등을 요구하기도 했다(구도완, 1996). 결국 이주단지는 덕신으로 일원화되었고, 꽤 많은 온산주민은 이주택지를 전매하고 울산시내로 이주했지만 그 이유가 2002년 4월의 심층면접에 의한 <사례 VI-1>에서 보듯이 투기적인 것은 아니었다.

<사례 VI-1> 덕신의 이주택지 조성은 두 차례에 걸쳐 이루어졌다. 1차는 개별이주에 따른 택지 조성으로 평균 70평을 기준으로 69평이나 71평이 이주민에게 나누어졌다. 2차는 집단이주지 조성으로 평균 40평의 택지가 분할되었다. 택지를 받은 사람 가운데 덕신에서 집을 짓지 못하고 타지로 전출한 사람들은 온산에서의 토지보상이나 간접보상 만으로 당시 건축비 1,500만원 정도를 충당할 수 없는 형편이어서 그랬지 투기수요로 인한 전매의 개념은 없었다. 또 덕신에서 블록슬레이트 집의 신축은 허가가 안 나오는 등 규제가 심해 건축비를 줄일 방도도 없었다(이주택지를 전매하고 시내에 살면서 덕신에서 자영업을 하는 주민 면접결과).

한편 1998년말 현재 울산공단, 온산공단 전체의 이주대상 가구 가운데 이주를 완료한 세대는 93.3%로서, 6.7%인 497세대만이 아

지에 거주하는 온산 주민의 이주단지로 계획되어 있었음을 알 수 있다. 한편 김재홍 외(1999)의 이주경험자 40명을 대상으로 한 자료와 2002년의 20사례를 대상으로 한 심층면접에서 덕신으로의 이주지역 선정에 대한 만족도를 물어 본 결과, 1999년에는 매우 만족 2.5%, 약간 만족 5%, 약간 불만 45%, 매우 불만 47.5%, 2002년에는 약간 만족 13.6%, 약간 불만 22.7%, 매우 불만 63.6% 등 불만의 비율이 매우 높음을 알 수 있다.

직 이주를 하지 않고 있다. 이렇게 볼 때, 시행후 15년을 경과한 환경오염지역 이주사업은 거의 마무리 단계에 왔다고 할 수 있다. 그런데 사업비의 조성내역을 보면(<표 VI-2> 참조), 국비가 거의 절반을 차지하고 주민부담금이 약 30%인 반면, 기업체 부담금은 10%에 미치지 못함을 알 수 있다. 환경오염을 발생시킨 원인제공자가 기업이라는 점에 비추어 볼 때, 이와 같은 기업체의 사업비 부담비율은 매우 미약한 수준이라 평가될 수 있다.[6)]

그 밖에 환경오염지역 이주사업의 문제로는 이주 후의 환경오염지구에 공장을 신규 증설함으로써, 오히려 총량적인 환경오염을 가중시켰다는 점을 들 수 있다.[7)] 또 해당 주민의 생존권 차원에서는 이주가 불가피했을지라도, 오염물질 배출을 감시할 공단인근 거주지가 해체됨으로써 환경오염시설의 무방비 확산을 더 이상 막을 수 없게 되었다는 지적도 있다.[8)]

---

6) 이주대책이 최종 확정되기 전에 제출된 자료인 건설부(1984)의 자금확보 방안에 따르면, 토지매입비는 국가, 이주대책비는 지방자치단체가 부담하고 간접보상비 외에 건물보상비도 환경보전법 제43조에 의거하여 입주기업체에게 부과하도록 계획되어 있었다. 그러나 이 당시에도 건물 보상비 부담으로 경영형편상 부담능력이 없다고 판단되는 기업체에게는 그 일부를 국고에서 별도 지원한다는 단서 조항이 붙어 있었다.

7) 환경보전위원회(1985)에 의하면, 이주대책의 기본방향으로 공단내의 쾌적한 생활환경 유지 및 인근 지역으로의 오염확산 방지를 위해 이주대책과 병행하여 환경오염저감대책을 추진한다고 언급되어 있다. 그러나 기본방향 가운데 다른 부분에서는 공단의 업체입주를 적극 유도하기 위해 입주 대상업종을 한국표준산업분류상 전제조업으로 하고 토지매입규제 조치를 완화한다는 모순된 조치를 취하고 있다.

8) 그 결과 1990년대 중반 이후에는 환경오염지역 이주사업에서 제외되었던 온산공단 인근의 용암리(오대·오천·신촌마을)등에 거주하는 가구들이 추가이주를 요구해 왔다. 애초에 울산시는 추가이주 사업을 긍정적

<표 VI-2> 울산온산공단 환경오염지구 이주사업비 내역(1999)

단위 : 백만원(%)

| 국비 | 지방비 | 기업체 부담 | 주민 부담 | 계 |
|---|---|---|---|---|
| 176,454(44.9) | 62,964(16.0) | 37,700(9.6) | 116,084(29.5) | 393,202(100.0) |

출처 : 울산광역시(1999).

## 4. 주민생활의 변화

중화학공업화 선언에 따른 1974년의 온산공단 조성 발표는 농어업을 위주로 평화롭게 살아 온 이 지역 주민의 생활을 질적으로 변화시키는 계기가 된다. 1974년 4월 1일 라디오를 통해 온산면 일대 850여만평이 산업기지 개발구역으로 지정되었다는 소식을 들은 이 마을 주민들은 "오늘이 만우절이라 거짓말하는 게 아니냐"고 가볍게 생각했다고 한다. 그러나 30년 가까이 세월이 흐른 지금 이들은 "공단 지정이 대대로 내려오던 문전옥답과 황금어장을 버리고 공해 속에 살아가는 것인 줄 알았더라면 미리 데모라도 한 번 했을텐데"라며 후회하고 있다(한상진, 1996).

<표 VI-3>을 보면, 환경오염지역 이주사업이 시행되기 전인 1984년 시점에서 공단 조성에 따른 손익에 대한 평가를 알 수 있다. 울산시민 전체적으로는 공단개발에 따라 이익을 보았다는 응

으로 검토하고, 이에 필요한 국고의 지원을 요청했다. 그러나 1998년 5월 이에 대해 환경부는 울산시의 아황산가스, 불화수소 등 오염 물질이 감소되고 있으므로 지원이 불가하다고 회신한 바 있다. 따라서 현재로는 이들 지역에 대한 추가이주의 시행이 힘든 상태이지만, 오염물질의 감소에도 불구하고 악취나 모기 피해 등 생활환경 피해가 상존하고 있어서 민원의 불씨가 꺼지지 않고 있다. 김재홍 외(1999) 참조.

답이 약간 더 많지만, 울산석유화학공단과 온산공단 지역내부에 거주하는 주민에게는 손해라는 비율이 훨씬 높음을 알 수 있다. 더욱이 온산공단 주민은 공단 조성으로 얻은 것이 많다는 주장에는 전혀 동조하고 있지 않으며, 잃은 것이 많다는 응답 비율이 석유화학공단 주민보다 꽤 높게 나타난다. 그렇다면 신체적, 경제적, 공동체적 측면에서 온산공단에 거주했던 주민은 이후 환경오염지역 이주사업에 따라 얼마나 더 어떻게 피해를 보아 왔을까?

<표 VI-3> 울산의 지역별 공단개발에 따른 개인적 손익의 평가(1984)

단위: 응답자수(%)

| | 얻은 것이 많다 | 비슷하다 | 잃은 것이 많다 | 모르겠다 |
|---|---|---|---|---|
| 방어진, 일산 등 조선공업 지역 | 53 (44.5) | 30 (25.2) | 15 (12.6) | 21 (17.7) |
| 염포, 양정 등 자동차공업지역 | 21 (35.6) | 10 (16.9) | 16 (27.1) | 12 (20.4) |
| 학성, 옥교 등 구시가지역 | 43 (27.7) | 21 (13.5) | 14 (9.0) | 71 (49.7) |
| 신정, 무거 등 신시가지역 | 20 (44.4) | 11 (24.4) | 6 (13.3) | 8 (17.8) |
| 삼산, 야음 등 석유화학공단주변 | 27 (25.7) | 26 (24.8) | 35 (33.3) | 17 (10.2) |
| 장생포, 용연 등 석유화학공단지역 | 9 (20.5) | 5 (11.4) | 28 (63.6) | 2 (4.6) |
| 당월, 이진 등 온산공단 지역 | 0 (0.0) | 4 (9.1) | 38 (86.4) | 2 (4.5) |
| 온양, 청량 등 온산공단 주변 | 4 (13.3) | 8 (26.9) | 10 (33.3) | 8 (26.7) |
| 합 계 | 177 (29.4) | 115 (19.1) | 162 (26.9) | 149 (24.7) |

출처 : 환경청(1984).

## 1) 신체적 상태

### (1) 공단조성 이후 환경오염지역 이주사업 단계

'인간도 자연의 일부'라는 차원에서 볼 때, 환경악화에 따른 주민생활의 피해 가운데 가장 심각한 문제 영역은 생명과 건강에 대한 위협일 것이다. 온산공단이 처음 가동된 1978년 이후 4년 밖에 안된 1982년부터 온산병의 징후가 나타나고 단지 12개 업체만 가동 중이었던 1984년에 주민이주가 거론될 정도로 공단 주변의 생태조건이 악화되었다는 사실은 현재 시점의 상식으로는 상상하기 힘든 환경오염이 자행되었음을 보여준다. <표 VI-4>를 볼 때, 1984년 현재 온산 주민의 신체적 피해의 정도는 일반 울산시민에 비해 뚜렷함을 알 수 있다. 특히 가사에 종사하는 여성의 자각증상 호소가 높은 것은 거주와 일의 장소가 모두 온산공단이기 때문이라 풀이된다.

<표 VI-4> 온산지역 주민의 직업별 자각증상항목별 평균호소율(1984)

| | | 안과계 | 호흡기계 | 소화기계 | 피부계 | 신경계 | 피로감 | 기타질환 | 후각이상 | 평균 |
|---|---|---|---|---|---|---|---|---|---|---|
| 온산지역 | 가사 | 74.8 | 49.5 | 27.0 | 64.0 | 33.3 | 71.2 | 13.5 | 80.2 | 47.7 |
| | 농수산업 | 70.0 | 45.6 | 21.1 | 54.4 | 32.2 | 58.9 | 10.0 | 85.6 | 42.7 |
| | 상업 | 69.0 | 48.3 | 10.3 | 58.6 | 27.6 | 58.6 | 6.9 | 82.8 | 40.5 |
| | 관리직 | 56.3 | 37.5 | 6.3 | 31.3 | 37.5 | 25.0 | 6.3 | 68.8 | 30.7 |
| | 기타 | 64.0 | 44.0 | 20.0 | 56.0 | 16.0 | 48.0 | 4.0 | 80.0 | 37.5 |
| | 합계 | 70.5 | 46.9 | 21.4 | 57.6 | 31.0 | 60.9 | 10.3 | 81.5 | 43.3 |
| 울산시내 | 가 사 | 60.4* | 43.4* | 20.8* | 56.6* | 28.3* | 41.5* | 5.7* | 24.5* | 36.6 |
| | 농수산업 | 50.5* | 44.1 | 17.2* | 41.9* | 20.4* | 44.1* | 10.8 | 25.8* | 33.2 |
| | 상업 | 66.7 | 16.7* | 16.7* | 33.3 | 33.3* | 16.7* | 0.0 | 33.3* | 25.4 |
| | 관리직 | 47.1* | 17.6* | 5.9 | 47.1* | 29.4* | 29.4* | 0.0 | 35.3* | 23.4 |
| | 기타 | 46.2* | 46.2 | 15.4 | 46.2* | 30.8 | 38.5* | 15.4* | 23.1* | 31.3 |
| | 합계 | 53.3* | 40.7* | 17.0* | 46.7* | 24.7* | 40.7* | 8.2* | 26.4* | 33.1* |

* p<0.5

출처 : 환경청(1984).

1985년에 사회문제로 부각된 온산병에 대해 정부는 아직도 공해병으로 공식 인정을 하지 않고 있다. 그에 따라 20년 가까이 환경오염에 따른 질환을 앓아 온 온산주민들은 치료혜택이나 피해 보상은 전혀 받아보지 못한 채 점차로 자연적 수명을 다해가고 있는 실정이다. 2002년 4월의 심층면접 결과 온산공단에서 이주한 덕신주민 가운데 환경오염지역 이주사업 당시 공해병에 대해 인식하고 있었던 비율은 90.9%로 압도적이었다. 이들에 대한 대책으로 심층면접 대상자들은 45%가 정기적 건강진단 등 치료혜택을 손꼽았고 15%는 경제적 손실보상, 10%는 정신적 피해보상을 언급했다. <사례 VI-2>를 보면 지금까지 온산병에 대한 개별적인 피해보상의 요구가 진행된 적은 있었지만, 그 혜택이 소수, 소액에 그쳤음을 알 수 있다.

<사례 VI-2> 온산병에 대해 이주 당시에는 신체적 피해보상이 없었다. 그러나 1990년대 초반에 당시 온산면 농협조합장을 위시하여 공해병이 심한 농협 조합원들이 변호사를 통해 온산공단 주변 업체에게 신체적 피해보상을 요구한 적은 있었다. 그 결과 법정에서 승소하여 1인당 십몇만원씩을 보상을 받았다. 그 때 온산공단 업체들에서 보상 요구자의 숫자를 줄이기 위해 공해로 인한 건강피해가 있는 농협 조합원에게 법정 소송을 하지 말도록 권유하고 다녀, 원래 신체적 피해보상 요구자가 900명이 넘었는데 1/3은 중도 포기하기도 했다(방도에서 이주한 전 이장 면접결과).

### (2) 최근의 시점

<표 VI-5>는 온산공단에서 이주한 주민에 대한 1999년 조사에서 환경오염지역 이주사업 이후 거주지 환경과 건강상태의 변화를 설문한 결과이다. 여기에서 평균값은 매우 만족 2점, 만족 1점, 불만 -1점, 매우 불만 -2점을 주어 계산된 것이다. 그 결과 덕신지역이나 온산공단 내부에 위치한 이진리, 우봉리 모두 환경오염 정도에 대한 불만의 비율이 높고, 주민의 건강상태도 만족스럽지 못한 것으로 나타난다. 특히 온산공단의 환경오염 때문에 이주단지로 조성된 덕신지역이 1986년 이후 공단확장 때문에 오염도가 가중되고 있다는 사실은 부적절한 입지선정이라는 명백한 정책적 과오라고 밖에 볼 수 없다. 그리하여 애초에 온산병 환자가 아니었던 주민들도 덕신에 이주한 이후 명백한 공해병에 시달려 왔다고 볼 수 있다(<사례 VI-3> 참조).

<표 VI-5> 동네의 환경오염도 및 건강상태에 대한 만족도(1999)

단위 : 평균점수(사례수)

| | 동네환경 오염정도 | 건강상태 |
|---|---|---|
| 덕신지역 | -1.0000(9) | -.3846(13) |
| 이진리 | -.5714(7) | -.3750(8) |
| 우봉리 | -.6250(16) | -.3158(19) |
| 합계 | -.7188(32) | -.3500(40) |

자료: 김재홍 외(1999)의 원자료 재구성.

<사례 VI-3> 온산공단 주변에 살 때는 몰랐는데 덕신으로 이주한 직후 해소 천식이 생겼고 15년이 지난 후 폐암으로 발전되었다. 공단이 생기기 전 온산에서 선대 때는 일찍 돌아가셨어도 신경통이나 피부병, 폐암 같은 것은 없었다. 현재 공단 주변 농지에서 발생하는 농작물의 수확 피해에 대해서는 온산공단업체협의회에서 매년 일정한 보상을 하고 있다. 하지만 공해로 인한 사람의 건강 피해에 대해서는 이주 당시는 물론이고 한번도 보상을 받은 적이 없다. 이것은 인간이 벼나 사과, 배 같은 식물보다도 못한 존재라는 대우이며 인간의 존엄성을 무시한 처사이다(목도에서 이주한 70대 주민 면접결과).

물론 환경오염지역 이주사업을 경험한 주민들은 정도의 차이일 뿐이지 1970년대 후반부터 공해에 노출되어 왔기 때문에, 덕신이 이주단지로 조성된 이후 외지에서 유입된 주민보다 건강의 취약함이 두드러진다. 이주를 경험한 주민의 경우 신체적 이상이 있는 비율이 62.5%인데 반해, 단지 조성 이후 유입된 외지출신 주민의 그 비율은 27.1%에 그치고 있다. <표 VI-6>을 보면, 각종 질환 가운데 위장병을 제외하고 눈병, 두통, 신경통, 심장질환, 피부병 등의 유병률은 모두 환경오염지역 이주사업을 경험한 주민에게서 더 높음을 알 수 있다.

<표 VI-6> 환경오염지역 이주사업 경험자와 이후 유입주민간의 각종 질환 유병률(1999)

단위 : %(사례 수)

| | 눈병 | 두통 | 신경통 | 심장질환 | 위장병 | 피부병 |
|---|---|---|---|---|---|---|
| 이주경험 주민 | .2800 (25) | .7600 (25) | .6400 (25) | .3200 (25) | .3200 (25) | .3200 (25) |
| 이후유입 주민 | .1250 (16) | .5000 (16) | .4375 (16) | .2500 (16) | .3750 (15) | .2500 (16) |
| 합계 | .2195 (41) | .6585 (41) | .5610 (41) | .2927 (41) | .3415 (41) | .2927 (41) |

자료: 김재홍 외(1999)의 원자료 재구성.

## 2) 경제적 상태

### (1) 공단조성 이후 환경오염지역 이주사업 단계

경제적 삶의 질 가운데 자산 증식을 가져오는 일시적인 금전적 보상도 중요하지만, 좀더 핵심적인 것은 지속적인 소득의 원천이 되는 안정적 고용의 확보라고 할 수 있다. 앞서 보았듯이 온산공단 주변 주민들은 정부의 환경오염지역 이주사업 발표와 동시에 취업 보장과 직업훈련을 요구했다. 그러나 환경오염으로 농수산물의 생존이 어려운 상태에서 오랜 기간 농어업에 종사해 온 온산지역 주민이 기존의 직업을 유지할 수 있는 기회는 제한되어 있었다.[9] 게

9) 환경청(1984)의 조사에 의하면, 울산석유화학공단과 온산공단 주민 가운데 현재 직업을 바꾸겠다는 비율은 20.5%에 그치는 반면에 바꾸지 않겠다는 비율은 53.4%나 되었다. 이렇듯 농어업 기술 외에 별다른 고용능력(employability)이 없는 온산주민들은 덕신 이주 후에도 마땅한

다가 재취업을 위한 직업훈련이나 이주단지에서의 신규 고용 등을 얻어내지 못함으로써, 공단 조성 이전에 특히 어업으로 비교적 풍족한 생활을 누렸던 온산 주민들은 공단조성 이후 타격을 받았던 생업에 대해 이주와 동시에 아예 접을 수밖에 없게 되었다(<사례 VI-4> 참조).

<사례 VI-4> 이주 때문에 발생한 문제 중 가장 심각한 것은 취업대책이었다. 어업을 계속하는 것이 바람직하나 어촌계 자체가 소멸되어 다른 어촌에 가서 어업을 계속하는 것 자체가 불가능했다. 농사나 어업에만 종사했기 때문에 덕신에 온 뒤 마땅한 직업 없이 15년을 살아온 사람들이 태반이다. 중년의 나이에 덕신으로 이주한 주민들은 공단업체 경비로 많이 취업했고 아주머니들은 기업 구내식당에서 많이 일해 왔다. 당시 철거할 때 기술을 가르쳐서 공장 취업을 시켜주겠다는 구두 약속도 있었으나, 서류 근거를 만들어 놓지 않아 공수표로 끝났다(이진에서 이주한 60대 주민 면접결과).

환경오염에 따른 온산공단 주변 주민의 피해는 거주지 단위의 건강 손상뿐만 아니라 생업의 고용 근거를 박탈하는 경제적 차원도 포함한다. 그렇기 때문에, 이주에 따른 보상에서 토지, 건물에 대한 직접보상은 물론 영농, 어업의 권리 포기에 대한 간접보상도 매우 중요하다고 볼 수 있다. 하지만 <사례 VI-5>와 <표 VI-7>에

---

일자리가 없어 이진리, 우봉리 등 아직 신규업체가 들어서지 않은 공단 지역에서 양식업, 어업 등으로 생계를 꾸리기도 했다.

서 보듯이 토지, 건물, 영업권에 대한 이주보상은 매우 불만스러운 것이었다. 이주하는 시점에서 철거거주지에 신규업체가 입주할 계획이 있는 경우 조기이주비 100만원이 추가로 주어졌지만, 이 또한 공단업체가 부담한 영업권 간접보상의 연장선 위에서 보면 충분한 보상에 미치지 못한다고 평가될 수도 있다. <표 VI-7>의 점수는 매우 만족 2점, 만족 1점, 불만 -1점, 매우 불만 -2점을 평균한 결과이다.

<사례 VI-5> 당월리에서 택지 200평의 집에 농사와 함께 미역양식을 크게 하고 잘 살았다. 그런데 갑자기 공단이 생기고 폐수로 양식의 피해가 생기던 중 5공화국 때 집단이주를 하라고 해서 국가정책에 협조하는 차원에서 철거에 응했다. 당시 택지는 평당 5만원의 보상이 있었고 농작물 보상이나 어업권 포기에 대한 간접보상도 미미한 수준이었다. 또 본산에서 살고 있던 택지 평수와 상관없이 덕신에서 일률적으로 70평의 땅을 받은 것도 억울하다고 생각한다. 덕신으로 와서 자녀들 다 결혼시키고 일정한 직업없이 약값으로 돈을 쓰다보니 남은 재산은 30평 짜리 연립 전세금 뿐이다. 그래도 주민들이 투쟁을 벌였기 때문에 간접보상도 반년치를 더 받고 이주지역에 입주할 공장으로부터 조기이주비 100만원을 받았다고는 생각한다(당월에서 이주한 70대 주민 면접결과).

<표 VI-7> 환경오염지역 이주사업 당시의 보상에 대한 만족도(1999)

| | 농업권, 어업권 등에 대한 간접보상금액 | 철거지역 토지건물 보상금액 | 입주공장의 조기 이주비 |
|---|---|---|---|
| 덕신지역 | -1.2308<br>(13) | -.6154<br>(13) | -1.3846<br>(13) |
| 이진리 | -2.0000<br>(8) | -2.0000<br>(8) | -1.8750<br>(8) |
| 우봉리 | -1.6842<br>(19) | -1.5789<br>(19) | -1.6316<br>(19) |
| 합계 | -1.6000<br>(40) | -1.3500<br>(40) | -1.6000<br>(40) |

단위 : 평균점수(사례수).
자료: 김재홍 외(1999)의 원자료 재구성.

(2) 최근의 시점

환경오염지역 이주사업이 시행된 지 15년 이상이 지난 현재에도 주민의 경제생활에서 가장 심각한 문제는 일자리 확보에 대한 것이다. <표 VI-8>은 <표 VI-5>와 같은 방식으로 계산된 1999년 시점의 경제적 생활에 대한 주민 만족도를 나타낸다. 이주 후의 재산가치 상승은 물론 일자리 확보에 대한 의식은 <표 VI-5>에서 본 동네 환경오염도, 건강상태에 대한 평가보다도 부정적임을 알 수 있다. 온산공단 주변의 환경오염과도 관련되는 것이지만, 재산가치의 상승에 대해서도 불만의 정도가 높고, 일자리 확보를 둘러싸고는 그 강도가 좀더 센 편이기 때문이다.

그렇다면 마지막으로 온산공단 조성 이전(25년 전 이전), 조성 이후 이주하기 이전(15-25년 전), 1992년 당시(10년 전), 현재 등 네 가지 시점에서 덕신 주민의 주관적 계층 인식은 어떻게 변화해 왔는지 알아보자. <표 VI-9>는 상층 2점, 중상층 1점, 중하층 -1점,

하층 -2점으로 주관적 계층에 평가 점수를 주어 평균한 값을 직업별로 비교한 결과이다. 우선 현재 시점에서 심층면접 대상자인 덕신 주민 22명 전체의 계층 인식은 중간층과 중하층 사이에 걸쳐 있는 셈이다. 그리고 직업별로는 공무원의 경우 정확히 중간층으로 평가하는 반면에, 자영업, 주부로 갈수록 중하층으로의 귀속의식이 높아지며 무직의 경우 스스로를 거의 하층으로 인식하고 있다.

<표 VI-8> 재산가치 상승 및 일자리 확보에 대한 만족도(1999)

| | 재산가치의 상승 | 일자리 확보 |
|---|---|---|
| 덕신지역 | -.5385<br>(13) | -.3846<br>(13) |
| 이진리 | -.6250<br>(8) | -1.1250<br>(8) |
| 우봉리 | -.8947<br>(19) | -1.0526<br>(19) |
| 합계 | -.7250<br>(40) | -.8500<br>(40) |

단위 : 평균점수(사례수).
자료: 김재홍 외(1999)의 원자료 재구성.

<표 VI-9> 직업별 과거 시점과 비교한 현재의 주관적 계층 인식(2002)

단위 : 평균점수(사례수)

| | 공단조성 전 | 공단조성 후 | 십년전 | 현재 |
|---|---|---|---|---|
| 무직 | -.2500<br>(4) | -.2500<br>(4) | -.5000<br>(4) | -1.7500<br>(4) |
| 자영업 | .6923<br>(13) | .4615<br>(13) | .1538<br>(13) | -1538<br>(13) |
| 공무원 | .0000<br>(2) | .0000<br>(2) | .0000<br>(2) | .0000<br>(2) |
| 주부 | 1.0000<br>(3) | 1.0000<br>(3) | -.6667<br>(3) | -.6667<br>(3) |
| 합계 | .5000<br>(22) | .3636<br>(22) | -.0909<br>(22) | -.5000<br>(22) |

자료: 2002년 4월 심층면접 결과의 계량화.

이러한 주관적 계층인식 점수를 25년 전 이전, 15-25년 전, 10년 전과 비교해 보면, 전체적으로 공단 조성 이전인 25년 이전 시점에는 중상층과 중간층 사이에 있었던 것으로 평가하고 있다. 그러던 것이 공단 조성에 따라 점차 중간층으로 하강하여, 10년 전인 1992년 시점에서는 정확히 중간층 수준으로 근접한다. 그런데 1992-2002년 간 최근 10년에 대해 평가한 주관적 계층의 하강 폭은 위의 1978년 이전에서 1992년 사이 비교적 긴 기간에 인지된 하강 폭과 거의 비슷하다. 이는 온산공단 주변 주민의 경제생활은 공단이 조성되고 덕신지역으로 이주한 직후보다는 최근 10년 동안 더욱 악화되어 왔음을 암시한다.

### 3) 공동체적 상태

#### (1) 공단조성 이후 환경오염지역 이주사업 단계

공단 조성과 환경오염지역 이주사업에 따른 공동체의 변화는 신체적, 경제적 상태의 피해에 비해 부차적으로 인식될 수 있다. 그러나 주민의 건강이나 고용, 거주의 기반이 지역공동체에 놓여져 있다는 차원에서 볼 때, 과거의 이웃 관계망이나 생활만족도 수준이 이주단지로 얼마나 연결되는가를 살피는 작업은 의미 있는 사회학적 관심사라 할 수 있다. 먼저 김재홍 외(1999)의 조사에서 덕신 주민 9명에 대해 과거 온산공단 내 거주지에서의 이웃관계와 이주단지에서의 새로운 이웃관계를 비교하도록 한 설문 결과를 보면, 덕신에서 새로 사귄 이웃이 더 친밀하다는 반응이 11.1%, 똑같다는 반응이 22.2%인데 비해 과거 공단내 마을에서의 이웃관계가 더 친밀했다는 응답이 66.7%로 이보다 많은 2/3을 차지하고 있다.[10)]

<표 VI-10> 연령별 과거 시점에서의 지역생활 만족도(2002)

단위 : 평균점수(사례수)

| | 공단조성 전 | 이주 전 | 이주 후 |
|---|---|---|---|
| 30대 이하 | 1.5000<br>(2) | -.5000<br>(2) | -1.0000<br>(2) |
| 40대 | 1.1429<br>(7) | .1429<br>(7) | .4286<br>(7) |
| 50대 | 1.7500<br>(4) | .0000<br>(4) | -.7500<br>(4) |
| 60대 이상 | 1.3333<br>(9) | .7778<br>(9) | -.8889<br>(9) |
| 합계 | 1.3636<br>(22) | .3182<br>(22) | -.4545<br>(22) |

자료: 2002년 4월 심층면접 결과의 계량화.

한편 <표 VI-10>은 2002년 4월에 22명의 덕신 주민에게 과거의 지역생활 만족도를 세 가지 시점에서 비교하도록 하여 집계한 것이다. 이 때 점수는 매우 만족 2점, 만족 1점, 불만 -1점, 매우 불만 -2점을 평균한 결과이다. 전체적으로 공단 조성 이전에는 매우 만족과 만족 사이, 공단 조성 이후 환경오염지역 이주사업 직전에는 중간 수준과 만족 사이, 이주 후에는 중간 수준과 불만 사이의 지역생활을 영위해 온 것으로 평가된다. 그러한 생활만족도 변화의

10) 2002년 4월의 심층면접 결과를 보더라도, 현재 이웃과의 친밀도 점수(매우 친밀 2점, 약간 친밀 1점, 별로 친밀하지 않음 -1점, 전혀 친밀하지 않음 -2점의 평균값)는 1.09점인 데 반해 과거 공단내 지역에서의 이웃친밀도 점수는 1.90점으로 훨씬 더 높게 집계된다.

한 근거로서, <사례 VI-6>은 시골인심이 살아 있던 과거 온산지역의 마을 생활을 보여준다.

<사례 VI-6> 과거 온산공단지역에 살 때는 누가 누구집 아들, 손자라는 것을 다 알고 인사하고 살았다. 그리고 모든 시골 풍경이 그렇듯이 이웃끼리 거리낌없이 대문도 없이 왕래하면서 정겹게 살았다. 겨울에는 예고없이 옆집을 방문하고 이야기를 나누다가 밤이 깊으면 그냥 그 집에서 자고 아침에 집으로 들어가는 일이 비일비재했다. 그런데 덕신은 도시도 아니도 농촌도 아닌 어정쩡한 고립지역이다. 학교 다닐 때는 부산에 있었는데 아주 대도시로 된 경우에는 그래도 예절과 규칙이 잘 잡혔다고 기억된다. 지금 덕신은 이주민과 외지인이 뒤섞여 농촌인심도 찾아 볼 수 없고 도시의 편리함도 없는 뜨내기 동네이다(산암에서 이주한 50대 주민 면접결과).

(2) 최근의 시점

<표 VI-11>은 <표 VI-5>, <표 VI-8>과 같은 방식으로 조사한 1999년 시점의 공동체 생활에 대한 평균 점수를 나타낸다. 전반적으로 <표VI-8>에서 본 현재 시점의 경제적 상태에 대한 평가보다는 덜 부정적이나, 온산공단 주변 주민의 동네 인심과 편의시설에 대한 불만 정도가 높음을 보여주고 있다. <사례 VI-7>에서 온산공단에 속한 달포 출신인 온산읍장의 면접 결과를 보면, 덕신 이주단지가 형성된 지 15년을 넘기면서 공단 이주민과 이후 외지 유입 주민간 관계도 개선될 가능성을 읽을 수 있다. 그러나 공단 주변의

지역 특성 상 외지인의 전출입이 잦은 유동성 탓에 예전만한 인심을 회복하기는 힘들 것으로 판단된다.

<표 VI-11> 동네 인심과 편의시설에 대한 만족도(1999)

단위 : 평균점수(사례수)

| | 동네의 인심 | 동네의 편의시설 |
|---|---|---|
| 덕신지역 | -1.2500<br>(12) | -.2308<br>(13) |
| 이진리 | -.3750<br>(8) | -.7500<br>(8) |
| 우봉리 | -.2105<br>(19) | -.3684<br>(19) |
| 합계 | -.5641<br>(39) | -.4000<br>(40) |

자료: 김재홍 외(1999)의 원자료 재구성.

<사례 VI-7> 현재 덕신리 주민의 30% 정도가 이주민이다. 전체의 70%를 차지하는 외지인과의 관계는 덕신 형성 초기에는 좋지 않았으나 최근에는 좋아지고 있다. 본인도 달포 출신인데 이주민 300세대 중 100세대는 시내로 이주했고 200세대만 덕신에 살고 있다. 매년 달포 향우회에서 행사를 할 때는 시내로 이주한 주민들도 덕신으로 와서 함께 고향 이야기를 나눈다. 이주민이 노령화되면서 많은 분들은 돌아가셨다. 현재 덕신 인구가 감소하고 있는 것은 주변에 괜찮은 중고등학교가 없어 많은 주민들이 자녀교육 때문에 시내로 이주하기 때문이다. 또 실제로는 덕신에 거주하고 있는데 자녀의 학교 문제 때문에 주민등록만 울산시내로 옮겨 놓은 경우도 꽤 많다(달포에서 이주한 온산읍장 면접결과).

읍장의 평가대로 덕신 이주단지의 시설 가운데 가장 취약한 것 가운데 하나가 학교이다. 그런데 교육시설의 문제는 50대를 넘긴 주민이 대부분인 공단 이주민보다는 이주단지 조성후 유입된 외지 출신 주민에게 좀더 큰 관심사라 할 수 있다. 이렇듯 덕신지역에서 환경오염지역 이주사업의 기억이 더욱더 먼 과거로 되면 될수록 유입민의 인구구성비가 계속 늘어나 공단에서 이주한 주민을 찾아보기 어려울 날이 올지도 모른다. 여기에 끝으로 분단이 아니라 산업화에 의해 실향민이 된 온산공단 주변 주민의 심경을 <사례 VI-8>로 정리해 놓기로 한다.

<사례 VI-8> 아무리 공해가 심하다고 하지만 온산의 고향, 옛날에 살던 곳이 그립다. 원래 온산은 울산공단의 배후지로 자연환경이 수려한 농촌으로 보전했어야 하는데 국가의 경제개발에 우리 주민이 희생한 꼴이 되었다. 공단만 없었으면 농사, 어업으로 이주민들은 경제적으로도 부유한 삶을 살았을 것이다. 지금도 언덕배기만 넘으면 옛날 고향인데, 코앞에 두고서도 실향민 신세가 되어버렸다. 그래도 추석 같은 명절에 성묘 갔다가 그 옛날 고향에 가면 이미 펄프 공장으로 변해 버려 흔적을 찾을 수는 없지만 바닷물은 그대로 있어서 기분이 좋다. 8대째 살았던 고향을 잃어버린 이 망향의 심정을 겪어보지 못한 사람은 모를 것이다(당월에서 이주한 70대 주민 면접결과).

## 5. 맺음말

공단 조성과 환경오염지역 이주사업은 주민생활에 어떠한 영향을 미쳐 왔는가? 이 글의 결론은 온산공단 주변 주민의 삶의 질이 신체적, 경제적, 공동체적 측면에서 총체적으로 파괴되어 왔다는 한 줄로 요약된다. 이러한 성찰은 시장 논리에 힘입어 현재의 국가 경제 성장이라는 '공익'을 내세우지만 미래의 '공해'를 내재하는 숱한 산업 개발의 환경적 결과를 다시금 일깨우는 것이다. 또한 헤게모니에 의해서든 강제에 의해서든 20세기에 관행화되었던 국가라는 공공부문에 의한 개인 이익의 포기가 더 이상 합리화되어서는 안 된다는 교훈도 얻을 수 있다. 그리고 투기적 토건업자의 이해관계를 대변하는 '모든 개발은 선'이라는 이데올로기에 대항하여, '보전만이 삶의 질 확보의 보루'라는 원칙이 필요함을 확인할 수 있다.

이에 덧붙여 이 글의 실용적 의의를 정책적 차원으로 연장시켜 보기로 한다. 환경오염지역 이주사업에 대한 분석 결과에서 얻을 수 있는 구체적 함의는 무엇보다 환경오염으로 거주지가 철거된 곳에 신규 공장이 입주하는 사업 방식은 지양되어야 한다는 데에 있다. 또한 이주단지의 환경오염 가중까지 문제가 되는 현실에 비추어, 온산공단과 같은 대기특별대책지역에 대해 환경오염방지사업을 의무적으로 시행하게 하고 철거이주지역을 녹지로 확보하도록 만드는 법제도적 개정이 요구된다고 하겠다.

다시 말해 덕신과 같은 공단주변 환경오염 지역의 문제 해결을 위해서는 환경개선과 생활편의 증진을 위한 투자가 요청된다고 말할 수 있다. 그러나 현재와 같은 중앙정부 중심의 경직된 환경관련 재원배분구조 아래서는 이를 위한 재원 마련조차 쉽지 않을 것이다. 따라서 여기서는 끝으로 환경오염 지역에 대한 환경투자 및 생활편의시설 설립을 위한 자금조성의 방안에 관한 나름대로의 정책적 대안을 제시하도록 한다.

환경정책의 수단에는 직접규제(인허가 및 각종 기준의 설정)와 경제적 수단(부과금, 조세 등), 자발적 행동(기업의 자발적 환경투자) 등이 있다. 그 가운데 경제적 유인제도로 우리나라에서는 1983년에 대기 및 수질 배출부과금제도, 1992년에 건물 및 경유자동차에 대한 환경개선 부담금을 도입하여 시행 중에 있다. 그러면 이러한 두 가지 경제적 수단을 중심으로 온산공단 주변 지역의 환경 개선을 위한 재원 조성방안을 논의해 보자(김재홍 외, 1999).

1997년 현재 우리나라 전체의 대기 배출부과금 중 울산.양산 지역에서 발생되는 금액은 10%인데, 그 가운데 울산 및 온산공단의 부과금이 대부분을 차지하고 있다. 또한 1997년 현재 전국의 환경개선부담금 가운데 울산에서 발생되는 금액은 1.5%로 배출부과금에 비해서는 낮은 비율이라고 할 수 있다. 그 이유는 당연한 것이지만 전국의 대기오염 배출량에서 울산이 차지하는 비율이 일반건물이나 경유자동차의 전국대비 비율보다 크기 때문이다. 그런데 주목해야 할 것은 현행 법제도 아래서도 환경개선비용부담법 제11-14조를 보면, 국가, 지방자치단체, 환경관리공단 등이 환경오염이 심화되어 있는 경우 녹지조성, 주민이주 등을 위해 환경오염방지사업을 시행할 수 있고 이를 위해 환경오염방지사업비용부담금을 징수 할 수 있도록 규정되어 있다는 점이다.

이제 앞서 살핀 대기 배출부과금과 환경개선 부담금 제도의 문제점을 진단하고 앞으로의 개선 방향을 검토하도록 한다.[11] 현행 법체계 아래 환경개선특별회계법 제4조에 의하면, 환경개선부담금, 생태계보전협력금 등에는 특별 용도가 지정되어 있는 반면 배출부과금의 용도는 규정되어 있지 않다. 하지만 환경개선부담금의 발생지역에 대한 징수교부 논리와 마찬가지로, 오염물질이 배출된 지역에서 징수된 배출부과금은 해당 지역의 오염개선을 위해 재투자되는 것이 논리적으로 타당하다. 즉 '부과금 발생지역 환경개선 우선 원칙'을 적용하여 환경개선 특별회계법을 개정함으로써, 대기 배출부과금의 일정 비율을 오염이 발생되는 공단주변 주민에 대한 환경개선 투자와 생활편의시설 건립에 사용하도록 해야 할 것이다.

더욱 근본적으로는 환경정책기본법 제5조와 제7조에 규정되어 있는 사업자의 책무와 오염원인자의 비용부담 책임을 더욱 강화시켜, 기업에 대한 환경정책의 경제적 수단을 재정비해야 할 것이다. <표 VI-2>에서 보았듯이 울산.온산공단의 환경오염지역 이주사업에서 원인제공자인 기업의 부담은 너무 소규모였다. 그러므로 환경오염 민원지역에 대한 투자재원은 배출부과금 제도의 개선을 통해서뿐만 아니라, 생산성을 지나치게 저해하지 않는 선에서 주변 업체들로부터 추가로 마련될 수 있도록 법제도적 보완이 뒤따라야

11) 울산광역시 정부는 환경개선부담금 제도의 문제점을 인식하여 10%로 되어있는 지자체에 대한 징수교부율을 50%로 올릴 것을 건의 중에 있다(울산광역시. 1999). 그러나 울산 및 온산공단에서 주로 징수되는 배출부과금의 경우 울산환경출장소가 관리하는 관례로 인해 울산광역시가 징수교부금의 인상을 건의하고 있지는 않다.

할 것이다.

현재 울산·온산공단은 환경정책기본법 제22조에 의한 대기특별대책지역으로 관리되고 있다. 그러나 특별대책지역의 관리가 공단업체에 대한 규제에 치중되어 있을 뿐, 오염지역 주민을 고려한 환경개선이나 녹지 형성의 대책은 전혀 없는 형편이다. 따라서 특별대책지역의 경우 환경개선비용부담법에 규정된 환경오염방지사업을 의무적으로 시행하도록 제도를 개선해야 할 것이다. 왜냐하면 가장 단순히 말해 온산공단 주변의 덕신과 같은 지역의 문제, 더 나아가 울산, 여수 등 공업도시의 전반적 환경문제가 우리나라 전체의 성장을 위한 중앙정부의 공업화 정책에 따른 부산물이기 때문이다.

마지막으로 이러한 현행 법체계의 개선과 아울러, 더욱 근본적인 차원에서는 환경정책이 지금처럼 오염물질별 업체 단속과 규제에 그치는 것이 아니라, 주민의 삶의 질 확보라는 틀에서 재조정되어야 할 것이다. 그런 흐름에서 환경민원을 조정하고 환경정책 집행의 실효성을 확보하기 위해 일본에서 시행되고 있는 '환경피해보상법'이 우리나라에서도 시급히 제정될 필요가 크다. 그리하여 온산공단 주변지역의 환경개선투자나 온산병을 앓고 있는 피해주민에 대한 보상 또한 더 늦기 전에 이 법에서 체계적으로 규정되어야 할 것이다.

제VII장

# 공단 주변 주민의 환경태도와 환경운동

- 울산과 여수에서의 이주요구를 중심으로

## 1. 문제의 제기

한때 석유화학공단에서 피어오르는 검은 연기와 휘황찬란한 야경이 국가에 희망과 발전을 가져다주는 아름다움으로 찬양된 적이 있었다. 이제 세기가 바뀌어 탈근대의 정보주의가 득세하게 된 지금, 근대화의 상징이었던 울산의 공업탑은 교통체증 때문에 철거 위기에 처해 있고 여수의 공단주변에는 '아름다운 야경 불빛, 알고 보니 죽음의 불빛'이라는 현수막이 휘날리게 되었다.

새로운 세기의 화두로 떠오르고 있는 '생태담론'이 좀더 튼튼한 체계를 갖추기 위해서는, 산업주의의 그늘에서 환경피해를 겪어 온 공업도시 시민의 의식과 행동에 좀더 눈길을 돌릴 필요가 있다. 지속 가능한 발전이 추상적인 구호에 그치지 않으려면 지속 불가능한 삶의 조건에 처해있는 이들이 환경운동의 대의 아래 조직화되는 것이 중요한 까닭이다. 그런 흐름에서 여기서는 우리나라의 대표적인 석유화학단지를 끼고 있는 울산과 여수의 공단주변 주민을 대상으로 집단이주[1) 요구를 둘러싼 환경운동의 배경과 동학에 대해 살피고자 한다.

생태사회의 구축을 위한 환경운동 형태들에는 전문환경운동과 생태공동체운동 말고도 환경피해 주민들이 주도하는 '환경정의운동(environmental justice movement)'이 포함된다(정준금 외, 1999). 이 운동 형태는 환경악화가 구조적 불평등에 의해 사회적, 공간적으로 차별화되기 때문에, 평등적 사회정의의 실현 없이는 환경문제가 해결될 수 없음을 함축한다. 그런데 평등적 환경정의의 보편성을 획득하지 못한 많은 주민환경운동은 지역이기주의로 매도되기도 하는데, 이를 극복하기 위해서는 개별지역의 생태적 이익을 어떻게 전체 사회적으로 실현할 것인가라는 과제가 남겨져 있다고 하겠다(이득연, 1998). 이 글의 목적 또한 일회성 피해보상운동에 그치기 쉬운 환경정의운동의 지속 가능한 연대를 위해, 공단주변 주민이 지향하는 환경태도와 이주요구 운동의 공통된 특징들과 역사적 차원을 부각시키는 데 있다.

지금까지 울산과 여수의 환경문제에 관한 연구들로는 이창걸(1996), 한상진(1996), 조태진(1996), 조길환 외(1998), 김재홍 외(1999) 등이 이루어져 왔다. 먼저 이창걸(1996)은 울산, 포항, 여천에 대한 설문조사와 심층면접을 바탕으로 공해피해와 이주대책을 다루고 있다. 이 연구는 공단주변의 환경오염 실태를 사회학적으로 검토했다는 의의를 지니지만, 환경피해에 따른 이주문제를 이주단지 조성과 관련한 보상금 지급, 공무원 비리 등의 파생적 차원

1) 이후 이 글에서의 이주(요구)라는 표현은 집단이주(요구)와 같은 뜻으로 사용된다.

으로 국한시키는 한계를 보이고 있다.

한편 한상진(1996), 조태진(1996)은 각각 울산과 여수의 공단 환경문제를 구조적으로 이해하여 새로운 전략을 전망하고 있으나, 그간의 전개과정을 기술하고 있을 뿐 좀더 분석적이고 입체적인 탐구에까지 이르지는 못하고 있다. 더 나아가 조길환·김영곤(1998)과 김재홍 외(1999)의 경우 여천공단과 울산공단의 이주문제를 본격적으로 조명하고 있는데, 이 역시 주민환경운동의 문제의식보다는 정책적 관심에 치우쳐 있다.

이 글은 양 지역의 공단 특성과 환경악화 정도, 초기 이주사업 과정 등을 살피고 공단주변 주민의 일반적 특성, 환경의식과 일상적 환경행동을 비교함으로써 울산과 여수에서의 이주요구 운동의 배경을 파악한다. 그런 다음 울산공단[2], 여천공단 주변 주민의 환경운동 참여도와 이주사업 요구를 종합적으로 검토하여, 초기의 이주사업과 차별화되는 현 단계 이주요구 운동의 논리를 조명하도록 하겠다.

여기에 사용된 자료는 601사례의 설문조사 결과인데, 두 가지 출처에서 얻어진 것이다. 하나는 김재홍 외(1999)가 연구의 일부로 1999년 5월에 울산공단 주변의 이주요구 지역인 선암·상개동, 장생포동, 용암리(오대·오천·신촌마을), 야음1동에 거주하는 300가구에 대해 설문한 것이며, 다른 하나는 필자가 2000년 1월에 본 연구를 위해 여천공단 주변 주삼동, 삼일동, 묘도동, 상암동 등의 301가구에게 별도로 조사한 결과이다. 수집된 자료는 통합된 뒤 SPSS

---

2) 여기에서 울산공단은 울산·미포국가산업단지와 온산국가산업단지를 포함하는 의미로 사용된다.

프로그램에 의해 통계 처리되었다.

## 2. 공단주변의 환경악화와 초기 이주과정

### 1) 울산, 여수의 공단특성과 환경실태

중앙일보(1997)가 전국 73개 도시들을 대상으로 매긴 삶의 질 순위에 의하면, 울산시는 71위, 당시 여천시[3]는 72위로 최하위권을 기록하고 있다. 이러한 사정은 두말할 것 없이 두 도시에서의 석유화학공단 입지에 따른 환경악화가 시민의 안전 및 건강생활을 위협하는 데서 비롯된 것이다.

울산에는 울산·미포공단과 온산공단이라는 2개의 국가산업단지가 있고, 여수에는 여천국가산업단지가 가동되고 있다.[4] 1962년에 울산특정공업지구로 지정된 울산·미포공단의 경우 업체수의 25%가, 1974년에 비철금속제련기지로 형성된 온산공단의 경우에는 37%의 업체가 석유화학제품을 생산하고 있다. 이에 비해 1967년

---

3) 기존의 여수시, 여천시, 여천군은 1998년에 여수시로 통합되었다.

4) 울산·미포공단은 실수요자의 자유입지 형태로 개발되어, 토지이용도의 저하는 물론 용도지구의 무계획적 혼재를 낳았다. 온산공단은 한국수자원공사의 계획입지 형태로 체계적으로 개발된 편이나, 같은 시기에 조성된 안산, 창원 등에 비해 단지내 녹지면적이 절대 부족한 실정이다. 여천공단의 경우 1969년에 호남정유가 기공된 이후 1975년에 여천석유화학단지가 합동으로 착공되었으며, 비교적 최근인 1996년부터 단지의 확장공사가 진행 중에 있다. 동남국가관리공단(1999)과 여천공단환경협의회(1999) 참조.

부터 조성된 여천공단의 입주업체들은 정유, 비료를 포함한 화학 업종들로 100% 구성되어 있다.

<표 VII-1> 울산공단과 여천공단의 현황(1999.8 현재)

| | 분양 면적 (천$m^2$) | 입주업 체수 (개사) | 고용 (명) | 총생산 (억원) | 업체당 면적 ($m^2$/개사) | 1명당생산 (백만원/명) | 석유 화학 업체수 (개사) |
|---|---|---|---|---|---|---|---|
| 울산공단 | 38,098 | 591 | 96,716 | 38,046 | 64,464 | 39 | 167 |
| 울산미포공단 | 26,052 | 442 | 87,158 | 29,927 | 58,941 | 34 | 110 |
| 온산공단 | 12,046 | 149 | 9,558 | 8,119 | 80,846 | 85 | 57 |
| 여천공단 | 21,041 | 84 | 12,250 | 11,937 | 250,488 | 97 | 84 |

출처 : 동남국가관리공단(1999).

<표 VII-1>을 보면, 울산공단의 총면적과 석유화학 업체 수는 여천공단보다 2배 가량 많은 것으로 나타난다. 주목할 만한 것은 여천공단의 업체 당 면적과 종업원 1인당 생산액이 울산공단 전체보다 상대적으로 높은 수준이어서, 석유화학업이 거대한 장치산업으로서 고용효과가 낮음을 암시한다는 점이다.

석유화학공단이 앞서 들어선 울산의 생활환경은 여수보다 빨리 악화될 수 밖에 없었다. 이미 1969년에 한국 알미늄 울산공장이 가동되자마자, 이웃한 삼산 평야의 벼들은 말라죽기 시작했다(구도완, 1996: 148). 온산공단의 고려아연, 효성알미늄 등이 세워진 1978년부터는 이진리, 원산리의 어업 피해가 발견되었으며, 1982년에는 '온산병'이라 불리우는 신경통과 피부병 증세마저 생기게 되었다. 그 결과 1986년에 당시 환경청은 '환경정책기본법'에 의거하여 울산.미포공단과 온산공단을 대기보전 특별대책지역으로 지

정하기에 이르렀다.5)

이에 비해 여천공단 주변의 환경피해는 호남정유가 완공된 1970년대초부터 있었으나, 남해화학이 생산을 시작한 1977년에 본격화되었다고 볼 수 있다. 이 공장으로부터 불과 10미터 떨어진 낙포리에서는 1978년 한해 동안 눈병, 피부병 환자가 708명이나 발생되어, 결국 1981년까지 주민이주가 완료되었다(구도완, 1996: 149). 그리고 1996년 당시 여천시가 한국과학기술원(KIST)에 의뢰한 '여천산단 주변마을에 대한 환경영향조사'의 결과, 해안에서 수은이 검출되는 등 여수의 환경오염 정도가 매우 심각하다는 사실이 알려졌다.6) 그리하여 1996년에 여천공단은 울산에 뒤이은 대기보전특별대책지역으로 추가되었다.

---

5) 그에 따라 취해진 특별종합대책으로는 가스상 물질과 분진에 대한 지역 배출허용 기준의 설정, 벙커씨유의 황함유량 규제, 굴뚝자동측정기의 설치, 굴뚝높이의 조정, 신규업체의 입주 제한 등이 있었다. 환경부(1999) 참조.

6) KIST의 보고서는 여천공단 앞바다에서 수은이 0.286ppb(1ppb는 1/1,000ppm) 검출되었다고 밝히고 있다. 더 나아가 황화수소는 기준치 0.2ppm의 19배인 3.843ppm으로, 벤젠도 최대 48,400ppt(1ppt는 1/1조ppm)로 측정되었다. 그러나 이 내용이 언론에 보도된 직후인 1996년 7월에 실시된 환경부의 합동조사 결과는 수은이 전혀 검출되지 않고 황화수소와 벤젠의 검출량도 각각 최대 9.768ppb, 932ppt로 훨씬 낮은 것으로 발표되었다(김범성, 1998). 하지만 국정감사의 과정에서 1996년 10월에 환경부가 시행한 3차 여천공단 오염실태 조사자료 중 벤젠, 톨루엔 등 일부 휘발성 유기화합물의 측정 결과가 KIST 숫자보다 높게 나오자 고의로 누락시킨 사실이 밝혀지기도 했다(조태진, 1996).

<표 VII-2> 울산과 여수의 대기오염도 현황(1998.12와 1999.1 현재)

| | 아황산가스($SO_2$) (ppm) | 먼지(TSP) (μg/m$^3$) | 오존($O_3$) (ppm) | 이산화질소($NO_2$) (ppm) | 일산화탄소(CO) (ppm) |
|---|---|---|---|---|---|
| 울산 | 0.012 | 65 | 0.017 | 0.023 | 0.8 |
| 여수 | 0.018 | 52 | 0.019 | 0.029 | 0.9 |
| 환경기준 | 0.03 | 150 | 0.06 | 0.05 | 9 |

주 : 울산시의 수치는 1998년 12월 현재 기준이며, 여수시의 경우 1999년 1월 현재를 기준으로 함.
출처 : 울산광역시(1999)와 여수시의회(1999).

<표 VII-2>에 의하면, 최근 울산과 여수의 개별 대기오염 물질의 분포는 모두 환경기준치를 밑도는 양호한 수준으로 나타난다. 이는 대기보전을 위한 특별대책의 효과처럼 보이지만, 두 도시의 일반지역이 아닌 공단주변에서의 총량적인 체감오염도와는 거리가 먼 지표일 수도 있다.[7] 그 밖에 먼지를 제외하고는 대기오염도 면에서 여수가 울산에 비해 좀더 심각한 상태임을 엿볼 수 있다.

한편 울산과 여수의 공단주변 주민들 가운데 절반 가량은 지역사회의 가장 심각한 환경문제로 대기오염을 손꼽고 있지만, 1/3은 악취라는 체감공해를 거론하고 있다(<그림 VII-1> 참조). 그리고 악취에 대한 응답 비율은 울산에서 좀더 높으며, 여수의 경우 해양 및 토양의 오염에 대한 지적이 약간 많다.

7) 공단주변의 개별적인 대기오염도는 전체 도시의 수치보다 높게 나타나는데, 예를 들어 여천공단 주변 삼일동의 아황산가스, 오존은 1998년 현재 각각 0.020ppn, 0.027ppm으로 여수시 전체에 비해 상당히 높은 편이다. 여수시의회(1999) 참조.

<그림 VII-1> 공단주변 주민의 심각한 지역사회 환경문제에 대한 인식

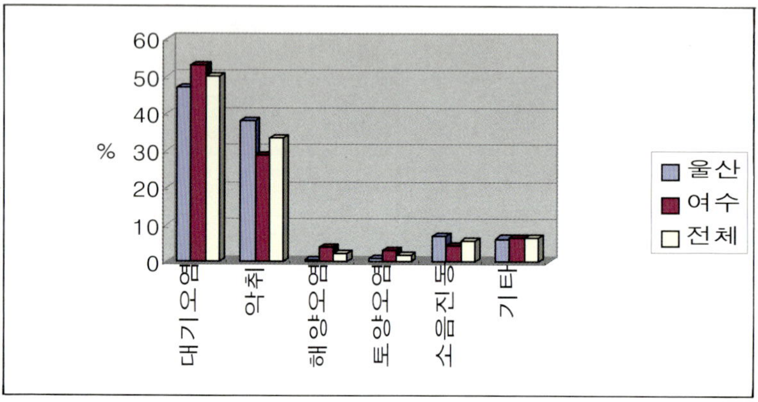


주: $X^2$=17.3($p<0.05$)
출처 : 김재홍 외(1999)와 설문조사(2000).

<그림 VII-2> 공단주변 주민이 느끼는 악취 경험의 정도

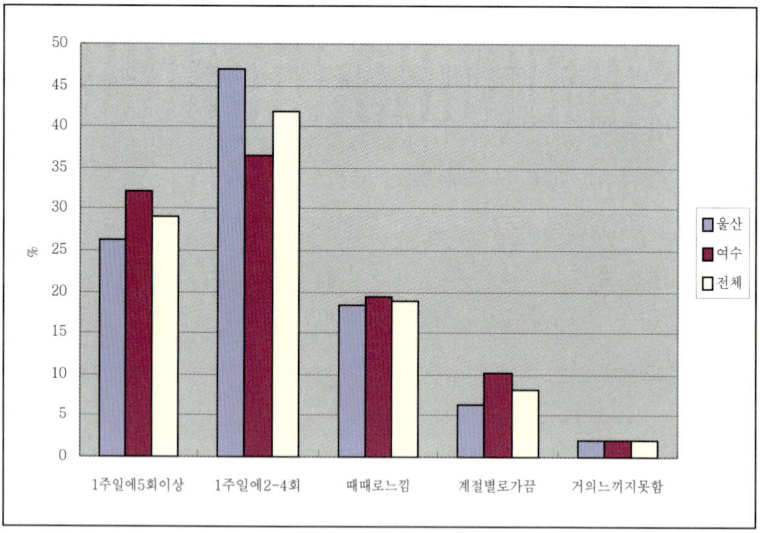


주: $X^2$=8.3($p<0.1$)
출처 : <그림 VII-1>과 같음.

황화수소, 메르캅탄류, 아민류 등 휘발성 유기화합물이 종합적으로 작용한 결과인 악취는 정신적, 생리적 스트레스 뿐만 아니라 메스꺼움, 두통, 식욕감퇴, 호흡곤란, 알레르기 등의 건강피해를 가져온다(한상진, 1996: 36). 조사결과에 따르면, 1주일에 5회 이상 거의 매일같이 악취를 경험하는 비율이 30%에 가깝고 1주일에 2회 이상까지 포함하면 70%의 공단주변 주민이 일상적으로 악취에 시달리고 있는 실정이다(<그림 VII-2> 참조).

### 2) 초기 이주사업의 경과

공단주변 환경악화의 가장 파국적인 결과는 더 이상 주민이 거주할 수 없는 지경이 되어 다른 지역으로 이주하는 사태일 것이다. 울산에서는 공단주변 주민에 대한 집단이주 사업이 울산.미포공단과 온산공단이 조성된 지 각각 19년, 7년이 지난 1981년에 이미 결정되었다. 이에 비해 여수의 경우 공장 입주에 따른 부분적인 개별 이주[8]말고는, 여천공단이 조성된 지 30년이 지난 뒤에야 환경피해 주민의 집단이주가 추진되고 있다.

여기서는 울산공단을 중심으로 초기 이주사업의 과정과 문제점을 살피고자 한다. 이와 같은 검토가 갖는 의의는 이주사업의 경험 없이 이주요구 운동을 벌이고 있는 여천공단 주변 주민들에게 타산지석의 예를 보여준다는 데 있다.

---

8) 그러한 사례로 대표적인 것은 1981년에 시행된 남해화학 주변 낙포리 주민 187 세대에 대한 이주사업이었다. 이 때의 이주보상은 토지비용만 국가가 지불하고, 나머지 건물비용, 간접보상, 이주대책비 등을 기업이 모두 부담했다는 특징이 있다. 조길환 외(1998: 557) 참조.

울산공단 주변 7,467세대를 대상으로 한 집단이주는 온산병이 사회문제로 널리 알려진 1985년에 사업시행이 공고되어 본격적으로 추진되기 시작했다.[9] 여기에 포함된 지역은 울산.미포공단의 여천, 매암, 부곡, 황성, 용연, 선암동 등 6개 동이며, 온산공단의 당월리, 이진리, 우봉리 등 15개 마을이었다(김재홍 외, 1999: 57). 1998년 말 현재 이 가운데 이주를 완료한 세대는 전체의 93.3%인 6,970세대이고, 6.7%인 497세대만 아직 이주를 하지 않고 있다.[10] 어쨌든 시행 후 15년을 경과한 울산공단 주변 주민에 대한 1차 이주사업은 마무리 단계에 접어든 셈이다.

<표 VII-3> 울산공단 초기 이주사업의 비용 내역(1985-99)

단위 : 백만원(%)

| 국비 | 지방비 | 기업체 부담 | 주민 부담 | 계 |
|---|---|---|---|---|
| 176,454(44.9) | 62,964(16.0) | 37,700(9.6) | 116,084(29.5) | 393,202(100.0) |

출처 : 울산광역시(1999).

이주사업의 방식을 보면 토지, 건물의 보상은 중앙정부가, 이주택지의 조성은 지방자치단체가, 영업권에 대한 간접보상비는 기업

9) 물론 이렇게 이주사업이 대통령의 지시 이후 4년만에 시행된 데에는 온산을 중심으로 한 공단주변 주민의 이주요구 운동이 결정적인 역할을 했다고 볼 수 있다. 구도완(1996: 244-267) 참조.

10) 이들 미이주세대 중 307세대는 이미 보상을 받은 상태이고, 190세대만 보상금 협의가 이루어지지 않고 있다. 보상금 협의가 되지 않고 있는 190세대는 울산공단 112세대와 온산공단 78세대이며, 주거보유 상태로 보면 가구주 69세대, 세입자 121세대로 구성되어 있다(울산광역시, 1999).

이 감당하도록 되어 있었다. 그 밖에 주택 건축 등의 나머지 비용은 주민 스스로의 부담으로 남겨졌다. 한편 1999년까지의 사업비 조성내역을 볼 때(<표 VII-3> 참조), 국비가 거의 절반을 차지하고 주민부담금이 약 30%인 반면 기업체 부담금은 10%에 미치지 못함을 알 수 있다.

애초에 울산공단 주변 이주사업의 결정은 환경피해 주민의 요구에 의해서보다는, 울산을 순시한 당시 전두환 대통령의 지시에서 비롯된 것이었다. 이로부터 이 사업의 배경에는 공단주변 주민의 생활불편 해소 외에 공단 부지의 추가 확보라는 의도 또한 깔려 있었음을 추정할 수 있다.[11] 이러한 정책 기조는 주민이 이주한 곳에 새로운 공장을 끌어들여 장기적으로는 총량적인 환경악화를 가중시킨 것으로 비판될 수 있다.[12]

1차 이주사업의 또 다른 문제점은 <표 VII-3>에서 보듯이 영업권 보상과 전업대책을 위한 기업의 부담 몫이 너무 미약했다는 사실이다. 공업도시 환경악화의 원인제공자인 제조업체는 공단주변 주민에 대한 간접보상 수준에 그치는 것이 아니라, 지역사회 전체의 환경보전에도 이윤을 환원시킬 책임이 있다. 하지만 공장 때문

11) 김재홍 외(1999)의 연구에서 울산의 초기 이주사업을 경험한 100가구에 대해 사업의 시행 이유를 물어 본 결과, 가장 많은 47.5%는 기업의 공장부지 확보 목적이라고 느끼고 있고 주민의 요구라는 응답은 27.9%로 상대적으로 소수임을 알 수 있다.

12) 1984년 당시 울산공단의 이주문제에 관여한 공해문제연구소의 자료를 보면, "이러한 무분별한 공해대책이 여타 공업단지에서도 계속된다면 전국토의 총오염화만 가속화될 것이다.... 무조건 집단이주를 시킬 것이 아니라 공해방지를 위한 종합적이고 구체적인 대책을 먼저 세워야 한다"는 인식이 이미 나타나 있다. 구도완(1996: 254) 참조.

에 생계터전인 논밭과 바다를 떠날 수 밖에 없었던 환경이주민에게조차 기업의 보상액은 새로운 정착지에서 생업을 유지하기에 턱없이 부족한 것이었다.13)

## 3. 공단주변 주민의 환경을 둘러싼 태도

### 1) 공단주변 주민의 일반적 특성

울산공단 주변에서 초기 이주 때 제외된 주민들은 석유화학공단 인근의 장생포동 102세대, 선암·상개동 333세대, 용암리 197세대, 온산공단 인근의 산성마을 39세대 등 모두 671세대이다(울산광역시, 1999: 198). 이들은 1990년대 중반 이후 국민고충처리위원회에 집단민원을 제기하여 이주대책 수립의 시행 권고를 얻어내는 등 활발한 이주요구 운동을 벌여 왔다. 하지만 환경부가 1998년 5월 아황산가스, 불화수소 등 오염물질이 감소되고 있으므로 울산공단 주변의 이주사업을 지원할 수 없다고 회신한 이후, 이주요구의 강도는 다소 주춤해진 상태이다. 그런 가운데 1999년 4월 기존에 추가이주 요구가 없었던 야음1동 주민 570명까지 이주 민원을 제기

13) 울산에서 초기 이주사업을 경험한 100가구에 대해 사업의 효과를 재산가치와 고용, 건강 및 환경, 주거지의 공동체성과 편리성 등의 측면에서 설문한 결과, 가장 나빠졌다고 느끼는 항목은 일자리 여건(-0.94점)이며 그 다음은 재산가치의 변동(-0.78점) 등으로 집계된다. 또한 이주사업의 분야별 불만족 정도는 세입자 대책과 영업권 간접보상에서 가장 높았다. 김재홍 외(1999) 참조.

하게 되면서, 울산공단 주변 주민의 이주요구 운동은 새로운 단계에 접어들고 있다.

한편 여수공단 주변의 이주요구 주민들은 주삼동 935세대, 삼일동 2,182세대, 묘도동 476세대, 상암동 911세대 등 모두 4,504세대로 이루어져 있다. 이들의 이주문제가 본격적으로 대두된 것은 1996년 7월에 KIST의 연구내용이 언론에 보도된 직후 묘도동과 상암동 주민을 중심으로 이주대책위원회가 구성되어 집단시위를 벌이면서부터이다(조태진, 1996: 54). 이와 아울러 여수의 18개 사회운동단체들이 참여한 '여천공단 환경문제 시민대책본부'가 구성되어 즉각 이주와 환경복원 비용의 예산 확보를 요구하기도 했다. 그리하여 1999년에 '여천산단 주변마을 이주계획'이 확정되었는데, 2000-6년의 7년에 걸쳐 월하동, 평여동, 중흥동(두암, 중촌), 적량, 주삼동 일원의 1,671세대를 대상으로 이주를 추진하며 철거지역은 국가산업단지로 추가 지정하도록 되어 있다(여천공단 환경협의회, 1999). 2000년에는 우선 용역설계비 13억 5,400만원으로 산업단지 개발 실시설계가 시행될 예정이다.[14)]

14) 여수시(2000)의 자료에 의하면, 여천산단 주변마을 이주대책의 사업비는 2,871억원이며 그 중 1,613억원은 중앙정부, 852억원은 여수시, 406억원은 입주업체가 부담하도록 계획되어 있다. 지금까지의 추진상황을 보면, 1998년에 실시된 이주대책 기본계획 설계용역에 의거하여 1999년 6월 총리실 주관 관련 5개 부처 차관회의에서 이주사업이 결정되었고 그 해 7월에는 건설교통부를 통해 용역설계비가 예산에 반영되었다.

<표 VII-4> 공단주변 주민의 연령, 교육수준, 직업 분포

단위 : %(명)

| | | 20대이하 | 30대 | 40대 | 50대 | 60대이상 | 계 |
|---|---|---|---|---|---|---|---|
| 연령 | 울산 | 19.3 | 23.7 | 18.3 | 11.7 | 27.0 | 100.0(300) |
| | 여수 | 5.6 | 14.6 | 22.3 | 21.3 | 36.2 | 100.0(301) |
| | 전체 | 12.5 | 19.1 | 20.3 | 16.5 | 31.6 | 100.0(601) |

| | | 무학 | 초졸이하 | 중졸이하 | 고졸이하 | 전문대 중퇴이상 | 계 |
|---|---|---|---|---|---|---|---|
| 교육수준 | 울산 | 15.0 | 16.0 | 12.3 | 40.7 | 16.0 | 100.0(300) |
| | 여수 | 8.5 | 37.5 | 12.3 | 30.0 | 11.6 | 100.0(293) |
| | 전체 | 11.8 | 26.6 | 12.3 | 35.4 | 13.8 | 100.0(593) |

| | | 농수산업 | 판매서비스직 | 전업주부 | 기능공, 막노동 | 사무기술직 | 무직 | 기타 | 계 |
|---|---|---|---|---|---|---|---|---|---|
| 직업 | 울산 | 14.0 | 21.0 | 22.3 | 6.0 | 13.3 | 13.0 | 10.3 | 100.0(300) |
| | 여수 | 29.1 | 20.5 | 19.2 | 8.3 | 2.4 | 15.1 | 5.4 | 100.0(292) |
| | 전체 | 21.5 | 20.8 | 20.8 | 7.1 | 7.9 | 14.0 | 8.0 | 100.0(592) |

주 : 연령은 $X^2=47.5(p<0.01)$, 교육수준은 $X^2=37.9(p<0.01)$, 직업은 $X^2=46.7(p<0.01)$임.
출처 : <그림 VII-1>과 같음.

그러면 위의 이주요구 주민을 모집단으로 한 공단주변 조사대상자의 사회인구학적 특성에 관해 살펴보기로 하자. 먼저 성별 구성 가운데 남성의 비율은 울산 43.3%, 여수 49%로 비슷하다. 연령분포는 여수에서 40대 이상의 고령층이 상대적으로 많이 발견되며, 교육수준은 울산에서 고학력층이 비교적 큰 비중을 차지하고 있다. 직업의 경우 여천공단 주변에서 농수산업, 기능공 및 막노동, 무직의 비율이 좀더 높고, 울산공단 주변에서는 전업주부, 사무기술직, 기타(전문관리직, 학생 등)가 약간 많음을 알 수 있다(<표 VII-4> 참조).

다음으로 생활수준에 대한 주관적 평가는 울산의 경우 상 3.0%,

중 48.0%, 하 49.0%인 반면에, 여수에서는 각각 2.1%, 72.9%, 25.0%로 분포되어 있다. 다시 말해 울산공단 주변 주민들이 스스로를 하류층으로 여기는 경향이 뚜렷한데, 이는 주거형태의 불안정성과 연관된다고 추정된다. 여천공단 주변 주민의 자가소유율은 84.6%인데 비해, 울산에서 그 비율은 67.0%에 그치며 월세 형태도 12.7%로 꽤 높기 때문이다. 게다가 거주주택의 유형도 여수에서는 91.9%가 단독주택인 데 반해, 울산은 단독주택 62.0%, 점포 겸 주택 14.7%, 아파트 12.0%, 연립 및 다세대 11.3%으로 다양하게 분포되어 있다.

### 2) 환경의식과 일상적 환경행동

이제 공단주변 주민의 이주요구와 관련된 환경운동을 본격적으로 살피기에 앞서, 일상적인 환경의식과 환경행태가 어떠한지 검토하기로 한다. 우선 환경보도에 대한 태도를 조사한 결과, 전체적으로 절반인 49.6%가 늘 관심 있게 보고 있어 환경문제에 매우 주의를 기울이고 있음을 나타낸다. 늘 관심 있게 보는 비율은 여수(54.2%)가 울산(45%)보다 높으나 대충 보는 비율까지 합치면 울산과 여수가 각각 85.3%와 86.8%로 엇비슷한 수준이다($X^2$=7.5, p<0.1).

이와 함께 공단주변 주민의 환경에 대한 가치관은 환경관리주의, 생태주의, 환경정의론 가운데 어떤 입장에 가까운지를 검토해보도록 한다.[15] <표 VII-5>를 보면, 국제적 환경정의론과 관련된

15) 환경가치관의 점수는 적극 찬성 2점, 찬성하는 편 1점, 반대하는 편

지표의 평균점수가 가장 높고 그 뒤로는 국내적 환경정의론, 생태주의, 환경관리주의 관련 지표의 순서임을 알 수 있다. 또 여천공단에서는 환경정의론, 생태주의와 관련된 지표에 대한 지지 정도가 더 높고, 환경관리주의 관련 지표의 경우 통계적 의미는 없지만 울산공단에서 약간 더 선호되고 있다.16) 즉 공단주변 주민의 환경가치관은 환경정의론에 가장 친화적이며, 그 정도는 여수에서 약간 더 두드러지는 셈이다. 이는 울산공단과 여천공단의 주민환경운동이 환경정의의 이념 아래 조직화될만한 의식적 조건을 갖추고 있음을 어느 정도 시사하는 것이다.

<표 VII-5> 공단주변 주민의 환경가치관

| | 환경관리주의 | 생태주의 | 국내적 환경정의론 | 국제적 환경정의론 |
|---|---|---|---|---|
| 울산<br>여수<br>(F값) | 0.16<br>0.10<br>(0.37) | -0.11<br>0.75<br>(76.49**) | 0.81<br>1.19<br>(18.86**) | 0.90<br>1.35<br>(35.12**) |
| 전체 | 0.13 | 0.32 | 1.00 | 1.13 |

주 : ** $p<0.01$.
출처 : <그림 VII-1>과 같음.

-1점, 적극 반대 -2점의 4점 척도를 평균한 것이다. 그리고 환경관리주의와 관련해서는 '과학기술이 발달하면 환경문제는 해결될 수 있다'를, 생태주의에 대해서는 '환경보전을 위해서는 경제성장을 늦출 수 있다'를, 환경정의론과 관련하여 국내적 차원에서는 '못사는 사람이 잘사는 사람보다 환경문제로 더 피해를 본다'를, 국제적 차원에서는 '환경문제의 해결을 위해 선진국은 후진국을 많이 도와주어야 한다'를 지표로 삼았다.

16) 그 밖에 '원자력발전은 오염발생이 없는 깨끗한 전력생산방식이다'라는 지표를 통해 핵발전의 청정도 의식을 측정한 결과, 울산이 -0.85점으로 여수의 -0.48점보다 부정적인 것으로 계산된다.

또한 환경문제를 정치적으로 해결하려는 의지 정도를 파악하기 위해, 환경문제 해결을 목표로 한 정당이 창당될 경우의 지지도를 살펴 보았다(<그림 VII-3> 참조). 전반적으로 적극적 지지가 37.1%이고 지지하는 편이라는 응답까지 포함하면 73.9%에 이르는 대다수가 긍정적인 반응을 보이고 있다. 그리고 그 지지의 강도는 공단의 조성 역사와 환경정치의 연륜이 좀더 긴 울산에서 상대적으로 강한 편이다.

그렇다면 이주를 요구할 정도로 생활환경이 열악한 공단주변 주민들은 재활용품 및 무공해 농산물의 구입, 재활용 쓰레기의 분리수거 등과 같은 일상적인 환경행동에 얼마나 적극적일까? <표 VII-6>에서 보듯이 재활용품의 구입경험은 자주 구입 2점, 가끔 구입 1점, 구입한 적 없음 0점으로 계산할 때 0.78점이며, 일반농산물보다 비싼 무공해 농산물의 구입여부는 항상 그렇다 2점, 그런 편이다 1점, 그렇지 않은 편이다 -1점, 항상 그렇지 않다 -2점을 매길 때 -0.1점으로 집계된다. 이에 비해 재활용 쓰레기의 분리수거 참여도는 좀더 활발한데, 철저히 참여 2점, 대충 참여 1점, 별로 참여않음 -1점, 전혀 참여 않음 -2점으로 집계할 경우 평균 점수가 1.3점으로 꽤 큰 셈이다.

<그림 VII-3> 공단주변 주민의 환경정당에 대한 태도

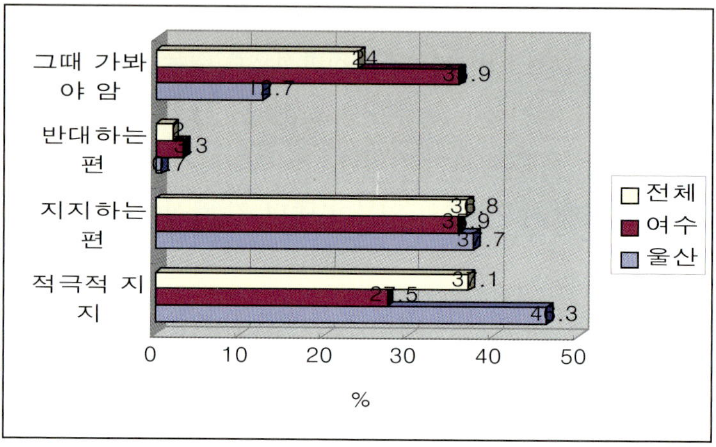


주: $X^2$=52.0(p<0.01)
출처 : <그림 1>과 같음.

<표 VII-6> 공단주변 주민의 환경행동

| | 재활용품 구입경험 | 일반 농산물보다 비싼 무공해 농산물 구입여부 | 재활용 쓰레기 분리수거 참여정도 |
|---|---|---|---|
| 울산<br>여수<br>(F값) | 0.68<br>0.88<br>(16.42**) | -0.46<br>0.26<br>(59.17**) | 2.24<br>2.49<br>(18.81**) |
| 전체 | 0.78 | -0.10 | 2.37 |

주 : ** p<0.01.
출처 : <그림 VII-1>과 같음.

이로부터 공단주변 주민은 경제적 추가부담이 있는 환경친화적 행동보다는 쓰레기 분리수거처럼 부담없는 환경행동에 훨씬 적극적임을 알 수 있다.[17] 또한 지역별로는 하류층에로의 정체성이 높

17) 김재홍 외(1999)가 울산의 일반시민 1,001명을 대상으로 한 조사에서

고 생태주의 의식이 비교적 낮은 울산에서 무공해 농산물 구입과 같은 일상적 환경행동의 정도가 조금 뒤쳐짐을 발견할 수 있다.

## 4. 공단주변 이주요구 운동의 특성

### 1) 공단주변 주민의 환경운동 참여도

울산에서는 여수보다 이주요구 운동을 포함한 환경운동이 좀더 일찍이 발전했다고 볼 수 있다. 온산공단의 주민환경운동을 보면, 이미 1982년에 온산면 이주추진협의회가 결성되었고 1986년에는 이주보상협의회로 이름을 바꾸어 활동이 전개되어 왔다(구도완, 1996: 246). 전문환경운동의 측면에서도 1989년에 준비위원회로 출범한 울산공해추방운동연합이 1991년에 정식으로 발족되었으며, 1993년에는 울산환경운동연합으로 탈바꿈하여 조직력을 강화시켜 왔다.

한편 여수의 환경운동은 1995년의 시프린스호 기름유출 사고와 1996년의 여천공단 환경피해 보도를 즈음하여 활성화되기 시작했다. 전문환경운동단체와 주민환경운동단체 26개의 협의체인 '여수·여천 해양오염 시민대책본부'가 1995년 7월에 구성되었으며(여수·여천 해양오염 시민대책본부, 1996), KIST 조사결과에 대한 환경

---

같은 설문의 평균점수를 계산한 결과, 무공해 농산물 구입은 0.36점으로 공단주변 주민보다 상당히 높은 수준이지만 재활용 쓰레기 분리수거는 공단 주민과 비슷한 1.36점으로 나타난다.

부의 축소 의도에 대응하여 1996년 8월에 결성된 '여천공단 환경문제 시민대책본부'에는 18개 단체가 참여했다. 그 결과 1996년 12월에 여수환경운동연합이 조직되었고, 1998년 12월부터는 지방의제 작성을 위한 '아름다운 여수21' 추진협의회가 활동을 개시했다.

<그림 VII-4> 공단주변 주민의 환경운동조직 참여도

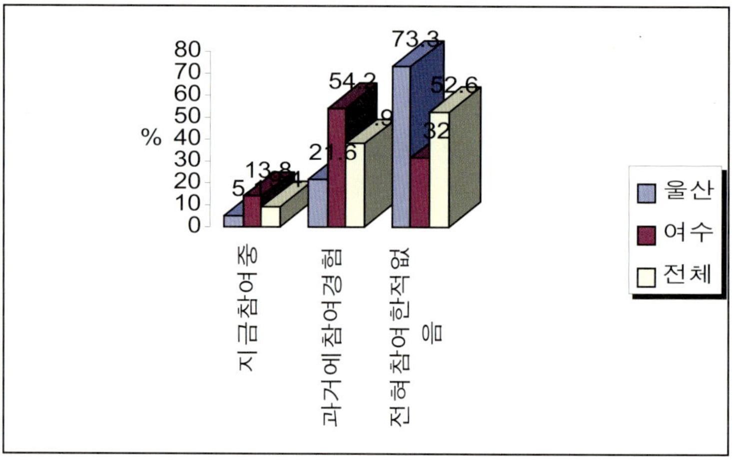


주: $X^2$=101.6($p<0.01$)
출처 : <그림 VII-1>과 같음.

그러면 공단주변에서 환경정의운동이 지속적으로 발전하는 바탕이 되는 주민들의 환경운동 참여도를 살피기로 한다. 먼저 지역사회의 환경문제 해결을 위해 돈을 받지 않고 환경감시에 나설 의향에 대해 알아 보자. 전체적으로 그러한 자원봉사 의지가 있는 비율은 48.8%로 절반 정도이며, 여수가 56.5%로 울산의 41.3%에 비해 높은 편이다($X^2$=13.6, $p<0.01$).

동네의 공해주민대책회의나 환경운동연합 등 전문환경운동단체를 막론하고 환경문제의 해결을 위한 모임에 참여해 본 정도 또한 여천공단 주변에서 많은 것으로 나타나고 있다(<그림 VII-4> 참조). 이 같은 환경운동조직에 지금 참여하거나 과거에 참여해 본 적이 있는 주민들을 대상으로 참여의 강도를 조사해 보아도, 적극적 참여의 비율은 여수가 89%(매우 적극적 50.5%, 약간 적극적 38.5%)로 울산의 62.1%(매우 적극적 20.3%, 약간 적극적 41.8%)보다 크다($X^2$=43.0, $p<0.01$).

이와 관련하여 동네의 환경문제 해결을 위해 믿을만한 개인, 조직 등을 복수로 선택케 한 결과, 주민들로 구성되는 단체가 가장 높고 전문적인 환경운동단체, 마을대표 등이 그 다음의 신뢰를 얻고 있는 것으로 드러난다(<표 VII-7> 참조). 여수의 경우 주민환경단체와 마을대표에 대한 신뢰의 빈도가 높은 데 반해, 울산에서는 주민환경단체와 전문환경운동조직을 손꼽는 정도가 엇비슷하다. 눈에 띄는 것은 울산공단 주변에서 신뢰할만한 행위자가 없다는 반응이 상당히 높다는 점인데, 이는 상대적으로 오래된 이주 요구가 관철되지 못한 데 따른 것이라 보여진다.

<표 VII-7> 공단주변 주민의 믿을만한 행위자 분포(복수응답)

단위 : %(명)

| | 지역 국회 의원 | 시,구,군 의회 의원 | 민선 자치 단체장 | 공무원 | 마을 대표 | 주민 단체 | 관계 전문가 | 환경 운동 단체 | 지역 원로 | 없다 | 계 |
|---|---|---|---|---|---|---|---|---|---|---|---|
| 울산 | 14.1 | 18.6 | 17.5 | 12.7 | 25.4 | 54.0 | 24.1 | 52.2 | 2.7 | 78.0 | 49.6(291) |
| 여수 | 7.1 | 15.2 | 18.9 | 35.5 | 64.5 | 70.6 | 1.4 | 42.2 | 2.0 | 10.1 | 50.4(296) |
| 전체 | 10.6 | 16.9 | 18.2 | 24.2 | 45.1 | 62.4 | 12.6 | 47.2 | 2.4 | 43.8 | 100.0(587) |

출처 : <그림 VII-1>과 같음.

<표 VII-8> 공단주변 주민의 환경운동 수단별 채택 정도

| | 서명운동 | 항의집회 | 가두시위 |
|---|---|---|---|
| 울산 | 2.17 | 1.50 | 1.24 |
| 여수 | 2.80 | 2.54 | 2.42 |
| (F값) | (89.83**) | (204.59**) | (234.82**) |
| 전체 | 2.49 | 2.02 | 1.83 |

주 : ** $p<0.01$.
출처 : <그림 VII-1>과 같음.

아울러 환경문제 해결을 위한 환경운동 수단의 사용 의지에 대해 서명운동, 항의집회, 가두시위 등을 중심으로 검토해 보자. 적극적 참가 3점, 소극적 참가 2점, 거의 참여하지 않음 1점, 전혀 참여하지 않음 0점을 주어 계산해 볼 때, 손쉬운 방식의 서명운동이 가장 높은 점수이고 헌신성이 요구되는 가두시위가 비교적 낮은 점수를 얻고 있다(<표 VII-8> 참조). 지역별로 보면 <그림 VII-4>에서 환경운동조직에 대한 참여가 상대적으로 활발했던 여천공단 주변 주민에게서 서명운동은 물론, 항의집회, 가두시위의 빈도가 좀 더 높음을 발견할 수 있다.

그러나 환경운동 참여도를 둘러싼 울산과 여수의 차이는 이주요구의 시점에 주로 영향을 받은 것으로 지나치게 과장할 것은 아니다. 왜냐하면 여수에 비해 이주요구 운동이 소강상태인 울산공단 주변의 주민들 또한 환경정당의 필요성 인식이나 전문환경운동단체에 대한 신뢰 정도 등이 낮지 않기 때문이다. 즉 조사할 당시 여천공단보다 이주요구가 뚜렷이 쟁점으로 부각되지 않은 탓이지, 울산공단 주변의 주민들이 환경운동에 대해 특별히 거부적이지는 않다는 것이다. 오히려 개별 이익을 중심으로 한 주민환경조직의 요구와 이에 대한 주민의 참여를 전체 이익으로 승화시키기 위한 환경정의운동의 조직적, 정치적 틀이 아직 미비한 것이 더욱 근본적인 문제라고 할 수 있다.

### 2) 이주사업에 대한 요구상황

지금까지 울산과 여수에서의 이주요구 운동의 배경으로서, 울산공단 초기 이주사업의 과정과 두 지역의 공단주변에서 이주를 요구하고 있는 주민들의 환경의식과 일상적 환경행동, 전반적인 환경운동에 대한 참여도 등을 비교해 보았다. 이제 마지막으로 현재의 이주요구 가 초기 이주사업의 문제점을 되풀이하지 않도록 하려는 문제의식에서, 울산과 여수의 공단주변에서 이주사업에 대한 요구운동이 어떻게 전개되고 있는지 밝히기로 한다.

<그림 VII-5> 공단주변 주민의 이주사업에 대한 필요성 인식

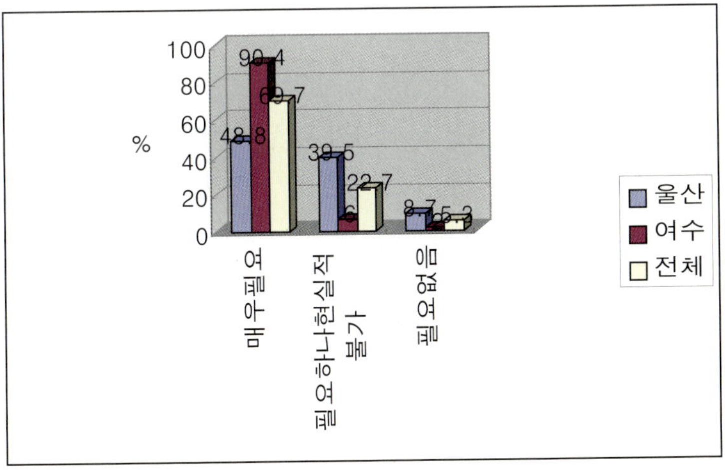


주: $X^2$=125.1($p$<0.01)
출처 : <그림 VII-1>과 같음.

우선 전체적으로 주민의 2/3 이상은 집단이주사업을 매우 필요한 것으로 여기고 있으며, 23% 가량이 사업은 필요하나 현실적으로 어려울 것이라 전망하고 있다(<그림 VII-5> 참조). 반면에 이주가 필요없다는 응답은 5% 남짓에 그쳐, 대다수 주민들이 이주의 필요성에 공감함을 엿볼 수 있다. 또한 그러한 이주사업에 대한 요구는 현재 시행이 임박해 있는 여천공단에서 더욱 높게 나타난다.[18]

한편 이주사업이 아닌 현재 거주지의 환경개선과 삶의 질 제고가 대안이 될 수 있는가를 살피기 위해, 이에 관련된 투자가 늘어날 경우의 집단이주에 대한 견해를 조사해 보았다. 그 결과 환경오염방지나 생활편의시설을 위한 투자가 증대되어도 각각 73.1%, 74.7%의 주민은 여전히 이주를 요구하는 것으로 집계된다. 그러한 요구의 비율 역시 여수가 각각 90.6%, 91.9%로 좀더 높지만, 울산공단 주변에서도 각각 55.5%, 57.5%라는 과반수는 이주를 궁극적인 해결책으로 삼고 있다. 게다가 앞으로 이주사업의 전개방향에 관해서도 늦더라도 주민의 요구대로 시행될 것이라는 낙관적 전망이 절반을 웃돌고 있다(<표 VII-9> 참조). 여기서도 결국 시행되지 못하리라는 부정적 견해는 울산에서 더 많이 발견된다. 그 주된 이유는 이주불가라는 환경부의 정책 기조가 주민들에게 이미 영향을 미쳤기 때문이라 풀이될 수 있다.

18) 이주사업의 근황에 대한 청취 정도는 울산의 경우 자주 접함 12.7%, 가끔씩 들음 45.1%, 거의 접하지 못함 24.7%, 전혀 접하지 못함 17.4%이고 여수의 경우 각각 14%, 55%, 25%, 6%여서 거의 비슷하게 나타난다. 그러한 근황의 청취 경로를 보면, 울산이 언론매체 70%, 지역주민모임 25%. 기타 5%이며 여수가 각각 56.5%, 40.1%, 3.4%로 울산공단 주변 주민이 언론매체에 의지하여 이주사업 관련 정보를 얻는 비율이 더 높다.

<표 VII-9> 향후 이주사업에 대한 전망

단위 : %(명)

| | 주민의 요구대로 시행될 것 | 예산 때문에 늦더라도 결국 시행될 것 | 주변지역이 개발 안되면 시행 안될 것 | 어떤 형태로든 시행되지 못할 것 | 기타 | 계 |
|---|---|---|---|---|---|---|
| 울산 | 1.7 | 37.5 | 17.7 | 43.1 | 0.0 | 100.0(299) |
| 여수 | 13.0 | 53.8 | 13.4 | 15.1 | 4.7 | 100.0(299) |
| 전체 | 7.4 | 45.7 | 15.6 | 29.1 | 2.3 | 100.0(598) |

주: $X^2$=91.4($p<0.01$)
출처 : <그림 VII-1>과 같음.

요컨대 울산공단 주변 주민 가운데 약 40-45% 가량은 이주대책보다 현 상태 환경개선과 생활편익의 증진을 원하는 셈이다. 끝까지 이주를 요구하는 나머지 주민들 역시 이주하기 전까지 환경악화를 저감시키는 데에 반대할 이유는 없을 것이다. 따라서 울산의 이주요구 운동은 더 이상의 환경오염을 방지하기 위한 삶의 질 보장운동과 결합되는 것이 바람직하다고 보여진다. 뿐만 아니라 그러한 전략은 이주만을 능사로 삼아 환경파괴가 가중되었던 1차 이주사업의 전철을 밟지 않는 세심한 선택이 될 수 있을 것이다.19)

끝으로 이주를 요구하는 주민들의 주된 관심사와 비용조달에 관한 의식을 검토해 보기로 하자. 먼저 이주사업에서 고려되어야 할

19) 여수의 경우에도 전문환경운동단체인 여수환경운동연합은 여천공단의 문제를 단순히 주민이주만으로 해결할 수 없다는 입장을 보이고 있다. 대표적으로 박계성(2000)은 “공단오염은 인근 주민만이 아니라 공장 노동자를 포함하는 공단지역 전체와 여수지역 전체의 문제이다. 때문에 여천공단의 문제는 주변 마을을 포기하고 주민들을 이주시키는 데서 끝나는 문제가 아니라 공단지역을 어떻게 친환경적으로 건설해 나갈 것인가의 문제인 것이다”라고 주장한다.

측면으로 가장 많은 49.8%(울산 45.5%, 여수 52.4%)가 토지, 건물에 대한 적절한 보상을 손꼽고 있으며, 16.3%(울산 9.9%, 여수 20%)는 직업알선 등 전업생활대책을 요구하고 있다. 그 다음으로는 이주택지의 적절한 입지가 13.3%(울산 20.7%, 여수 9%)를 차지하고, 농어업 등 영업권의 적절한 보상이 10.9%(울산 9.9%, 여수 11.4%)로 그 뒤를 잇고 있다. 이렇게 볼 때, 기존 재산권에 대한 보상금액이 최대의 관심사이기는 하지만, 이주사업이 처음으로 시행되는 여천공단의 경우 일자리 마련이 이에 못지 않은 요구사항임을 알 수 있다.

앞서 보았듯이 울산공단 초기 이주사업의 문제점 가운데 하나는 철거이주민의 생계를 보장할만한 전업대책이 결여되었다는 점이다.[20] 그런 흐름에서 이주대상 주민의 직업알선에 대한 요구는 여천공단에서의 집단이주가 울산의 1차 이주사업에서 빠뜨린 고용쟁점을 포괄하여 실시되게 만드는 매개 고리가 될 수 있다. 이처럼 여수의 이주사업 요구 주민들이 15년 전의 이주사업 방식을 우회해 가려는 움직임은 사업비용 부담에 관한 조사결과에서도 감지된다(<표 VII-10> 참조). 왜냐하면 국가공단을 조성한 중앙정부 외에 환경악화의 원인제공자인 기업에게 사업비를 더 많이 부담시키려는 의식이 꽤 두드러지기 때문이다. <표 VII-3>에서 지적한대로 초기 이주사업 당시 기업체의 부담이 너무 미미했다고 본다면, 이러한 요구는 결자해지의 차원에서 정당한 운동의 방향이라 여겨진다.

---

20) 그 결과 1998년 현재 울산.미포공단 주변 475세대, 온산공단 주변 286세대 등 761세대는 이미 보상을 받고 이주한 뒤에도 생계를 유지할 길이 없어 원래의 공단 주변으로 돌아와 어업행위를 하고 있다. 이들 세대는 2000년까지 다시 철거될 예정이다. 울산광역시(1998) 참조.

<표 VII-10> 이주사업 요구 주민의 사업비용 부담에 관한 의식

단위 : %(명)

| | 중앙정부가 가장 많이 부담 | 기업이 가장 많이 부담 | 지자체가 가장 많이 부담 | 중앙정부, 기업, 지자체 모두 같이 부담 | 기타 | 계 |
|---|---|---|---|---|---|---|
| 울산 | 23.1 | 21.5 | 5.0 | 49.6 | 0.8 | 100.0(121) |
| 여수 | 42.2 | 36.0 | 0.9 | 17.1 | 3.8 | 100.0(211) |
| 전체 | 35.2 | 30.7 | 2.4 | 28.9 | 2.7 | 100.0(332) |

주: $X^2$=49.0($p<0.01$)

출처 : <그림 VII-1>과 같음.

## 5. 맺음말

여기서는 결론적으로 이 연구의 목적에 비추어 유의미한 분석 결과들을 요약하고, 그것의 실천적, 정책적 함의를 모아 보기로 한다. 이주를 요구할 정도로 열악한 환경 속에 살아가고 있는 울산공단과 여천공단의 주민들은 환경정의 가치관에 가장 친화적이며, 추가비용이 드는 무공해 농산물의 소비보다 재활용 쓰레기 분리수거와 같은 일상적 환경행동을 좀더 많이 실천하고 있다. 전반적인 환경운동에 대한 참여도는 여수가 울산보다 좀더 앞서지만, 그렇다고 해서 울산공단 주변 주민이 환경운동에 소극적인 태도를 갖는다고 볼 수는 없다.

더 나아가 이주요구를 둘러싸고도 현재 이주사업이 계획되고 있는 여천공단 주변 주민의 의지가 비교적 강한 편으로 나타난다. 그러나 도시 전체의 총량적 환경악화가 불가피한 잘못된 이주정책을 불식시키기 위해서는 현 상태 삶의 질 개선을 아울러 중시하는 울산 주민의 태도도 높이 평가될 필요가 있다. 또한 여수에서 상대적으로 부각되는 고용대책과 기업부담 강화의 요구는 법적 근거없이 미봉책으로 일관해 온 이주사업의 근본적 개선에 중요한 실마리가 될 수 있을 것이다.

그렇다면 이 연구의 결과에 비추어, 이주요구를 둘러싼 환경운동이나 환경정책이 얻을 수 있는 시사점은 무엇인가? 무엇보다 환경정의운동은 해당 이주요구 운동조직과 전문환경운동단체의 연대를 통해 환경악화로 거주지가 철거된 곳에 신규 공장을 입주시키는 방식이 아니라 이전적지를 차단 녹지로 보전하는 대안을 관철시켜야 할 것이다. 이와 함께 제도요구운동과 관련해서는, 현재 추진되고 있는 생태산업단지 조성과 아울러 공단주변 주민의 삶의 질 확보라는 취지에서 환경피해 주민의 고용대책과 건강권을 확보하기 위한 '환경피해보상법'을 시급히 제정하려는 노력이 요청된다. 그리하여 울산과 여천의 공단주변 환경개선 투자나 주민 이주사업 등도 이 법을 근거로 하여 체계적으로 규정되도록 해야 한다.

# 제3부

# 환경정의의 새로운 차원

## - 상호적 환경정의와 절차적 환경정의

# 제VIII장
# 생태적 자활을 위한 시론적 구상

## 1. '지구의 화'에 맞서기 위한 출발
## – 인간의 빈곤과 자연의 착취 문제

지구화의 영향이 세계 곳곳에서 확장되고 심화되면서, 그것이 갖는 사회 생태적 효과가 더욱 가시화되어 왔다. 한국에서 보면 '성장과 분배의 선순환'이라는 수사를 내세운 바 있던 참여정부가 외환위기 이후 날로 악화되어 온 사회적 양극화의 현실에 대해 일개 국가의 힘으로는 거스를 수 없는 신자유주의적 지구화의 탓으로 돌리는 양상[1])이 발견된다. IMF(2000)에 의하면, 전 세계적으로도 20세기 동안의 급속한 경제성장에도 불구하고 세계 인구 1/5의 삶의 질이 상대적으로, 또는 종종 절대적으로도 열악한 상황이라고 보고되고 있다. 더 나아가 자본주의적 지구화에 따라 산업생산의 규모 확장이 기상이변을 현실화시키는 동시에, 그러한 생태계 파괴로 말미암아 국경을 넘나드는 신종 질병 바이러스가 사회적 위협의 대상이 되고 있다.[2])

---

1) 노무현 대통령의 집권 후반기 맞이 KBS 국민토론 프로그램에서의 발언.

하비(Harvey, 2005)는 현재의 지구화가 석유라는 자연의 자원화에 바탕을 둔 미국 주도의 군사 패권적 힘에 의해 추동되고 있다고 이해한다. 이처럼 전 지구 차원에서의 자본주의 확장은 공간의 장소성, 시간성 상실[3]을 가속화시키는 가운데, 자연자원의 희소성을 둘러싼 '사람에 의한 자연 지배'와 강대국의 야만성에서 나타내어지는 '사람에 의한 사람 지배'를 있는 그대로 드러내는 것이다. 공간이 갖는 장소성 상실의 대표적 예는 전 세계에 걸친 인터넷 보급으로 확산되는 사이버 공간이라 할 수 있다(한상진, 2004). 사이버 공간에서 시간은 속도로 치환되어 역사성을 탈각하며, 그러한 분열된 시공간 구도 속에 사람 사이의 관계 역시 자연적 대면에 대한 민감성을 잃는 경향이 있다. 또한 더욱 고도화된 자본주의 단계에서의 생명공학 기술은 마침내 '사람의 생명체 지배와 변형'이라는 사람에 의한 사람 및 인간 지배의 통일적 논리를 더욱 극명하게 폭로하고 있다.

이 글은 자본주의적 지구화에 맞선 지속가능한 지구화를 모색하기 위해, '생태적 자활(ecological self-sufficiency)'[4]이라는 인간의

---

2) 사람, 상품, 이념의 범세계적인 교통 급증은 질병의 세계화도 동시에 수반시켜 왔다. 이제는 한 사회의 건강을 지키기 위해 전 인류의 건강을 살펴야 하는 세상이 된 것이다. 프렌치(2001: 48).

3) 근대의 시간과 공간은 분리성과 표준화를 특성으로 함으로써 공간의 시간성과 장소성을 상실케 만든다. 기든스에 따르면, 이러한 사회체계의 장소귀속 탈피는 기능 분화와 전문화로 인해 사회관계들이 지역적 상호작용의 맥락에서 벗어나 무한한 시공간으로 확대되고 재구성되는 것을 의미한다. 문순홍(1999) 참조.

4) 생태적 자활이라는 용어에서 자활은 자족의 의미를 갖는 것이다. 그런데 3절에서 다루어지듯이 넓은 의미의 자활(self-support)은 자족 외에

빈곤과 자연의 착취 둘 다를 동시에 극복하는 대안을 다루려고 한다. 물론 지구화의 악영향이 전 세계적 양극화, 빈곤층의 확대라는 사회적 측면과 생태계 파괴, 자연자원 고갈 등의 생태적 측면에서 모두 발견된다고 해서, 그것을 해결하기 위해 꼭 일석이조의 접근방식을 취할 필연성은 없다. 그러나 이 글은 북친(Bookchin, 1997 등)의 사회 생태주의 관점에 의거하여, 사람에 의한 사람 지배가 사람에 의한 자연 지배와 같은 맥락에 있기 때문에 둘 가운데 각각에 대한 개별적 극복 노력은 부분적이어서 성공적일 수 없다고 전제한다. 하지만 다른 한편으로는 인간 중심주의의 다면성을 간과하여 환경문제에 대한 사람의 문제해결 능력을 경시, 차단하는 극단적 생명 중심주의도 편향이라고 본다. 즉 인간과 자연의 역사는 생태적 위험의 증가를 한 축으로 해온 것이 확실하지만, 또 다른 축에서는 인간의 성찰적 능력과 자유 및 인권의 개선이라는 환경보전을 향한 긍정적인 흐름도 있어 왔다는 것이다.

생태적 위험의 가중을 수반하는 문명의 결과이기는 하나, 사람에 의한 사람 지배의 폭압성이 그 동안 노동자, 여성, 소수인종 등 피지배집단의 각성과 투쟁에 의해 경감되어 온 것은 사실이다. 또 그러한 과정에서 생태계 파괴의 가속화를 저지하기에 충분하지는 않더라도, 사람에 의한 자연 지배가 가져오는 위험에 대한 반성적 대응도 대중화되고 있는 것이 분명하다. 지금까지의 역사 속에서 지배집단은 사람에 의한 자연 지배를 당연시하고 자원개발, 토지

도 자조(self-help), 자주(self-empowerment)의 차원을 포괄한다. 이 글에서의 생태적 자활이 자족적 자활만을 가리키는 것이 아닌데도, 자활의 영어 표현을 self-support로 하지 않은 까닭은 self-sufficiency가 생태적 자족의 의미도 내포할 수 있음에 따른 것이다.

생산성 증가, 기술혁신 등의 결실을 독점해 왔다. 그런데 역사적 단계마다 항상 존재해 온 소외계층은 지배계층의 자신들에 대한 사회적 억압이 이러한 자연에 대한 지배의 연장선 위에 있다는 사실을 놓치는 경우가 많았다. 그럼에도 불구하고 생태적 자활의 모델은 생태적 자족과 공동체적 탈 빈곤의 연계 가능성에 주목함으로써, 지속가능한 지구를 위한 전략적 주체로서 세계적, 국가적, 지방적 수준에서의 빈곤층을 비롯한 피지배집단의 성찰적 능력에 기대고자 한다.

## 2. '지구적 지구' 전략의 원칙

그러면 생태적 자활에 대한 본격적 논구에 앞서, 지속가능한 지구를 위한 주요 전략적 원칙을 요약해 보자. 그것은 첫째 공동체에 바탕을 둔 아래로부터의 지구화이며, 둘째 토지의 공유화와 비축의 필요성이고, 셋째 실질적 숙의민주주의와 자연의 발언권 확보이다. 여기서는 앞의 두 원칙을 간단히 살피고, 세 번째 원칙에 대해 좀 더 상세히 다루도록 하겠다.

먼저 지속가능한 지구화는 지구의 생태적 지속가능성 뿐만 아니라 양극화의 시정을 위한 공동체를 기반으로 한 아래로부터의 세계화를 포함하는 것이다. 브레처 외(Brecher et al. 2003)에 의하면, 아래로부터의 세계화의 목표는 '공정과 정의, 건전한 생태와 환경을 기초로 하며 인권 보호 및 자유를 신장하는 새로운 경제', 또는 '지속가능한 사회적으로 정의롭고 민주적으로 책임 있는 시스템'

이다. 그리고 이를 위해 일곱 가지 강령이 제시되는데, 그 개요는 다음과 같다. 첫째 노동, 환경, 사회, 인권 상황의 수준을 높인다. 둘째 지역에서 세계까지 모든 단계의 기구들을 민주화한다. 셋째 결정은 그 결정에 영향을 받는 사람들과 최대한 가까운 곳에서 내린다. 넷째 국제적 부와 권력을 균등하게 한다. 다섯째 국제 경제를 환경적으로 지속가능한 방향으로 개조한다. 여섯째 인간과 환경에 필요한 것을 충족시킴으로써 번영을 창조한다. 일곱째 갑작스런 국제 경기의 변동을 막는다.

다음으로 토지의 사유화에 따른 투기의 피해는 하층계급과 자연 둘 다에게 귀속된다고 할 수 있다. 부동산 투기는 서민에게는 상대적 빈곤화를, 생태계에는 인공 환경(built environ- ment)의 조성에 따른 괴멸을 낳게 마련이기 때문이다. 그런데 자본주의적 경쟁력 논리에 의거한 자연의 상품화를 공동체적으로 통제하는 문제는 죄수의 딜레마를 극복할 신뢰의 확보에 어느 정도 달려 있다고 하겠다. 그 밖에 지적할 수 있는 것은 하딘(Hardin)의 '공유지의 비극' 우화가 농경사회를 배경으로 한 것이어서, 지구적 자본주의 시대에는 맞지 않는다는 점이다.[5] 현재의 산업 및 탈산업사회에서 사유지는 보전의 대상이 아니라 조속한 개발을 위한 전용의 희망 대상일 뿐이다. 따라서 공유지는 비극의 원천이 아니라, 미래 세대와 모든 생명체를 위해 비축되어야 할 생태적 보루라고 할 것이다. 한

---

5) 하딘의 비유는 19세기 다윈의 진화론적 해석과 비슷한 유추라고 할 수 있다. 제한된 자원을 놓고 싸우는 사람의 이미지와, 이러한 투쟁 중 생존하여 재생산에 성공하면 '최상의 인간'이라는 전제는 오늘날 이론적으로나 정치적으로 더 이상 수용되기 어려운 것이다. Dickens(2004: 99) 참조

편 생태적 자활과 관련하여, 이와 같은 원칙에 유의미한 자활 공동체 활동들로는 탈 빈곤을 위한 숲 가꾸기, 마을 만들기 등의 생태 친화적 서비스 사업을 들 수 있다.

끝으로 지속가능한 민주주의 모델이라 할 수 있는 가이아 민주주의(Gaia democracy)의 제안을 참조해 보고, 숙의 민주주의를 둘러싼 쟁점과 자연의 발언권에 관한 생명 중심주의의 입장을 간략히 검토해 보도록 한다. 매드론 외(Madron et al. 2003: 110-127)는 가이아 민주주의의 핵심적 요소들을 첫째 가이아 체계, 둘째 공유된 목적과 원리, 셋째 연성체계의 개념, 넷째 파울로 프레이리(Paulo Freirie)의 학습 원리, 다섯째 참여적 변동과정, 여섯째 해방적 정치지도자, 일곱째 네트워크 정부 등으로 정리하고 있다. 이를 좀 더 자세히 살피면 다음과 같다.

첫째 가이아는 수십억 년 동안 서로 의존하면서 공진화해 온 생물학적, 물질적 하위체계의 상호작용하는 체계이며, 그 때문에 인간은 상호의존, 자기조직 및 진화체계의 다른 특징을 공유하면서 다른 종들과 똑같이 진화해 온 종이라 할 수 있다. 둘째 가이아 민주주의의 목적과 원리는 상의하달 방식이 아니라 집약적인 참여과정을 통해 발전되어야 하고, 계획, 프로그램, 정책들은 공유된 목적과 원리에서 도출되지 않는다면 무의미하다는 점이 강조된다. 셋째 연성체계 이론은 현존 체계의 구축을 이해하고 그것의 목적의식적 재구축을 시작하기 위해 생각하고 행동하며 함께 배우는 기초 개념과 과정을 제공한다. 그러므로 부정의하고 지속불가능한 지구적 통화지배체제를 성공적으로 재구축하고 그것이 창출해 온 사악한 문제들에 대응하는 일은 기계적인 것이 아니라 이처럼 '목적의식적'이고 체계적인 관점의 채택을 요구하는 것이다. 넷째 프레이리의 학습 원리는 학습을 시작하는 최선의 방법이 대화가 풍요로운 집단의 일부가 되는 것이라고 밝힌다. 왜냐하면 풍요한 학습은 행위에서 시작하며 반성에 의해 형성되고 후속적 행위를 이끌기 때문이다. 다섯째 참여적 변동과정은 더욱 면밀한 수준의 공유된 이해를 세움으로써 자기조직을 위한 복합적 인간체계의 역량을 제고시킬 뿐만 아니라, 인간으로 하여금 낙관론과 신뢰, 헌신, 자신감과 능력을 구축함으로써 불변적인 개방적 변동의 상황에서 노력하는 것을 가능케 한다. 여섯째 해방적 정치지도자는 시민들과 재구축 대화에 참여함으로써 스스로의 학습에 헌신하고, 독백의 지배통제 문화를 대화의 문화로 대체시킨다. 일곱째 네트워크 정부는 참여 민주주의가 지방 수준을 넘어 확장되는 것을 가능케 할뿐더러, 체계의 상이한 부분 내의 정보 과잉부하를 극소화시킴으로써 사회적 효율성, 효과성 및 학습을 개선시킬 수 있다.

이러한 가이아 민주주의의 이념형을 현실에 적용할 때, 환경 가버넌스의 틀 아래 실험되어 온 숙의 민주주의가 주된 매개변수라고 할 수 있다. 여기서는 지속가능한 지구의 전략을 위해 극복되어야 할 숙의 민주주의의 딜레마를 간단히 다루어 보기로 하겠다. 숙의 민주주의의 결과는 심의자들이 어떻게 선별되는가에 부분적으로 의존하는데, 심의 패널의 구성 방식들인 불편부당한 배심원에 의한 사법적 모델, 이해집단 대표자의 협상 모델, 공공선에로의 도달을 시도하는 합의 모델 간에는 여전히 근본적인 모호함이 있다고 주장된다(Plumwood, 1998). 그 밖에 숙의 민주주의 모델이 대의 민주주의에 의한 자유주의적 공공영역으로 해결하지 못한 '주변화 집단의 정치 참여에 대한 침묵'이라는 문제를 해결할 수 있는가도 남겨진 숙제라고 할 수 있다.

지속가능성을 위한 숙의 민주주의의 과정에서 생태적 위험을 초래하는 책임은 대부분 기업 등 지배집단에게 있으며, 그로 인한 피해는 빈곤층이나 유색인종 등 소외계층에게 귀속되는 경향이 있다. 그리하여 심의 패널이 사회적 특권과 밀접히 연계된 환경쟁점에 대해 판결을 내린다고 하더라도, 갈등의 배경에 자리 잡고 있는 사회적 불평등이라는 원천적 문제는 해결할 수 없게 된다. 이에 덧붙여 이처럼 불평등이 체계화된 상황에서는 심의 패널들이 노동협상과 같은 다른 계약에서와 마찬가지로 불균등한 지위를 나타내는 문제도 있다. 이를 해결하는 유일한 방법은 이들 패널이 구성원 내에 존재하는 사회 불평등의 상황을 부적절하다고 고려하지 않는 것 말고는 없다.

이 같은 사회적 불평등 문제의 미해결 외에, 실질적인 숙의 민주주의를 수립하기 위한 또 하나의 숙제는 자연의 발언권을 어떻게 마련할 것인가에 관련된다. 가이아 체계가 인간 사회의 의사결정 과정에서 실제로 작동되기 위해서는 무엇이 필요할 것인가? 이에 대한 해답의 모색 역시 지나친 인간 중심주의도, 극단적 생명 중심주의도 아닌 '자연의 일부로서의 사람의 자연 보전에 대한 책임 원칙'이라는 사회생태주의의 균형 감각을 필요로 한다. 숙의 민주주의의 한 주체로 자연을 고려한다면, 이에 대한 사람 중심의 번역에 연연해하는 것보다는 그 문제의식을 용해시켜 자연을 대변하는 사람에게 발언권을 부여하는 등의 대안적 틀을 짜나가는 것이 바람직할 것이다.

한편 자연의 권리에 대한 사람의 대변 가능성을 둘러싸고 에커즐리(Eckersley, 1992)는 생명 중심주의의 입장에서 다양한 비판들에 관한 대응 논리들을 제시하고 있다. 우선 사람들과 상호작용하지 못하는 자연의 권리를 어떻게 귀속시킬 수 있는가라는 비판이 있는데, 이는 결국 자연 활동을 사회적, 정치적, 법적 실천으로 번역할 수 없다는 논지인 셈이다. 그녀는 이에 대해 자연의 보호를 확증하기 위해 사람이 아닌 실체들에게 법적 권리를 귀속시키는 것은 필요하지도 궁극적으로 바람직하지도 않다고 반박한다. 자연을 친절한 사람의 얼굴을 가진 것으로 묘사하거나 사람이 존경하도록 하기 위해 자애로운 것으로 해석하는 것 역시 사람 중심 사고의 또 다른 변종일 수 있다. 자연은 사람의 윤리를 모른 채, 단지 '있는 것'이다.[6] 이와 함께 자주 제기되는 비판으로, 우리는 결국 사람이기 때문에 극단적인 인간 중심주의 전망과는 다른 세계에 대한 인식이 불가능하다는 논지가 있다. 그러나 캥커루의 생존권을 사람이 대변한다고 해서, 사람이 캥거루가 무엇인가를 정확히 알아야 됨을 주장하는 것은 아니라고 할 수 있다.

6) 그러한 의미에서 생태적 자활은 생태적으로 조화된 유토피아의 당위에서 도출되는 것이 아니라, 생명체의 본성에 기반을 둔 공존과 배려의 시스템화를 지향한다. 다시 말해 인간사회 문제의 자연으로의 투사가 아니라, 생명체의 불균등성을 인정하는 바탕 위에서의 지속가능성의 지향이 중요한 것이다.

## 3. 생태적 자활의 요소 – '생태 지역'과 '자활 공동체'

여기서는 생태적 자활의 요소들로서 생태 지역(bioregion)[7]과 자활 공동체(self-support community)를 설정하고, 근대성 비판이라는 동일한 맥락에서 각각의 의의를 검토하고자 한다. 근대성은 과학기술과 이성에 의한 진보를 가정하여, 자연을 죽은 공간의 대상으로 취급하는 한편 사회적 복지의 제도화로 인간적 삶의 최저 수준을 보장하려 해 왔다고 할 수 있다. 우선 근대의 사유체계는 자연을 계산하고 제작하는 가능성에 의거하여, 그것을 소유와 개발의 대상, 기술과 인식의 대상으로 탈인격화, 사물화시켜 왔다. 이처럼 근대성은 사람과 자연, 서구와 제3세계, 계몽된 문명과 야만, 이성과 감성, 남성과 여성 등의 대치점에서 모든 실재를 이분법적으로 구별하는 특징이 있다(신승환, 2003: 24-25). 같은 흐름에서 제3세계에 대한 (신)식민지적 지배와 연동된 서구에서의 복지국가는 제1세계라는 제한된 공간에서나마 '요람에서 무덤까지' 국가가 삶의 질을 책임지는 근대적 이상을 실현해 온 셈이다. 그러나 지구적 규모의 생태계 파괴에 대응하여 아래로부터의 지구화라는 성찰적 과정이 촉발되고 시장의 힘 강화로 인해 복지국가의 물적 기반이 흔들림으로써, 서구적 근대성은 총체적 위기에 직면해 왔다.

이렇게 볼 때 자본주의적 지구화는 역설적으로 환경악화와 국가개입의 약화를 통해, 서구 중심의 과학기술 및 공간 개념이 갖는

7) 생태지역은 "그 경계가 생물 군집 간의 이행대나 다른 식생대의 주요한 변화에 의해 정의되는 지리적 지역"으로 규정된다(문순홍, 1999: 308). 이 용어를 생물지역으로 번역할 수도 있겠으나 군집, 식생, 토양 등이 주요 기준이라는 점에서 생태지역으로 표현했다.

생태적 한계와 복지국가가 아닌 사회적 웰빙을 위한 또 다른 유지방식의 필요성을 환기시킨다고 할 수 있다. 그러한 맥락에서 근대성에 대한 비판으로 제기되어 온 탈근대성(postmodernity), 또는 급진적 근대성(radical modernity)의 담론을 살핌으로써, 생태지역과 자활공동체의 개념적 연원을 확인해 보자.

탈근대성의 핵심은 근대가 완성한 동일성의 해체와 이에 따른 다원성에 대한 강조이다. 여기서는 탈근대성을 '근대 사유체계에 대한 반대', 또는 '근대를 넘어서는 것'보다는 근대성이 완성하지 못한 문제를 해결하기 위한 신호라는 차원에서 급진적 근대성으로 이해하고자 한다(Welsh, 1987; 신승환, 2003). 급진적 근대성은 대안적 근대성을 향한 급진적인 가능성으로서, 탈근대 접근의 통상적인 해체주의 담론보다는 과학과 민주주의의 새로운 동맹에 대해 좀 더 낙관적으로 전망한다고 볼 수 있다.[8] 생태적 전망의 차원에서 보면, 급진적 근대성은 사람의 성찰적 능력에 근거한 숙의 민주주의의 제도화 등을 신뢰함으로써 지구적, 국가적, 지방적 수준에서 환경악화가 개선될 수 있다는 메시지를 함축하고 있다.

한편 로저(Roger, 2000)는 탈근대성에 대해 국가의 복지 역할에 전적으로 의존하는 근대적 관점에서 탈피하면서도 복지를 시장으로 후퇴시키는 반근대적(anti-modern) 관점[9]도 아닌, 지역공동체에

8) 급진적 근대성은 기든스의 성찰적 근대성과도 유사한 개념이지만, 생태담론의 측면에서 본다면 정신분석학적 생태학에서 연원한 것이다. 마이어슨(Myerson, 2003)에 의하면, 급진적 근대주의의 원리들은 작은 것이 중요하다, 항상 더 깊은 설명이 있다, 이해한다는 것은 연결한다는 것이다, 숨겨진 의미는 항상 불안하게 한다, 관계가 직접적인 것이 아닐수록 그것은 더욱 중요하다 등의 다섯 가지로 요약될 수 있다.

기초한 탈 빈곤 전략과 사회통합(social inclusion)의 강조로 규정하고 있다. 더 나아가 복지와 자활에 대한 급진적 근대성의 접근은 국가의 복지 역할을 완전히 부인하는 것이 아니라, 공동체에 기초한 자족적 경제 활동과 연계시키는 가버넌스의 형성에 관심을 둔다. 즉 자활 공동체를 통한 밑으로부터의 빈곤 탈출이 핵심 전략이지만, 사회적 배제를 야기하는 정치적, 경제적, 문화적 구조에 대한 시정 노력도 동시에 기울여져야 한다는 것이다. 요컨대 이 글이 주장하는 생태적 자활의 모델은 근대화의 착취적 영향에 대한 비판적 입장 위에서, 인간적 공동체에 의한 비인간적, 반자연적 사회구조의 극복을 꾀함으로써 사람과 자연의 공존을 위한 지향이라고 할 수 있다.

그렇다면 급진적 근대성에 뿌리를 둔 생태적 자활의 두 요소로서 생태 지역과 자활 공동체 각각에 대해 다루어 보자. 생태 지역[10)]은 산과 강 등 자연스럽게 구획된 자연이다. 근대화 이후 사람이 구획한 지역과 생태 지역은 산, 강 경계에 의한 행정구역 구분처럼 일치할 수도 있고, 과잉도시화와 인공 환경의 예처럼 불일치할 수도 있다. 어쨌든 생태 지역은 생물적 공존의 지역이며, 생태

---

9) 이때의 반근대성은 근대적 사유체계에 대한 거부라는 철학적 의미가 아니라, 복지를 위한 국가 개입이라는 근대적 논리에 대한 반대를 가리킨다. 이와 같은 반근대적 시각을 생태 위기의 해법에 적용시켜 보면, 환경관리의 역할을 시장에 맡기는 시장 환경주의와 비슷하다고 할 수 있다.

10) 생태 지역은 그리스어의 bios(생명, 생물)와 프랑스어 region(지역)의 어원을 갖는데, region은 라틴어 regia(영토)와 좀 더 일찍이는 regere (지배)에서 비롯되었다. 따라서 생태 지역은 생물적 영토, 생명의 장소, 또는 생태적 지배를 의미한다. Dodge(1981) 참조.

지역주의(bioregionalism)은 죽어 있는 공간으로 취급되어 온 지역에 생명을 불어넣기 위한 시도이다. 도지(Dodge, 1981)에 의하면, 생태 지역의 구성 요소는 다음과 같은 세 가지이다. 첫째는 물리적 영양의 원천이자 신체의 비유 장소인 자연체계에 주어지는 중요성으로서, 생물적 이동과 토지형태, 문화적, 현상학적, 영성적 실재 등이 생태 지역을 구별케 하는 기준이 된다. 두 번째 요소는 정치적 분산, 자기결정, 사회적 공평성에 대한 헌신인데, 이와 같은 아나키는 상호의존적 자립의 느낌이며 공동체로서의 자결 정신이라 할 수 있다. 생태 지역을 구성하는 세 번째 요소는 우리는 모두 하나의 창조물이고 자연세계와 사람의 마음 간에 연계가 있음을 믿는 영성이다.

위의 세 가지 요소를 결합해 볼 때, 느슨한 개념으로서의 생태 지역(주의)은 분산되고 자기결정적인 사회조직 양식, 생물학적 통합에 함축되어 있고 존중하는 조화 속에 작용하는 문화, 구성원의 영적 발전을 존중하고 충동하는 체계로 특징지을 수 있다. 한편 생태 지역적 실천은 상상력과 용기 등 많은 형태를 취할 수 있으나, 좀 더 넓게는 저항과 혁신을 주된 범주로 하는 것이다. 이 가운데 저항은 지성, 돌봄 등으로 대표되는 생태적 지향과 무생명적 탐욕 간의 투쟁을 의미하며, 구체적인 예로 총체적인 환경 남용에 대한 최선의 방어인 내셔널 트러스트와 같은 토지 구입운동을 들 수 있다. 비유컨대 유형의 토지 기초 없는 생태 지역주의는 성행위 없는 사랑과 같다. 다음으로 혁신은 자연체계의 회복과 제고를 위한 예술 수준의 참여와 지원이다. 또 이를 위해서는 어떻게 자연체계가 작동되는지에 대한 인식, 특정 입지에 대한 미묘한 인지, 적절한 기법의 개발 등에 대한 철저한 지식이 요구된다고 할 수 있다(Dodge, 1981).

이와 함께 문순홍(1999)은 생태 지역주의의 전략적 개념을 다시 봄(reenvisioning), 다시 삶(reinhabitation), 다시 있게 함(restoration)의 세 가지로 요약한다. 첫째 다시 봄은 근대적 교육이 가르치듯이 사람과 다른 자연이 아니라, 생태적 관계 속에서 자연과 사람의 관계를 다시 바라보는 것을 가리킨다. 둘째 다시 있게 함은 삶터를 만드는 과정에서 소외되고 고려되지 않은 지역의 잠재화된 결정권을 드러냄으로써, 장소에 토착적인 생태적으로 지속 가능한 인간 문화를 재창조하는 것이다. 셋째 다시 있게 함은 생태계와 지역에 대한 새로운 감수성에 바탕을 두고 거주민이 지역 생태계와 함께 거주하는 사람들에 대해 책임성을 가지는 것을 뜻한다. 이때의 새로운 감수성은 우리 대부분이 처음부터 다시 배워야 하는 것들이다. 요컨대 생태 지역주의는 사람을 포함한 자연에 대한 책임성을 어떻게 실현할 것인지를 고민하는 구체적인 인간의 실천인 셈이다.

다음으로 자활 공동체의 이념적 기반이라 할 수 있는 자활(self-support)의 차원들을 사회적 배제의 구조적 측면과 관련하여 검토해 보자.[11] 우선 한국 사회에서 인간의 빈곤을 야기 시키는 배제의 측면들을 정리하면 다음과 같다. 먼저 정치 제도적 차원에서는 국가 복지체계로부터의 배제가 발생하며, 실업대책, 사회보장 프로그램의 부실, 고령 및 자녀양육에 따른 자활사업 참여로부터의 유예 등을 포괄한다. 다음으로 경제적 차원에서의 노동시장으로부터의 배제를 지적할 수 있는데, 이는 빈곤의 여성화, 남성노동력의 노동시장으로부터의 분리, 고령화, 장애 및 폐질화 등의 과정

11) 이하 자활의 차원에 대한 논의는 한상진(2004)에 의존하였다.

을 포함한다. 끝으로 사회문화적 차원에서 발견되는 교육 및 가정생활로부터의 배제는 전문교육 및 직업훈련으로부터의 배제와 아울러 가족해체에 따른 정서적 결핍, 알코올에 대한 의존 등을 가리킨다.

한편 이와 같은 사회적 배제의 다양성을 고려할 때, 자활의 차원들은 정치 제도적 자족(self-sufficiency), 경제적 자조(self-help), 사회 문화적 자주(self-empowerment)라는 세 가지 요소로 구성된다고 할 수 있다. 노동연계 복지정책과 관련해 보면, 자활은 빈곤층이 더 이상 공공부조에 의존하지 않는 자족의 상태를 의미한다. 그런데 이러한 자족적 자활의 개념은 가구 단위의 소득으로 가족 소비를 충당하는 상태를 가리키므로, 베버리지의 가부장적 규정에 국한되어 빈곤층 개개인의 자활을 총체적으로 파악하는 데에는 한계가 있다(Gardiner, 2000). 따라서 가족부양에 국한되는 것이 아니라 사회 통합을 가능케 하는 탈 빈곤의 수준까지 포괄하려면, 가구 단위의 자족 수준이 아닌 개인 단위나 공동체 단위의 또 다른 개념화가 필요하다고 하겠다. 이 글은 자활을 사회적 배제에 대응하는 사회 통합의 맥락에서 스스로의 활동, 자기 결정이라는 의미로 폭넓게 규정하며, 자활의 범주에 위의 자족 외에도 자조, 자주의 차원을 추가한다.

자조적 자활은 자활 공동체라는 영세기업(micro-enterprise)의 창업을 꾀하는 현행 자활후견기관의 활동 체계에서 발견되는 자활의 용법이다. 자조라는 의미의 자활 개념은 실상 자족을 원칙으로 하는 노동연계 복지정책보다 한 단계 진일보한 목표를 갖는 것이다. 왜냐하면 빈곤층을 복지에서 노동으로 내몰아 자족 수준의 일자리를 갖게 한다고 해서, 그것이 모두 지속가능한 자립을 보장하는 것은 아니기 때문이다. 한편 사회적 배제의 기제에는 국가 복지체계의 불충분, 노동시장에서의 배제 외에도 사회문화적 차별이 핵심적으로 작용하므로, 자주적 자활이 자족, 자조에 못지않게 중요한 것으로 취급되어야 한다. 자주란 사람들이 스스로의 삶에 대해 통제력을 행사함으로써, 다른 사람과의 상호작용을 통해 변화를 가져오는 과정을 가리킨다. 앞서 언급한 자조를 위한 자활 공동체 활동은 협동적 생산에 대한 참여를 통해 자주적 태도를 고양시키는 측면을 갖고 있다. 하지만 빈곤층 스스로 권리를 추구하고 사회적 상호작용의 주체로 발전되는 자주의 초점이 일관되게 견지되지 않는 한, 자조 수준의 자활은 인간의 빈곤을 근본적으로 개선하는 데에는 역부족일 것이다.

이렇게 보면 자활의 세 가지 차원 가운데 자활 공동체와 가장 밀접한 것은 자조적 자활이라 할 수 있다. 그러나 자활 공동체가 사회적 배제에 총체적으로 대응하기 위해서는, 이 같은 경제활동의 자조 외에도 자족의 제도화와 자주성에 기초한 공동적 인간관계의 유지가 필수적이다. 특히 자족적 자활의 측면에서, 자활 공동체는 탈 빈곤을 목표로 할 뿐이지 더 많은 소유를 지향하지 않는다고 볼 수 있다. 즉 생태적 자활 모델에서 자활 공동체와 관련하여 부각시킨 자족의 의미는 다른 인간과 자연에 대한 착취를 전제한 풍요가 아니라, 최저생계 비용을 충족시키는 최소한의 인간다운 생활임이 강조되어야 한다. 또한 생태적 자활의 한 요소로서의 자주적 자활 역시 공동체적 자족에 대한 의식화와 아울러, 자연의 생존까지 포함하는 인간 생존에 대한 숙의적 의사결정의 학습 노력과 연계될 필요가 있다. 이렇게 본다면 자활 공동체는 소외계층의 탈 빈곤을 위한 제도적 단위일 뿐만 아니라, 그러한 공동체 활동을 통해 자족, 자조, 자주의 차원들을 내면화시킴으로써 인간에 의한 자연 지배도 완화시킬 수 있는 생태적 가능성을 갖는 것이다.

## 4. 실행 가능한 생태적 자활 모델을 위하여

지금까지 급진적 근대성이라는 동일한 맥락에서 생태적 자활의 두 가지 요소로 생태 지역과 자활 공동체에 대해 다루어 보았다. 하지만 이 두 개념은 근대성 비판이라는 문제의식을 공유할 뿐, 각각 인간과 자연의 관계, 인간과 인간의 관계에 주목함으로써 내용적 초점을 달리하는 것이 명확하다. 그렇다면 담론의 수준에서 뿐만 아니라 현실적으로도 실행 가능한 생태적 자활의 모델을 구축하기 위해, 우선 생태 지역과 자활 공동체의 공통점을 모아 보기로 하자.

첫째 생태 지역에서의 인간 활동과 자활 공동체의 주된 사업은 둘 다 '돌봄의 노동'과 관련된다. 현재 자활 공동체에서의 노동은 간병, 집수리, 재활용 등 사람-사람 간 서비스(복지 서비스), 사람-자연 간 서비스(환경 서비스)를 양축으로 하고 있다. 노동 능력이 있는 빈곤층이 노인, 어린이, 장애인 등 더 열악한 사회적 약자를 대상으로 제공하는 복지서비스는 타임 달러 등 생태적 교환체계에 의지할 수도 있다. 둘째 생태 지역과 자활 공동체 모두 공동체로서의 지역의 성격에 대한 논구를 필요로 한다. 분명히 생태 지역은 사람과 자연의 공동체적 지역성 회복을 지향한다.12) 그리고 자활 공동체의 정착을 위해서는 특히 농촌, 소도시에서의 지역 특화적 자활이나 장소공동체적 자활사업 모델의 개발 등 지역화가 수반되어야 한다.

그러면 이와 같은 공통된 특성에 바탕을 두고 생태적 자활의 좀 더 일관된 모델을 마련하는 데, 자활 공동체와 생태 지역의 개념 각각에서 보완되어야 할 측면을 지적해 보겠다. 먼저 지역에 기반을 둔 자활 공동체가 생태적 자족성까지 포괄하려면, 사회적 배제에 대응한 탈 빈곤의 노력과 다양한 생태계 접근의 접점을 많이 만들어야 할 것이다. 바튼(Barton, 2002b: 89-90)은 공동체 계획에서의 생태계 접근의 기초 원리를 지방자치의 증가, 선택과 다양성의 증가, 장소에 대한 반응성, 연계와 통합, 유연성과 적응 가능성, 사용자 통제 등으로 제시하고 있는데, 이러한 원칙에 의거하여 빈곤층 중심의 자활 공동체를 해당 지역의 자율 분산적 생태 공동체 운동과 결합시키는 실천적 경험의 축적이 과제라고 할 수 있다. 또 생태적 자활의 공동체를 현실화시키기 위한 근린의 강화 이유들은 다음과 같다(Barton, 2002a: 51-59).

---

12) 더 나아가 생태 지역의 개념은 사람과 자연의 통합적 개념으로서의 인간에 대한 새로운 이해를 요구한다. 인간은 사람과 사람 사이의 공동체적 존재이자, 사람과 자연 사이의 생태적 존재로 파악될 수 있다. 이러한 이해 방식의 장점은 인간 중심주의도, 인간의 자연화도 극복하면서, 자연의 일부로서의 인간이 생태적 공존과 사회적 공동체성의 회복 주체임을 개념화시킨다는 데에 있다. 이렇게 인간의 개념 자체에 사람과 자연의 커뮤니케이션을 포함시키는 것은 관행적 용법의 파괴라는 문제를 야기 시키나, 사람 사이에 자연이 존재함을 적시함으로써 인간과 자연의 공존 논리를 강조하는 의의가 있다.

첫째, 여행 필요성의 감소, 자동차 의존의 감소, 건물의 에너지 효율의 증가에 따른 온실 가스 방출의 감축이다. 둘째, 비 재생 자원에 대한 수요 감소, 자원에 대한 지방적 재사용 및 재활용, 지방적 상 하수 관리 및 지하수 충전, 지방적 저 투입 식량 생산과 같은 닫힌 지방적인 자원 순환이 가능하기 때문이다. 셋째, 지방의 독특한 유산을 증진하고 매력적인 공공 영역을 창출하며 지방 서식환경의 다양성을 제고시키는 지방 환경의 질 개선에 있다. 넷째, 지방의 대기 질 개선, 걷기와 같은 능동적 생활양식의 촉진, 신선한 과일과 야채의 소비 등 건강한 환경의 창출이 가능하다는 점이다. 다섯째, 자동차/보행자 사고 예방과 폭력의 두려움 감소와 같은 거리 안전의 증가이다. 여섯째, 이동을 위한 교통방식의 선택과 지방적으로 접근 가능한 더 많은 시설들이라는 접근성과 선택의 자유 증가이다. 일곱째, 편리한 도보거리 내 시설 기회, 공공교통의 활용성이라는 공평성과 사회적 통합이다. 여덟째, 지역성과 결합된 일자리에 대한 가용성, 교통 매연 감축 등을 이끌 수 있는 지방적 노동 기회의 측면이다. 아홉째, 사회적 네트워크에 대한 접근용이성, 정신건강 증진과 같은 지방공동체의 가치이다. 열번째, 사용자/시민통제의 증가, 분산적 체계의 유지 등에 의한 지방적 자기결정의 증가이다.

이 가운데 자활 공동체와 직접적으로 연관되는 것은 여덟 번째 특성이다. 이를 좀 더 상세히 음미해 볼 때, 지방적 일자리 기회에 특히 가치를 부여하는 유형의 사람들은 돌봄 서비스 종사자, 파트타임 노동자, 자동차를 이용하지 않는 사람, 청년 등이라 할 수 있다. 한편 이들에 대한 지역에서의 적절한 노동 기회의 분산은 소매.

여가, 건강, 교육 시설의 지방화가 병행되는 이점을 발생시킨다. 반면에 높은 정도의 전문화에 의존하는 사업들은 지역적 또는 전국적 수준의 광고 지점이 필요하기 때문에, 일자리에 대한 지방적 접근이나 통근 거리의 감소 모두에 배치됨으로써 분산된 입지에 적합하지 않는 경향이 있다(Barton, 2002a: 58).

다음으로 실행 가능한 생태적 자활 모델의 전망 아래, 생태 지역(주의) 개념에서 보완되어야 할 측면을 살펴보자. 단적으로 생태 지역주의가 빠지기 쉬운 심층 생태주의의 영성론, 신비주의 속성을 극복하려면, 빈곤층 중심의 자족적 자활 공동체에 초점을 맞추는 '사회적 생태 지역주의(social bioregionalism)'로의 전화가 요구된다고 여겨진다. 사회 생태주의의 지역 공동체에 대한 적용이라 할 수 있는 '사회적 생태 지역주의'는 사람의 사회적 활동이 생태 지역과 조화롭도록 하되, 생태적 한계를 지지할 수 있는 지역 공동체의 기제 확보에도 동등한 중요성을 부여하는 입장이다. 또 그러한 사회 생태적 기제란 하층계급 사람의 상대적 권리를 인정한 바탕 위에서, 성별, 계층별, 국가별 불공평을 극복하려는 자발적 협력에 의해 작동되는 것이다. 이렇게 볼 때 사회적 생태 지역주의는 자발적 자족의 지역 공동체에 기초하여, 계급, 성, 인종 등의 사회적 차별과 자연에 대한 착취를 극복하기 위한 노력으로 발전되어야 한다.

구체적인 정책 프로그램 수준에서 생태적 자활 모델의 예를 제시한다면, 자활 공동체를 생태적 지속가능성과 연계시키는 생태적 일자리, 생태 기업 등이 도출될 수 있다. 이러한 생태적 제3부문의 고용은 이미 전개되어 온 숲 가꾸기, 재활용 등의 사업 외에도 시민기업 형태의 햇빛발전소, 도시의 생태복원을 위한 마을 만들기, 자연과 친숙해지기 위한 생태교육 등을 포괄한다. 그 밖에 빈곤과 환경악화에 대한 동시적 해법으로서, 농촌, 중소도시에서의 생태 공동체를 통한 탈 빈곤 전략도 꾸준히 실험되어야 할 것이다.

이와 함께 시론적 구상의 수준에서나마 생태적 자활 모델이 현실적으로 지속 가능하기 위해 요청되는 대안적 방향을 두 가지만 첨언해 본다. 첫째 이 모델의 핵심이 자발적 자족의 지역 공동체 형성이라고 볼 때, 이를 유지시켜 줄 자연과 사람의 상보성 원칙은 물론 사람끼리도 상보적이기 위한 학습의 중요성이 무엇보다 강조되어야 한다는 점이다. 둘째 근린 단위에서 생태적 자활의 공동체 만들기로부터 시작하지만, 이것이 지구의 화를 극복하는 지구적 지구의 전략적 기지가 되기 위해서는 '사회적 생태지역주의'로 지구를 에워싸는 전지구적 차원의 생태적 자활 논리가 개발되어야 하겠다. 물론 이것이 가능하려면, 생태적 자활의 모델은 사회 생태적인 동시적 양극화에 대처하기 위해 하층으로 주변화되는 계급의 사람들과 그러한 국가들, 또 이를 해결하기 위해 노력하는 비정부 조직 등과의 연대적 실천으로 구체화되어야 할 것이다.

# 제IX장

# 자본의 힘에 맞서는 생태적 대안

## - 도시 속의 생태마을, 물만골 공동체의 사례

## 1. 머리말

현대의 생태마을에 대한 계획안은 소규모의 마을과 유사한 상대적으로 자족적인 공동체를 만들려는 계속적인 시도로 해석될 수 있다. 따라서 최근에 형성된 생태공동체의 목표는 "인간이 인간 상호간에, 그리고 자연과 협동적으로 살 수 있는, 사회적으로 조화로우며 경제적으로 활력 있고 생태적으로 지속가능한 거주지를 만드는 것"이라 하겠다(Kirby, 2003: 323). 생태마을의 구성 원칙은 첫째 자연과 조화를 이루는 공생적 발전과 공진화, 둘째 자족성과 지속가능성, 셋째 차이의 존중과 의사소통적 합의, 넷째 공동체적 생산과 소비 등이다(최병두, 2003). 이렇게 볼 때 생태마을, 또는 생태공동체의 시도는 연대의 경제에 바탕을 둔 공동생산, 공동소비의 상호적 정의와 지속가능한 민주적 의사결정이라는 절차적 정의의 결합이라 이해될 수 있다.

근대적 생활양식에서의 비장소적 힘(non-localizing force)의 지속적인 지배는 유의미한 규모의 생태마을에 대한 실현 가능성을 침해해 왔다.[1] 그러나 그렇다고 해서 생태공동체의 프로젝트가 포기되어 온 것은 아니다. 오히려 오늘날 생태마을 운동은 사회 생태적 환경을 악화시키는 근대적 생활양식의 영향에 대응하는 전 세계적 현상으로 확산되어 왔기 때문이다. 비장소적 생활양식의 지배력이 지속된다고 하더라도, 이러한 경향이 생태적 안정성을 현격히 해치고 좀 더 지방적 기초를 갖는 생활양식이 더욱 환경친화적이라는 점이 공유될 경우 이러한 비장소적 추세에 저항하는 시도는 훌륭한 환경적 이유를 갖게 될 것이다(Taylor, 2002: 27).

한국에서 생태공동체 운동은 1990년대 이후 환경문제를 해결하기 위한 유기농업 조직이나 생활협동조합들에 의해 촉발되었다(김귀곤, 2003). 2004년 현재 한국에는 경북 의성군 쌍호공동체(1994년 시작), 인천 강화군 장화리(1998년 시작), 전북 무주군 진도리(1998년 시작), 경남 산청군 간디학교 안솔기 마을(2000년 시작), 충남 홍성군 문당리(2001년 시작) 등 많은 생태마을들이 존재한다. 이처럼 대다수의 생태공동체가 농촌지역에 위치하는 까닭은 도시의 경우 더욱 근대적인 비장소적 배경 아래 생태마을을 형성하기 위해 훨씬 어렵기 때문이라 할 수 있다.

이 장에서 다루고자 하는 부산 물만골 공동체는 한국에서는 유일무이하게 도심 한 가운데에 자리 잡고 있는 생태공동체이다. 행

1) 기든스(Giddens, 1990)는 이를 '뿌리뽑힘(disembedding)'의 과정으로 다음과 같이 서술하고 있다. "전근대적 배경에서의 장소의 우위성은 뿌리뽑힘과 시간-공간 거리화에 의해 광범위하게 파괴되어 왔다. 장소는 그것을 구성시키는 구조가 더 이상 공간적으로 조직되지 않기 때문에 환영적(phantasmagoric)이 되고 있다."

정구역상으로는 부산광역시 연제구 연산2동에 속하는 물만골은 1953년에 피난민이 처음 자리 잡은 이후, 1970년대에 부산역 부근 초량부두의 철거민이 집단 이주하여 대규모 무허가 정착지로 형성되었다. 이후 1990년대에 부산광역시청이 인근에 입지하게 되면서 도심의 요지가 된 이 곳은 지방자치단체의 도시미화를 위한 철거와 건설자본의 주택개량재개발 둘 다의 끊임없는 주목 대상이 되어 왔다. 1992년에는 불량주거지 재개발 사업을 위한 철거에, 1997년에는 아파트 방식의 대규모 재개발에 저항하여 주민들의 치열한 반대가 전개되었으며 그 과정에서 주민들 간에는 공동체적 연대의 관계가 형성되었다고 할 수 있다. 그 결과 주민들은 1999년부터 물만골 공동체를 조직하여 자립적인 공동체 운영과 토지 공동구입에 의한 친환경적 마을 만들기를 지향해 왔다.

## 2. 연구 방법

이 장에서의 조사 방법은 설문지에 근거한 양적 접근에 기초해 있다. 설문조사는 생태마을의 현황과 공동체 시설에 대한 문항들을 중심으로 2004년 5월에 물만골 공동체의 협조로 시행되었으며[2], 최종적으로 171사례가 분석에 이용되었다. 이 장에서 생태공동체에 대한 분석은 첫째 주민의 사회 인구학적 특성, 둘째 자본의 힘에 대응한 저항의 형태, 세째 생태마을의 향후 발전 방향 등의 세 가지 영역별로 이루어질 것이다.

---

2) 조사에 도움을 주신 물만골 공동체 견대필 위원장과 주민들께 감사한다.

## 3. 조사 결과

### 1) 사회 인구학적 특성

2003년 12월 현재 물만골에는 450가구, 1,211명의 주민이 거주하고 있다. 조사된 표본의 성별 구성을 보면, 남성이 45.6%이고 여성이 54.4%이다. 또 연령 분포는 30대 이하 27.6%, 40대 21.2%, 50대 22.9%, 60대 이상 28.2%로 구성되어 있다. 한편 주민의 거주 기간을 볼 때, 1990년 이전에 정착한 비율이 59.1%이고 1991-2000년 사이에 이주한 비율이 31%인 데 비해 단지 9.9%만이 2001년 이후 물만골로 이사해 온 것으로 나타난다. 이처럼 주민의 절반 이상이 15년 이상 장기 거주하고 있다는 사실은 88.3%라는 대다수가 자가 소유자라는 주택보유 형태와도 관련 있다고 보여 진다.

다음으로 주민의 직업분포는 전문 관리직 2.9%, 사무직 5.8%, 자영업 14.0%, 숙련생산직 7.0%, 일용노동 14.6%, 주부 23.4%, 학생 7.6%, 무직 및 기타 24.6%여서, 무직, 일용노동자 등 전통적인 도시빈민 고용형태가 많은 편이다. <그림 IX-1>에서 직업별 월평균 가구소득 을 보면, 전문 관리직의 소득이 압도적으로 높은 반면에 일용노동자나 무직 및 기타 계층 주민의 소득 수준은 매우 낮은 상태임을 알 수 있다.

<그림 IX-1> 직업별 월평균 가구소득

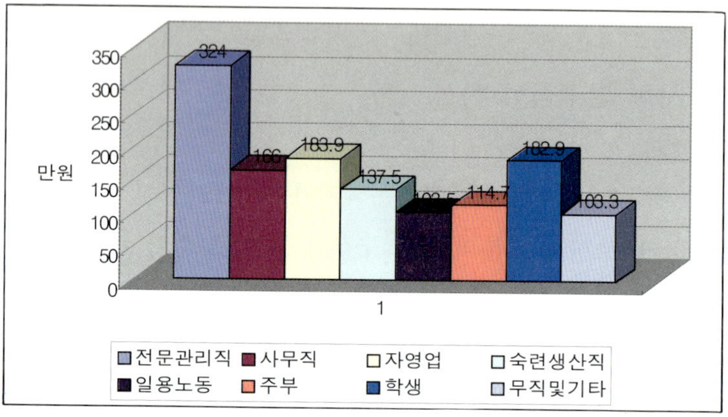


## 2) 자본의 힘에 대응한 주민의 저항

부산의 도시화 과정에서 전 부산역 인근 초량 부둣가로부터 철거당한 도시빈민들은 당시로는 도시 외곽의 황령산 자락인 물만골로 이주했다. 그런데 이 곳의 법적 용도는 공원부지여서, 부산시는 도시미관 등의 이유로 빈번히 물만골의 무허가 주택을 철거하려고 시도해 왔다. 이 같은 지방자치단체의 철거정책에 맞서, 주민들은 1980년대 초반부터 '협동회'를 결성하여 계속 강력하게 저항해 왔다. 그러나 이 조직은 이후 건설자본의 주택재개발 프로젝트에 동조하는 '개발조합'으로 변신됨으로써, 철거에 따른 주민 생존권 침해를 방어할 조직 기반이 와해되는 결과를 낳았다(이희찬, 2001).

그런 가운데 1998년에 부산광역시는 물만골 산자락을 가로지르는 도로 개설을 계획하게 된다. 이와 같은 물만골의 자연환경을 파괴하는 도로개설에 대한 반대를 계기로 하여, 주민들은 자신들을 또 다시 철거시켜 빈곤을 가중시킬 가능성이 높은 건설자본의 재개발 계획을 저지하기 위해 '물만골 공동체'를 결성하기에 이른다. 물만골 공동체는 재개발에 따른 철거를 막아내는 방법이 생태마을 조성에 의한 친환경적 주택개선이라는 합의를 도출하여, 생태보전과 생활 상의 이익을 동시에 추구하는 사업들을 벌여 왔다. 예를 들면 음식물 쓰레기를 발효시킨 후 마을공동 가축의 사료나 텃밭의 퇴비로 사용하고 있으며, 자활사업단을 구성하여 재활용품의 분리 수거에서 생기는 이익을 분배하고 수익금의 10%는 공동체에 내도록 하고 있다(박형숙, 2001).

또 물만골 공동체는 재개발을 위한 자본의 위협에 근본적으로 대응하기 위해 주민에 의한 물만골의 국공유지 공동 구입을 추진해 왔다. 이러한 국공유지의 공동구입에는 전체 가구의 70%가 넘는 350가구가 참가했으며, 매입 토지의 면적은 마을 전체의 2/3에 달하는 7만 6천 $m^2$에 이르고 있다. 부지 매입에 참여할 수 있는 주민은 3년 이상 거주자로 제한되며, 마을 공동 소유의 원칙을 견지하기 때문에 되팔 때에도 공동체에 반납한 다음 새로운 전입자에게 원 가격대로 매도하도록 되어 있다. 이와 함께

<표 IX-1>과 <표 IX-2>를 보면, 비교적 젊은 연령층과 상대적으로 고소득층인 주민이 국공유지에 공동구입에 대한 참여도가 더 활발하다고 할 수 있다. 이로부터 추정되는 것은 나이가 많은 고령 거주민의 경우 공동구입에 의해 미래의 주거지를 설계할 욕구가 적을 수밖에 없다는 점과, 특히 월 소득 50만원이하 저소득 주민의 경우에는 토지구입비를 감당할 여력이 없다는 사실이다.

<표 IX-1> 연령별 국공유지 공동구입 참여 여부

| | 30대 이하 | 40대 | 50대 | 60대 이상 | 계 |
|---|---|---|---|---|---|
| 참여 | 29 (61.7%) | 16 (44.4%) | 21 (53.8%) | 22 (45.8%) | 88 (51.8%) |
| 불참 | 18 (38.3%) | 20 (55.6%) | 18 (46.2%) | 26 (54.2%) | 82 (48.2%) |
| 전체 | 47 (100.0%) | 36 (100.0%) | 39 (100.0%) | 48 (100.0%) | 170 (100.0%) |

이를 감안하여 물만골 공동체는 생태마을 계획에서 소년소녀 가장이나 독거노인 등 부지매입이 어려운 주민의 거주공간도 배려하고 있다(한국일보, 2004). 한편 물만골의 향후 발전 방향에 대해서는 전체적으로 70%의 주민이 친환경적 재건축이라는 생태마을의 전망에 동의하는 것으로 나타난다(<표 IX-3> 참조). 이를 국공유지 공동구입 참여 여부별로 교차해 볼 때, 공동구입에 참여한 주민이 생태마을로의 계획에 좀 더 적극적임을 알 수 있다.

<표 IX-2> 소득수준별 국공유지 공동구입 참여 여부

| | 50만원이하 | 51-100만원 | 101-150만원 | 151만원 이상 | 계 |
|---|---|---|---|---|---|
| 참여 | 8 (33.3%) | 29 (54.7%) | 18 (52.9%) | 24 (63.2%) | 79 (53.0%) |
| 불참 | 16 (66.7%) | 24 (45.3%) | 16 (47.1%) | 14 (36.8%) | 70 (47.0%) |
| 전체 | 24 (100.0%) | 53 (100.0%) | 34 (100.0%) | 38 (100.0%) | 149 (100.0%) |

<표 IX-3> 국공유지 공동구입 참여 여부별 향후 발전 방향

| | 참여 | 불참 | 계 |
|---|---|---|---|
| 현상태유지 | 7<br>(7.9%) | 23<br>(28.0%) | 30<br>(17.5%) |
| 친환경적 재건축 | 74<br>(83.1%) | 45<br>(54.9%) | 119<br>(69.6%) |
| 아파트건축 | 5<br>(5.6%) | 7<br>(8.5%) | 12<br>(7.0%) |
| 철거 후 이주 | 1<br>(1.1%) | 6<br>(7.3%) | 7<br>(4.1%) |
| 기타 | 2<br>(2.2%) | 1<br>(1.2%) | 3<br>(1.8%) |
| 전체 | 89<br>(100.0%) | 82<br>(100.0%) | 171<br>(100.0%) |

### 3) 생태마을에 대한 전망

<표 IX-4>와 <표 IX-5>는 연령과 직업별로 현재 물만골의 거주 편의성과 불편함을 둘러싼 각각의 지표에 대해 매우 동의 2점, 동의 1점, 동의하지 않음 -1점, 전혀 동의하지 않음 -2점의 점수를 부여하여 평균 분석한 결과이다. 전반적으로 물만골 주민들은 자연환경과 등산 편리성 등에 대해 더욱 만족하는 편이며, 노후 주택 시설의 물리적 불편성에 가장 불만족함을 알 수 있다. 연령별로는 30대 이하의 젊은 층에서 물만골의 편의성에 대한 동의 점수가 낮게 나타나며, 직업별로는 무직 및 기타 주민이 불편함에 대한 동의 점수가 낮은 편이다.

<표 IX-4> 연령별 물만골의 편의성에 대한 평균분석 결과

단위 : 점(응답자 수)

| 연령 | 도심근접 | 자연환경 | 공동체 자부심 | 등산편리 | 쇼핑편리 |
|---|---|---|---|---|---|
| 30대 이하 | .6383<br>(47) | 1.5106<br>(47) | .6809<br>(47) | 1.3617<br>(47) | -.3404<br>(47) |
| 40대 | 1.3056<br>(36) | 1.6389<br>(36) | 1.1667<br>(36) | 1.3889<br>(36) | .2222<br>(36) |
| 50대 | 1.4359<br>(39) | 1.7436<br>(39) | 1.0256<br>(39) | 1.7692<br>(39) | .9744<br>(39) |
| 60대 이상 | 1.2500<br>(48) | 1.8333<br>(48) | 1.3333<br>(48) | 1.4583<br>(48) | .6875<br>(48) |
| 전체 | 1.1353<br>(170) | 1.6824<br>(170) | 1.0471<br>(170) | 1.4882<br>(170) | .3706<br>(170) |

<표 IX-5> 직업별 물만골의 편의성에 대한 평균분석 결과

단위 : 점(응답자 수)

| | 화장실 | 노후주택 | 교통 | 교육 |
|---|---|---|---|---|
| 전문관리직 | 1.2000<br>(5) | 1.2000<br>(5) | 1.0000<br>(5) | .8000<br>(5) |
| 사무직 | 1.0000<br>(10) | 1.8000<br>(10) | 1.0000<br>(10) | .6000<br>(10) |
| 자영업 | 1.0000<br>(24) | 1.3333<br>(24) | -.1250<br>(24) | -.0833<br>(24) |
| 숙련생산직 | 1.2500<br>(12) | .9091<br>(11) | .5455<br>(11) | .3636<br>(11) |
| 일용노동직 | 1.1200<br>(25) | 1.0800<br>(25) | -.6000<br>(25) | .1600<br>(25) |
| 주부 | 1.2000<br>(40) | 1.3500<br>(40) | -.1000<br>(40) | .2750<br>(40) |
| 학생 | 1.2308<br>(13) | .6154<br>(13) | .1538<br>(13) | .0000<br>(13) |
| 무직 및 기타 | .4524<br>(42) | .9048<br>(42) | -.4762<br>(42) | .0476<br>(42) |
| 전체 | .9708<br>(171) | 1.1353<br>(170) | -.1118<br>(170) | .1706<br>(170) |

물만골 공동체는 생태복원과 지역사회 재활용에 대한 노력을 인정받아, 2002년에 부산광역시로부터 '녹색환경상'을 수상하기도 했다. 물만골 공동체의 1대 위원장에 따르면, 현재 11만평 가까이 흩어져 있는 마을을 7-8만평으로 축소 배치하고, 훼손된 자연환경을 복원하여 자연과 공생하는 마을 만들기가 추진되고 있다. 또한 개별 주택에서 방류되는 하수를 철저하게 처리하여 황령산 계곡의 수질을 정화시킬 예정이다. <표 IX-6>은 향후 조성될 생태마을에 필요한 시설들 각각에 대한 응답 결과를 매우 필요 2점, 필요 1점, 불필요 -1점, 전혀 불필요 -2점의 점수를 주어 평균 분석한 결과를 소득 수준별로 나타낸 것이다. 전체적으로 볼 때, 물만골 주민들은 생태복원, 노인주거단지, 자활사업 등에 대해 필요성 인식이 높은 것으로 나타난다. 소득 수준별로는 상대적인 고소득층 주민이 박물관이나 도시농장에 대한 필요성 의식이 비교적 높음을 알 수 있다.

<표 IX-6> 소득수준별 생태마을 필요시설에 대한 평균 분석 결과

단위 : 점(응답자 수)

| | 대안학교 | 자활사업 | 생태복원 | 재생에너지 사업 | 노인주거단지 | 박물관 | 도시농장 |
|---|---|---|---|---|---|---|---|
| 50만원 이하 | 1.0000 (24) | 1.5833 (24) | 1.5000 (24) | .6667 (24) | 1.4167 (24) | .7083 (24) | .4167 (24) |
| 51-100만원 | .8039 (51) | 1.5283 (53) | 1.7170 (53) | .7647 (51) | 1.7451 (51) | .6863 (51) | .6078 (51) |
| 101-150만원 | 1.0606 (33) | 1.4412 (34) | 1.6061 (33) | .6970 (33) | 1.5294 (34) | 1.0606 (33) | .5758 (33) |
| 151만원 이상 | 1.0789 (38) | 1.3421 (38) | 1.6579 (38) | .8947 (38) | 1.6053 (38) | 1.0789 (38) | .9737 (38) |
| 전체 | .9658 (146) | 1.4698 (149) | 1.6419 (148) | .7671 (146) | 1.6054 (147) | .8767 (146) | .6644 (146) |

## 4. 간략한 토의

물만골은 아직 완성되지 않은 현재진행형의 도시 속의 생태마을이다. 특히 이 마을은 자본과 지방 당국의 재개발 및 철거 위협에 대응하여 마을의 존속 대안을 생태공동체로 잡았다는 점에서 향후의 추이가 주목된다고 할 것이다. 그렇다면 물만골의 사례가 자본의 힘에 저항하는 생태적 대안으로 뿌리내리는 데 주요하게 작용했던 요소들과 남겨진 과제들을 식별해 보기로 하겠다.

첫째 생태적 지속가능성과 빈곤층 주민의 생존권에 대해 균형 잡힌 시각을 견지했다는 점이다. 재활용 등의 자활사업은 특히 IMF 사태 이후 실업상태에 처한 주민들에게 일정한 소득을 발생시켜 공동체를 활성화시키는 데 기여했다. 앞으로의 생태마을 프로젝트에서도 생태복원이나 친환경적 주택개선 외에, 주민의 생산활동과 환경문제 해결을 동시에 추구하는 일자리 창출이 중요한 의의를 가질 수 있다.

둘째 생태마을의 핵심적 담보는 국공유지에 대한 물만골 공동체 명의의 공동 구입이라 할 것이다. 그렇기 때문에 아직까지 국공유지로 남아 있는 나머지 마을 땅을 공동체 차원에서 매입 완료하는 것이 시급한 과제라고 하겠다. 왜냐하면 2005년에 부산 지하철 3호선의 물만골 역이 주변에 생기고 황령산 순환도로가 마을 위를 통과하게 됨에 따라, 생태 공동체 운동에 밀려 잠복되어 있던 재개발 자본의 힘이 다시금 산동네에 뻗쳐 올 가능성도 여전히 남아 있기 때문이다.

제X장

# 환경 갈등의 해결을 위한 환경 가버넌스 형성과 숙의 민주주의의 시도

- 울산 북구 음식물 자원화 시설 입지를 둘러싼 시민 배심원 제도 도입의 사례

## 1. 머리말

2005년 1월부터 음식물 쓰레기의 직 매립이 전국적으로 금지됨에 따라, 음식물 쓰레기의 대안적 처리 방안이 모든 지방정부에서 관심사로 부상해 왔다. 전국에서 하루에 발생되는 생활 쓰레기의 양은 1996년의 약 5만 톤 규모에서 1998년에는 약 4만4천 톤으로 감소되었으나, 1999년부터 다시 증가하여 2000년 약 4만6천 톤, 2002년 약 5만 톤을 나타내고 있다. 하루에 발생되는 음식물 쓰레기의 경우, 1996년에는 약 1만5천 톤이었으나 2000년에는 약 1만1천 톤으로 줄었으며 이후 2002년까지는 2000년 수준을 그대로 기록하고 있는 중이다. 한편 1996-2002년 사이 음식물 쓰레기 처리 방식의 변화를 볼 때, 매립이 68.3%에서 41.5%로 감소한 반면에

재활용은 26.2%에서 44%로, 소각도 5.5%에서 14.5%로 증가하는 추세이다.[1)]

이처럼 음식물 쓰레기의 직 매립 금지로 말미암아 최근 특히 대도시에서는 음식물 자원화 시설이 활발하게 설치되어 왔다. 그런데 이 시설은 악취, 침출수 등에 따른 주민 혐오를 불러일으킬 수도 있지만 원자력 발전소(이하 원전)나 댐보다는 사회적 필요성이 훨씬 명백한 특징을 지닌다고 볼 수 있다. 이 글은 울산 북구의 음식물 자원화 시설 입지과정에서 발생한 지방정부와 주민 간 갈등을 해결하기 위해 도입된 시민 배심원 제도의 사례(이하 울산 북구 사례)를 검토하고자 한다. 울산 북구 사례는 지방정부와 이해당사주민 간 합의를 통해 시민배심원 제도라는 한국 최초의 환경 가버넌스 모형을 적용했다는 점에서 특별한 주목에 값한다고 하겠다.

가버넌스에 의한 시민참여는 정부와 제3섹터의 파트너십을 강조하는 '제3의 길'의 세계화에 발맞추어 한국에서도 환경 갈등을 해결하는 수단으로 관심을 모으고 있다. 방사성 폐기물 처분장(이하 방폐장) 입지를 둘러싼 주민투표에서부터 댐 건설 문제에 대한 전문가 개입, 유전자 조작이나 원전 건설에 대한 시민 합의회의 등 한국에서의 환경 가버넌스에 대한 실험은 최근에 꾸준히 이루어져 온 편이다(조승헌, 2004; 허상수, 2004; 윤순진, 2004 등). 그러나 이러한 숙의 민주주의 모델의 구축 노력이 실제의 환경 갈등을 해결하는 데 성공한 경우는 거의 없었다. 그러므로 시민 민주주의의 진전과 지방자치 제도화에도 불구하고 중앙정부 또는 지방정부에

---

1) 정부는 2003년부터 음식물 쓰레기의 발생을 매년 2%씩 감량하여 2007년에는 발생량의 77%를 음식물 자원화 시설에서 재활용하여 처리할 계획이다. 환경부(2004) 참조.

의해 촉발되는 갈등에 대한 합의 체계가 부재한 실정에서, 울산 북구 사례는 앞으로의 환경 가버넌스와 숙의 민주주의 모델 구축에 대해 유의미한 시사점을 주리라 기대된다.

시민 배심원 제도는 이해당사자로부터 제출된 의견들에 대해 층화 표본으로 구성된 상식적 식견을 지닌 배심원단이 검토한 후 판결과 설명, 권고를 도출하는 방법을 가리킨다. 배심원들은 소수의 대안을 제시받은 다음, 며칠 동안의 회의를 거쳐 이해당사자들의 주장과 전문가의 증언을 청취한다. 상식적인 배심원단에게 제시되는 애초의 옵션들은 합리적으로 명확해야 하며, 배심원들에게는 세부적인 기술적 지식을 얻는 시간이 제한되어 있기 때문에 대안적인 제안을 만들어내는 경우는 매우 드물다. 시민배심원제는 1회에 한해 운영되는 것이어서, 재심의가 필요할 경우에는 새로운 패널로 구성되는 것이 일반적이다(Meadowcroft, 2004). 그런데 가버넌스의 경험이 일천한 한국에서 이 같은 시민참여 기법의 적용은 정책 결정과 실질적으로는 연계되지 않았던 시민합의회의나, 패널 구성에 이해당사 주민의 의견이 반영되지 않은 전문가 조정 시도보다는 좀 더 진보된 형태의 시도였다고 평가될 수 있다.

이 글에서 주목하고자 하는 연구의 쟁점은 다음의 세 가지이다. 이러한 쟁점들은 울산 북구 사례에 대한 분석을 통해 환경 갈등의 주요 초점, 시민 배심원 제도를 통한 환경 가버넌스의 의의와 한계, 지방정부와 주민, 시민단체 간 숙의 민주주의 모델 구축의 가능성 등을 탐색하는 데 길잡이 역할을 할 수 있을 것이다.

첫째, 음식물 자원화 시설 입지와 관련하여 환경 갈등의 초점으로 부상한 것은 무엇인가? 음식물 자원화 시설은 친환경 시설인가, 아니면 혐오 시설인가? 이 시설 입지를 둘러싼 주민 반대에 대한 효과적인 대응은 더 많은 보상인가, 아니면 입지의 변경인가?

둘째, 환경 가버넌스의 한 방법인 시민 배심원 제도는 울산 북구에서 음식물 자원화 시설의 입지 갈등을 해결하기 위해 어떠한 맥락에서 도입되었는가? 원론적인 시민 배심원 제도에 비추어 볼 때, 울산 북구 사례의 경우 어떠한 특수성을 드러내는가?

셋째, 시설 입지를 둘러싼 환경 갈등이 대개 정부에 의해 촉발, 관리된다고 볼 때, 지방정부와 주민 간 권력 불균등성의 조건 아래 숙의 민주주의는 어떻게 현실화될 수 있으며 그 안에서 전문가의 기술적 판단은 어떤 의미가 있는가?

이 글은 숙의 민주주의, 환경 가버넌스, 환경 갈등 해결 등의 개념을 간단히 검토한 다음, 위와 같은 세 가지 쟁점들을 중심으로 울산 북구 사례의 배경과 과정, 결과를 기술하고자 한다. 이를 통해 울산 북구 사례가 지방정치에서의 시민 참여 증진에 대해 어떠한 함의를 주는가를 결론적으로 제시할 것이다. 연구의 방법은 필자가 2004년 12월에 시민 배심원단의 일원으로 참여하면서 직접 관찰, 면접, 기록한 내용과 구청, 주민 측에서 제출한 문헌자료에 의존했다.

## 2. 개념적 검토
## – 숙의 민주주의, 환경 가버넌스, 환경 갈등의 해결

현존하는 대표적인 정치체제는 대의 민주주의(representative democracy)이다. 대의 민주주의는 시민들이 투표로써 정규적으로 표출시키는 독립적으로 형성된 선호들의 총합을 통해, 특정한 행정부와 해당 공공정책 프로그램을 이끄는 것으로 정의될 수 있다. 이에 반해 숙의 민주주의(deliberative democracy)는 시민들의 선호 차이가 사익보다는 공공선에 의해 제시되는 공공의 토론을 통해 더 잘 드러날 수 있다고 주장하는 접근이다(Munton, 2003).

이러한 대의 민주주의와 숙의 민주주의의 차이는 다음과 같은 두 가지 방식으로 이해될 수 있다(Meadowcroft, 2004). 첫째, 숙의 민주주의자들은 한 표를 던지는 행위가 아니라 투표에 선행하는 이성적 토론과 공공의 성찰이 민주적 의사결정의 핵심이라고 주장한다. 둘째, 숙의 민주주의자들은 공익이 단지 기존의 선호들을 총합함으로써 발생될 수 없으며 새로운 통찰에 의해 애초의 관점을 변형시키는 숙의 과정을 통해서만 획득될 수 있다고 강조한다. 이처럼 숙의 민주주의란 오늘날의 역동적이고 다양한 사회 속에서 대의 민주주의의 한계를 극복하기 위한 '민주주의의 민주화' 시도이자, 정당한 입법의 쟁점을 시민들의 공공적 숙의로부터 접근하려는 입장이라고 볼 수 있다.

다음으로 가버넌스(governance)란 정치, 사회, 경제 행위자의 활동을 통치 관리하는 양식, 또는 구조라고 할 수 있다. 더 나아가 가버넌스는 상호규제적, 상호조정적, 상호협력적 관계를 특징으로 하기 때문에 사회 속의 조직들이 스스로 조직하는 조직간 연계망을 통치하고 관리하는 기제로 규정된다(조명래, 2002). 이렇게 볼 때 가버넌스는 정치, 경제 행위의 전통적 주체인 정부, 기업 외에 시민 또는 비정부조직까지 참여하는 협동(協動)적 통치체제로 이해될 수 있다. 이 때 가버넌스를 통한 시민참여는 특정한 결정이나 문제에 대해 정부, 시민, 이해당사자 및 이익집단, 기업 간 의사소통을 용이하게 하는 포럼 외에도 전문가 워크샵, 설문조사에 의한 자문, 시위 행동 등 다양한 형태를 띨 수 있다(Munton, 2003).

존(John, 2004)에 의하면, 환경 가버넌스의 접근유형은 지리적 규모와 실질적 초점에 따라 이익집단(interest group) 가버넌스, 합리적(rational) 가버넌스, 대중적(populist) 가버넌스, 시민적(civic) 가버넌스로 구분된다(<표 X-1> 참조).[2)] 이에 덧붙여 메도우크로프트(Meadowcroft, 2004)는 환경 가버넌스 과정에서의 숙의 민주주의에 동원될 수 있는 시민참여의 도구들을 공공심의(public inquiry), 주민투표(referendum), 시민 자문 패널(citizen advisory panel), 시민 배심원(citizen jury), 환경 협약(environmental covenant), 협상 규제(negotiated regulation), 중재(mediation) 등으로 분류하고 있다(<표 X-2> 참조).

<표 X-1> 환경 가버넌스의 네 가지 접근들

| | 부분적, 간헐적 | 체계적, 전체적 |
|---|---|---|
| 전국 | 이익집단 가버넌스<br>(입법을 둘러싼 조정, 국가 보조금 및 인센티브, 전국 캠페인이나 로비활동 등) | 합리적 가버넌스<br>(지속가능위원회 등 포괄적 계획을 위한 국가위원회, 광범위한 합의도출과정) |
| 지방 | 대중적 가버넌스<br>(지방 수준의 재활용, 지방 토지 트러스트 등, 카리스마적 지도력 중요) | 시민적 가버넌스<br>(생태공동체, 공유된 목적의 프로젝트 이행, 막후의 전문가 공동체가 중요) |

출처: John(2004).

2) 울산 북구 사례는 지방 규모에서의 환경 가버넌스의 시도로서, 제도화된 사전적 정책 판단의 맥락이 아니라 지방정부와 이해당사 주민 간 갈등이 날카로와진 국면에서 최후의 해결 수단으로 도입되었다는 점에서 대중적 가버넌스 접근에 가깝다고 할 수 있다.

지방 수준의 환경 가버넌스는 '지방의제 21'처럼 시민적 가버넌스의 상시적 틀에 의해 가동될 수도 있지만, 환경 갈등의 해결 도구로 작동되는 경우가 많다. 그러한 환경 갈등들은 계획이나 정책 결정에 관련되는 상향적 분쟁과, 복종 및 강제에 관련되는 하향적 분쟁으로 분류될 수 있다(O'Leary et al., 2004). 상향적 환경 갈등은 전국적, 지역적, 지방적 차원에서의 정부 정책의 창출과 이행에서 발생되는 정책 수준의 갈등을 가리킨다. 반면에 하향적 환경 갈등은 토지이용 방식, 자연자원의 배분이나 분배, 산업시설을 비롯한 대규모 시설의 입지, 환경허가의 부여 등에서 비롯된 것으로 입지 특정적 특징을 갖는다고 할 수 있다.

환경 갈등의 해결은 사안에 따라 긍정적일 수도 있고 부정적일 수도 있는 효과를 갖는다(Susskind et al., 1999). 환경 갈등의 해결이 가장 도움이 되는 경우는 각각의 참여자가 결과를 매우 중요한 것으로 간주할 때, 쟁점들이 상대적으로 명료할 때, 관련 법률이 협상에 의한 문제 해결에 충분할 정도로 유연할 때, 환경 갈등의 해결이 공청회 이전의 초기 단계부터 시작될 때, 실제의 의사결정자가 직접 참여하거나 대표를 지명할 의지가 있을 때, 참여자의 안전에 대해 내재적 위험이 없을 때 등으로 나열될 수 있다. 다른 한편으로 환경 갈등 해결이 사용되어서는 안 되는 경우로는 공중의 건강이나 안전 측면에서 조치가 당장 취해지는 것이 요구될 때, 선행하는 배경이 중요할 때, 참여자들이 상대방의 권리를 인정하지 않을 때, 재정 지원을 제공하는 집단이 과정에 대한 통제를 완결하려고 주장할 때, 과정이 실제 조치를 유예시키거나 무엇인가 행해지고 있다는 환상을 만들려는 수단으로 이용될 때 등이 거론된다.

<표 X-2> 환경 가버넌스에 사용되는 시민참여의 기법들

| | 이해관계 표현방식 | 숙의과정 참여자 | 산출의 성격 | 실행에서의 역할 |
|---|---|---|---|---|
| 공공심의 | 공정한 심판관 또는 패널에 대한 발표 | 심의 패널 | 심의보고서, 관련 행위자에 대한 권고 | 없음 |
| 주민투표 | 관계 집단 및 개인에 의한 공공 캠페인 | 공중(公衆) | 거부/찬성(결정이건 자문이건) | 없음 |
| 시민자문 패널 | 패널(선별에 의해 구성)에게 제출된 의견 | 상식적 패널 | 관련 행위자에 대한 자문 | 없음 |
| 시민 배심원 | 패널(층화 표본에 의해 구성)에게 제출된 의견 | 상식적 배심원 | 판결과 설명, 관련 행위자에 대한 권고 | 없음 |
| 환경협약 | 참여 집단들로부터의 직접 투입 | 행위자 및 산업 대표들 | 환경협정 | 관련단체에 대한 협정 통지, 중재행동의 이행 |
| 협상 규제 | 참여 집단들로부터의 직접 투입 | 관계 집단 대표들 | 규제 규칙 초안 | 관련단체에 대한 협정 통지 |
| 중재 | 참여 집단들로부터의 직접 투입 | 관계 집단 대표들 | 중재협정 | 관련단체에 대한 협정 통지, 중재행동의 이행 |

출처 : Meadowcroft(2004).

## 3. 환경 갈등의 초점

울산 북구는 2004년 말 현재 자체 음식물 자원화 시설이 없어 음식물 쓰레기를 남구 성암동의 중구 처리시설에 톤당 38,100원씩 주고 위탁처리하고 있다. 울산 북구 지역은 2005년 8월 현재 민주노동당 소속의 지역구 국회의원이 구청장이었던 2001년부터 자체 계획을 세워 국비 8억 3,100만원, 시비 14억 6,950만원, 구비 4억

6,950만 원 등 27억 7천만 원의 예산으로 약 960평의 부지에 하루 최대 30톤 처리 규모의 지렁이 사육과 퇴비화에 의한 음식물 자원화 시설을 추진해 왔다. 그 결과 2001년 11월까지 사업계획 승인, 대부분의 예산 확보, 중산동 829번지에 대한 부지 확정을 마치게 되었다.3)

한편 2002년 6월의 지방선거로 새로 선출된 민주노동당 소속의 현 구청장은 그 해 12월초에 구의회로부터 마지막 남은 행정적 절차인 공유재산 관리계획 변경의 승인도 얻게 된다. 그런데 중산동 주민들은 이 시점부터 음식물 자원화시설 설치 반대운동을 시작하여, 구청에 의한 설명회, 토론회, 공청회 등이 개최되었음에도 불구하고 줄기찬 저항을 전개해 왔다. 이처럼 합의 도출이 되지 않은 상태에서 구청은 지원받은 국비 및 시비의 집행시기가 도래했다는 이유로 업체 선정에 착수하여 2003년 12월 20일에 음식물 자원화 시설을 착공하기에 이른다. 이후 공사, 주민 반대, 대화 재개, 합의 실패, 공사재개, 물리적 반대, 공사 중단이 되풀이되는 가운데, 결국 업체가 손해배상 소송은 물론 22명의 주민에 대한 업무방해 고

3) 울산광역시 북구청(2004)에 의하면, 중산동 829번지를 후보지로 결정한 이유로는 국공유지라는 점, 교통이 편리하고 접근성이 좋다는 점, 하수처리가 용이하다는 점 등이 고려되었다. 우선 같은 면적의 사유지를 구입하려면 약 5억원이 소요되며 지주가 동의하지 않으면 매입이 어려운 데 반하여, 국공유지는 매수협의가 용이하고 공시지가로 저렴하게 매입할 수 있는 이점이 있다. 또한 이곳은 지리적으로 농소 일대의 아파트 단지와 가까워 접근성이 좋으며 교통이 편리하다. 그리고 방어진 하수종말처리장으로 가는 차집 관로가 바로 옆의 동천강 둑을 따라 매설되어 있어 하수처리가 용이하다는 점도 중산동이 후보지로 결정된 배경이라고 할 수 있다.

발을 하게 되고 주민은 자녀들의 등교거부까지 감행하는 등 상황이 계속 악화되어 왔다.

그러면 여기서는 앞서 제시한 첫 번째 연구 쟁점인 환경 갈등의 초점과 관련하여, 음식물 자원화 시설의 친환경 시설 및 혐오시설 여부, 그리고 갈등의 해결 대안으로서의 보상 및 입지 변경 문제를 중심으로 울산 북구 사례를 검토해 보기로 하겠다. 이 때 이들 쟁점별로 지방정부, 주민 간 입장이 어떻게 다른가를 중심으로 서술하고자 한다.

먼저 첫 번째 쟁점과 관련하여 구청 측은 환경 친화적인 경남 남해군의 음식물 자원화 시설(이하 남해 시설)을 모델로 하되, 운영과정에서 나타난 취약점을 보완하도록 설계에 반영했음을 강조한다. 특히 악취 저감대책에 중점을 두어 냄새 확산과 해충발생 여지를 차단하도록 시설 구조를 보완했다고 한다. 즉 시설 내부를 각각 별개 구조로 하고 선별 및 파쇄공정 자동화, 악취 포집 공정과 고성능 바이오 필터시설, 발효 후숙을 위한 밀폐형 바이오 타워시설, 침출수 침전조 공정 등을 추가했다는 것이다. 구청의 설명에 의하면, 위의 전처리 과정을 거치면 음식물 쓰레기는 투입양의 25% 수준으로 줄고 손으로 만지거나 냄새를 맡아도 거의 불쾌감을 주지 않는 '지렁이 사료'가 된다. 이 과정에서 퇴비로 보내도 되지만 좀 더 완벽한 처리를 위해 다시 한 번 지렁이에게 투여하여 지렁이가 먹고 분변토로 배출케 한다는 것이다.

이에 반해 중산동 주민 측(이하 주민 측)은 악취, 해충 발생, 침출수 등의 환경적 측면 외에도 교통난, 재산가치 하락[4] 등 사회적

---

4) 주민 측이 시민배심원단에 제출한 참고자료에 의하면, 울산 전체적으

영향을 근거로 혐오시설의 낙인을 찍는 데 주저하지 않는다. 더욱이 주민대표자회의 간부가 남해 시설을 방문하여 주변의 학생과 주민에게서 지렁이 사육방식이 악취가 심하다는 인터뷰를 해 오고 후숙 처리를 위한 실험용 시료에서 발생한 구더기를 촬영하여 배포하자, 이러한 혐오시설의 이미지는 더욱 강화되어 왔다. 또 중산동 주민들은 혐오시설의 유치 과정에서 사전 홍보 및 주민동의 과정이 없었다는 비민주적 행정절차도 문제 삼고 있다. 이에 대해 구청 측은 부지 선정 당시 북구청에서는 주택가와의 이격 거리가 충분하다고 판단했는데 반해, 주민들은 400m 이상 떨어져 있어도 바로 자기 집 옆이라고 생각한다는 반응을 나타낸다. 즉 구청의 경우 건물 밖에서는 악취문제를 염려하지 않아도 될 시설이라는 확신을 갖고 추진하고 있으나, 주민들은 1km 이상의 거리에서도 악취와 해충 피해가 심할 것이라고 느끼는 '관점의 차이'가 문제라는 것이다.[5)]

다음으로 두 번째 쟁점에 대해 구청 측은 충분한 보상을 통해 주민의 피해의식에 대응하겠다는 입장을 내세운다. 시민배심원단

---

로는 건축비 및 물가의 상승에 따라 아파트 가격이 상승했으나 중산동 H아파트의 가격은 24평형의 경우 하락하고 33평형도 다른 아파트에 비해 오름폭이 현저히 낮은 것으로 나타난다.

5) 중산동 주민의 '음식물 자원화 시설 반대를 위한 비상대책위원회(이하 비대위)'가 울산사회조사연구소에 의뢰하여 울산시민 500명을 대상으로 조사한 결과에 의하면, 지렁이를 이용한 음식물 자원화 시설의 환경적 영향에 대해 9.6%는 악취가 아주 심할 것, 66.8%는 악취가 조금 날 것, 5.2%는 악취가 거의 없을 것, 9.8%는 악취가 전혀 없을 것이라는 반응을 보인다. 그 가운데 울산 북구 주민 96명의 분포를 보면, 각각 27.1%, 56.3%, 10.4%, 6.3%여서, 악취가 아주 심하리라는 응답이 울산지역 전체에 비해 좀 더 높음을 알 수 있다.

에 제출한 북구청의 보고 자료는 "혐오시설인가 아닌가의 문제 말고도 주민들의 반대 정서가 이렇듯 강하게 형성된 또 하나의 중요한 이유가 중산동이 교육, 교통, 문화, 복지 면에서 혜택은커녕 소외되고 낙후돼 왔기 때문"이라는 점을 인정한다.6) 그리하여 구청 측은 임기 내에 구청장의 권한이 허락하는 한 최대한의 정책적 배려를 하겠다는 전제 아래 매년 10억 원의 특별예산을 편성하여 주민들이 자체적으로 결정하는 사업에 집행하겠다고 약속해 왔다. 그 밖에 2004년 9월 공사 재개를 결정하면서 구청이 주민 측에게 배포한 '호소문'에 따르면, "14억 원이 투입된 기적의 도서관은 이미 개관하여 아이들이 즐겨 찾고 있습니다. 동천강 둑을 이용한 자전거 전용도로 및 산책로와 교량을 포함해 18억 원을 투입하여 이미 포장을 끝내 많은 주민들이 이용하고 있습니다. 12억 원을 투입하는 중산동 어린이공원은 부지매입을 완료하여 문화재 발굴 중에 있습니다. 미니 인조잔디구장은 부지를 물색 중에 있으며, 동천강변 생태공원 조성은 동천강 정비 및 고수부지 조성공사와 더불어 더 완벽하게 조성할 것입니다"라고 밝히고 있다.

한편 주민 측은 이러한 보상의 실효성에 의문을 제기하면서, 공단지역으로 조성된 울산의 특수성에 근거하여 건설지역의 변경을 대안으로 제시한다.7) 행정구역 상 울산 남구에 속하는 성암동, 용

6) 중산동은 울산과 경주의 접경지역에 위치하고 있으며, 북구 관내에서 교육, 교통, 문화, 복지 등과 관련된 시설들이 상대적으로 부족한 지역이다. 이러한 소외감과 박탈감 누적된 상태에서, 신설 중학교 부지가 매장 문화재 보존지역으로 결정되면서 학교를 짓지 못하는 문제가 또 발생되었다. 이처럼 주민들의 불만이 고조된 상태에서 음식물 자원화 시설이 유치된다는 사실이 알려지자, '혐오시설'이라는 인식이 더욱 널리 공유되었다고 볼 수 있다. 울산광역시 북구청(2003) 참조.

연동 일대는 1980년대 중반 이후 환경오염지역 이주사업으로 인해 인근에 주거지가 없으며, 이미 남구 음식물 자원화 시설은 물론 중구의 사료화 시설도 입지해 있는 곳이다. 또한 남구의 2차 시설이 용연동 하수처리장에 하루 70톤 규모로 계획 중이어서, 여기에다가 현재 갈등을 빚고 있는 북구의 하루 20-30톤 규모를 추가하면 운영 관리에 효율적일 수 있다는 것이다. 하지만 이 같은 대안은 시민 배심원단 운영 기간 중 울산광역시와 남구청의 '검토한 적 없다'는 공식 입장이 전달되면서 진지하게 고려되지 못했다.

전반적으로 평가할 때, 울산 북구에서 2001년 이후 3년 동안 전개된 지방정부와 주민 간 환경 갈등의 초점은 결국 '구청 측의 보상이 음식물 자원화 시설에 대한 주민 혐오를 누그러뜨릴 정도로 충분한가'의 문제로 귀착된다고 할 수 있다. 앞서 본 첫 번째 쟁점의 경우 친환경 시설이라는 기술적, 객관적 판단과 혐오시설이라는 주관적 판단은 판단의 기준 자체가 다르다는 점에 유의해야 한다. 즉 혐오시설이라는 낙인의 근거는 환경적 피해 외에도 지가 하락, 지역발전 저해, 지역사회의 통합성 손상 등과 같은 포괄적인 부정적 외부효과에서 비롯되기 때문이다(음식물 자원화 시설에 반대하는 주민대표단, 2004). 이는 구청 측이 아무리 음식물 자원화 시설이 환경친화적이라고 주장하더라도 이에 대한 주민의 혐오가 원천적으로 경감되기 어려움을 가리키는 것이다. 또 앞의 두 번째

---

7) 2004년 8월에 열린 민주노동당의 음식물 자원화 시설 관련 제1차 당정 협의회에서는 현 부지에서의 공사 재개 주장과 울산 남구의 국가공단 내 자연녹지지역으로의 이전 주장이 공방을 벌였다. 결국 공단 내 자연녹지지역으로의 이전을 추진하기로 하고 울산광역시장을 방문하여 협의했으나 불가능한 것으로 결론 난 바 있다.

쟁점과 관련해서는 울산광역시 수준에서의 통합적 음식물 자원화라는 대안 아래 입지의 변경이 논리적으로는 가능할지 모르지만, 북구청 스스로 지렁이 사육 방식의 별도 시설에 대한 추진 의지를 꺾지 않는 한 정치 도의 상 다른 지방정부가 입지 변경 문제에 개입하기란 힘들 것임을 예측할 수 있다. 그러므로 내용적 측면에서 따져 본다면, 울산 북구 사례의 갈등 해결 방향은 구청 측에서도 인정하는 음식물 자원화 시설 입지에 따른 중산동 주민의 심화된 상대적 박탈을 얼마만큼 신뢰할 만한 가시적 조치에 의해 보상할 수 있는가에 달려 있었던 셈이다.8)

## 4. 시민 배심원 제도 도입을 통한 환경 가버넌스의 형성

대의 민주주의 제도 아래에서는 환경 갈등을 포함한 정책 쟁점들이 지방정부와 주민의 대의기구인 지방의회 간 협의에 의해 조정되는 것이 원칙이다. 하지만 울산 북구 사례의 경우 구 의회가 중산동 주민의 의견을 대표하는 데 일찍이 한계를 드러냄에 따

8) 2003년 2월의 음식물 자원화 시설 반대를 위한 비상대책위원회 회의 자료에 따르면, '만약의 경우'라는 단서를 달기는 했으나 시설이 들어올 경우 다음과 같은 제안 사항을 각서화한다는 논의가 있었던 것으로 추정된다. 그것은 첫째 집값 하락, 매매거래 안 되는 것에 대한 재산상 손해의 현금 보상, 둘째 주 진입로의 정비, 셋째 문화회관, 공공도서관 수준의 문화시설 유치, 넷째 가로등, 보도블록, 안전방호장치 등 도로변 정비, 다섯째 학교 건립의 시기 및 장소 구체화, 여섯째 기타 도시기반 시설의 확보, 일곱째 분변토 판매 수익 지역 환원, 환경분담금 감면 등 시설에 대한 주민 수익 구체화 등이다.

라[9], 구청과 주민 간 증폭된 갈등이 막다른 골목으로 치달으면서 시민 배심원제가 최후의 가버넌스 수단으로 채택된 셈이다. 즉 숙의 민주주의의 경험이 일천하고 시민적 가버넌스의 틀이 부재한 한국 지방정치의 현실에서, 울산 북구 사례의 실험은 대의 민주주의와 일상적 환경 가버넌스 둘 다 제대로 작동되지 않은 가운데 성립된 역설적 상황을 배경으로 하는 것이다.

앞서의 3절에서 충분히 다루지 않았지만, 주민 측의 반대 논리 가운데 하나는 입지 선정과정에서의 주민 참여 배제와 같은 구청 측의 비민주적인 행정 절차를 둘러싼 것이었다. 음식물 자원화 시설에 반대하는 주민대표단(2004)에 따르면, 최근 들어 혐오시설의 입지가 후보지 공개, 신청 방식 등 적절한 절차에 따른 주민참여에 의거하여 결정되는 추세인데도 북구청은 결정(Decide), 공표(Announce), 방어(Defend)의 'DAD 모형'이라고 하는 전통적인 입지 선정 방식에 의존했다고 비판된다. 그런데 이와 같은 구청 측의 상의하달적 행태는 주민 참여를 배제하려는 의도가 있었다기보다는, 현재의 대의 민주주의 제도 아래 숙의적 환경 가버넌스에 대한 학습 기회가 없었다는 구조적 원인에서 비롯된 것이라 여겨진다. 한 예로 입지 선정의 당사자였던 전 북구청장이 총선을 앞두고 주

9) 2001년 11월 북구청의 입지 결정 이후 북구의회는 주민 동의 부족의 사유로 두 차례에 걸쳐 공유재산 관리 계획승인을 부결시켰다. 하지만 2002년 12월에는 결국 구청 측의 예산 반납 우려에 대한 설득 등으로 반대민원이 있을 때는 공사 중단한다는 조건부 승인 아래 이를 통과시켰다. 주민들은 울산 북구 사례에서의 지방 의회의 역할에 대해 "주민 의견 상관없이 혼자만의 선택과 결정으로 합의한 것", "자기 동네가 아니니까 관심 없었음", "구의원뿐만 아니라 시의원도 문제" 등의 반응을 나타낸다. 울산리서치(2005) 참조.

민들에게 스스로의 결정에 대한 번복 가능성을 약속한 것은 대의 민주주의 구조 속에서 아무리 합법적 절차를 거쳐 추진한 사안일지라도 숙의 민주주의의 과정 없이는 더 이상 실행될 수 없다는 사실에 대한 뒤늦은 깨달음이었던 셈이다.

사후적 가정이지만, 원론적인 시민 배심원제나 다른 환경 가버넌스의 수단들이 음식물 자원화 시설 입지를 선정하기 위한 사전 단계에서 몇몇의 후보 지역에 대한 숙의적 결정을 위해 적용되었다면 훨씬 바람직했을 것이다. 하지만 그러한 모델이 없는 상황에서, 울산 북구 사례의 이해 당사자들, 특히 구청 측은 환경 갈등이 더욱 심화될수록 이 같은 가버넌스를 통한 갈등 해결의 필요성을 더욱 절실히 느끼게 되었다고 볼 수 있다. 물론 시민 배심원제 도입 이전에 환경 가버넌스를 위한 시도가 전혀 없었던 것은 아니다. 지역 방송국의 프로그램을 통해 북구청장, 비대위 위원장의 상호 토론이 이루어지기도 했고, 구청 측과 주민 측 각각이 추천한 전문가들이 발표하는 공청회가 개최되기도 했다.

환경 갈등의 해결 수단으로 시민배심원제가 등장한 배경은 구청 측이 공사를 잠정 중단시킨 뒤 개최한 2004년 3월말의 설명회로 거슬러 올라간다. 이 때 '정책 배심원제'라는 이름으로 갈등 해결의 방식이 제안되었는데, 주민대표자회의는 이를 받아들이지 않았다. 그러다가 공사 재개 후 '평화기간'으로 정해 다시 공사가 중단된 10월 중순에 민주노동당 울산 북구 위원회의 중재 팀에서 '배심원제'란 이름으로 다시 제안하여 구청과 주민 간에 원칙적인 수용 동의가 이루어지게 되었다.[10) 그리하여 10월말에 구청 측 2인, 주

---

10) 주민 측은 주민투표의 대안도 고려할 수 있었을 터이나, 현행법상 중

민 측 5인, 중재 팀 3인 등 10명이 모여 배심원제의 도입과 결과 승복의 원칙에 합의했으나, 주민 측으로부터 배심원단 구성에 대해 지역의 시민단체는 인정할 수 없다는 주장과 시민 배심원제 도입에 대한 전제조건으로 공사업체의 주민에 대한 선 고소고발 취하, 주민 동의를 받아서 추진하도록 하겠다는 등의 요구가 제기되었다.[11)]

그러던 중 11월 초에 열린 구청과 주민대표자회의 간의 회의에서 양측이 합의하는 시민단체 13개의 대표 각 3명씩과 북구지역 성직자 6명 등 45명으로 시민 배심원단을 구성하기로 의견 접근을 보았다. 이 때 채택된 합의서는 12월에 실제로 배심원 제도를 운영할 때 지침으로 구실했는데, '배심원제에 대한 전반적인 사항은 배심원단 자체 결정에 따르며 북구청과 주민대표회의는 배심원단의 최종 결정에 절대 승복한다', '주민대표자회의, 북구청, 민주노동당은 배심원단이 요구하는 자료제출, 의견제시, 공청회 또는 토론회 참석, 질서유지 등 요청 사항이 있을시 최대한 협조하고 따른다',

---

산동이 아닌 전체 북구 주민 대상으로 할 경우 이해당사 주민에게 불리한 결과가 나올 위험이 컸다고 볼 수 있다.

11) 이에 대해 구청 측은 공사와 관련한 민형사상의 문제는 법적으로 공사업체와 공사를 방해한 개인 간에 성립되기 때문에 당사자가 아니라고 하면서도, 도의적, 정치적 책임은 인정했다. 그에 따라 구청 측은 배심원 제도가 원만하게 도입되게 하기 위해 업체로 하여금 가능한 빠른 시일 안에 고소 취하 및 손배 가압류 철회를 해 주도록 요청했으며 구속자에 대해서는 재판부에 탄원서를 제출할 계획을 밝혔다. 하지만 당시 업체는 공개경쟁을 거쳐 정당하게 따낸 사업권이 지켜지고 공사를 방해받지 않는 상황이 되어야 긍정적으로 검토하겠다는 입장을 고수했다.

'주민대표자회의, 북구청, 민주노동당은 배심원단을 통한 문제해결이 성사되도록 지역 주민들에 대한 설득노력에 최선을 다한다' 등의 원칙을 제시한 것이었다.

그러나 위와 같은 합의를 이루어낸 회의의 말미에 공사 중단, 고소고발 철회 등의 추가 쟁점을 논의하는 과정에서, 업체 대표가 공사재개의 입장을 표명함에 따라 합의서의 이행이 불투명해진 채 협상이 중단되고 말았다. 이후 구청의 공사 중단 연장 요청에도 불구하고 12월초 업체가 공사를 재개했고, 이에 대한 주민의 구청 항의집회에서 2명의 구속과 10여명의 입건이 발생하는 최악의 대립국면을 맞게 되었다. 그러한 극한적 상황에 처하게 됨에 따라 주민대표자 회의는 주민 동의를 통해 시민 배심원제도를 받아들이기로 최종 결정했던 것이다. 시민 배심원단 구성에 참여한 시민단체는 울산 경실련, 울산 참여연대, 울산 환경운동연합, 울산 흥사단, 울산 민주시민회, 울산 YWCA, 울산 여성의 전화, 참교육 학부모회, 전교조 울산지부, 울산 인권운동연대, 울산 민예총, 민주사회변호사회 울산지부, 울산대 민주교수협의회 등이었고, 특정 정당 가입자는 배심원 추천에서 제외되었다.[12)]

이 때 검토해 보아야 할 사실은 시민단체 중심의 배심원단 구성을 애초에 반대했던 주민 측이 왜 입장을 바꾸었는가라는 것이다. 여기에는 우선 구청장과 지역구 국회의원이 모두 민주노동당 출신인 울산 북구의 정치적 특수성에 대한 고려가 필요하다. 주민 측 이해당사 지역인 중산동의 경우에도 2002년의 지방선거에서 민주

12) 이 가운데 울산 민주시민회는 1명의 배심원만을 추천하여 실제의 시민 배심원단은 43명으로 구성되었다.

노동당 소속 현 구청장이 60%에 가까운 압도적인 지지를 얻었다(울산리서치, 2005). 그러기에 주민대표자회의에 H 자동차 노동조합의 영향력도 어느 정도 있었고, 그 때문에 민주노동당 북구 위원회의 중재 노력에 별다른 시비가 없었다고 볼 수 있다. 하지만 민주노동당의 갈등 조정 역할이 한계에 봉착하면서, 주민들은 지역 시민단체가 가진 문제해결 능력에 대해서도 회의적일 수밖에 없었다고 판단된다.[13] 그렇지만 자체적으로 구성한 비대위가 구속 등으로 최종 단계에 거의 와해됨으로써, 주민 측은 시민 배심원단 구성에 대한 대안을 제시할 수 없을 정도로 막다른 골목에 다다른 것이라 풀이될 수 있다.

전반적으로 울산 북구 사례를 이념형적인 시민 배심원제도에 비추어 볼 때, 다음과 같은 두 가지 차이가 식별된다. 첫째 초기 입지 선정 단계에서 적용되지 못하고 하향적 환경 갈등이 초래된 상황에서 최후의 수단으로 도입되었다는 점이다. 둘째 지역, 성 등을 균분하는 엄밀한 층화표본에 의거하지 않고, 배심원단에 참여할 시민단체의 범위만 합의한 가운데 배심원의 선정은 해당 단체에 일임했다는 점이다. 특히 두 번째의 차이점은 중재단으로 구실한 민주노동당 북구 위원회가 배심원 제도를 제안한 이후, 주민 측이 이를 둘러싸고 적극적으로 대응하지 못함으로써 시민단체에 대한 신뢰 정도가 상대적으로 높은 구청 측이 논의의 주도권을 잡은 데

13) 시민 배심원의 판결 이후 울산리서치(2005)가 주민에게 심층 면접한 결과에 따르면, "우리 지역과 상관없는 사람들로 배심원단이 구성되었다"는 원천적 거부 반응도 있지만 "중립적 입장인 사람으로 구성하는 것은 맞는 말이고 시민단체 사람이 깨어있는 의식을 갖고 있다고 생각했다"는 기대도 있었던 것으로 나타난다.

서 어느 정도 기인한다고 하겠다.

## 5. 숙의 민주주의의 지형과 과정

비대위가 작동 불능 상태에 들어간 이후 주민 측은 대리인 변호사를 선임하여 시민 배심원 제도에 의한 갈등 해결을 준비해 왔다. 이처럼 변호사를 대리인으로 하여 환경 가버넌스에 참여했다는 사실은 주민들의 경우 음식물 자원화 시설의 반대 과정에서 발생된 업체에 의한 민형사상 고소 고발 문제가 민감한 관심사였음을 암시한다. 어쨌든 민주노동당 중재단과 구청 측, 주민 측은 시민 배심원 제도를 통한 숙의 민주주의의 과정에 대해 다음과 같은 운영 의견을 제출했다. 우선 배심원단 활동과 관련하여 대략 6회의 회의가 필요하다고 보고 1주일에 3회 정도로 진행한다고 가정하여, 1차 활동기간을 15일로 정하되 필요에 따라 연장할 수 있다고 정했다. 배심원단의 결정 권한에 대해서는 시간이 오래 걸리는 중재가 아니라 시설을 지을 것인가, 말 것인가에 대한 판결을 기본으로 하고, 이해당사자의 승복을 확실히 하기 위한 목적으로는 권고도 가능하다고 보았다.

이에 따라 2004년 12월 13일 첫 회의가 열린 이후 시민 배심원단은 12월 28일까지 다섯 차례 모임을 가졌으며, 그 가운데는 울산 북구의 계획과 같은 방식으로 설립된 남해 시설에 대한 견학, 공청회 일정도 포함되었다. 1차 회의에서는 총 43명의 배심원 중 31명이 참석했고, 배심원단 대표와 간사 각 1인을 선출하는 한편 중재

팀 2인, 구청 1인, 주민 1인으로 실무지원팀을 구성했다. 이와 함께 배심원단 회의의 공개 여부, 회의 진행 일정, 의결 관련 문제 등을 논의했는데, 각각에 대한 결정 사항은 다음과 같다. 우선 배심원단 회의에 집중되고 있는 여론과 배심원단 운영의 투명성을 보장하기 위해, 판결을 위한 배심원 회의와 판결과정은 비공개로 하고 심리과정에 대해서는 공개를 원칙으로 하기로 했다. 또한 구청과 주민 측이 합의한 대로 배심원제 운영의 1차 시한인 12월 28일까지 판결이 이루어질 수 있도록 최선을 다하기로 했다.

한편 12월 16일에 개최된 2차 회의에서는 43명의 배심원 가운데 40명이 참여하여 자체 회의 후에 주민, 구청 각각의 진술과 이에 대한 토론을 진행했다. 이때의 자체 회의에서는 배심원단의 민주적 운영을 전제로 대표와 간사의 재량권을 인정하며, 실무지원팀에게는 판결을 위한 내부 회의를 제외한 모든 회의에 참관을 허용하기로 했다. 또한 12월 21일에는 배심원단의 남해 시설 방문 조사가 이루어졌으며, 12월 23일에는 40명의 배심원과 이해 당사자들이 참여한 가운데 공청회가 개최되었다. 공청회 후 진행된 3차 자체 회의에는 43명 중 35명의 배심원이 참석했는데, 1차 회의인 12월 13일 회의를 제외하고 2차 회의, 남해 시설 견학, 3차 회의, 마지막 판결을 위한 회의 등 4번의 회의 중 50% 이상을 참가한 배심원에게만 판결의 의결권을 부여하기로 결정했다.

이처럼 시민단체 출신 배심원의 상식적 판단에 의해 숙의과정이 진행되는 가운데, 최종 판결의 날인 12월 28일을 하루 앞두고 애써 마련한 환경 가버넌스의 틀을 와해시킬지도 모를 변수가 돌출되었다. 즉 12월 23일의 공청회와 배심원단 자체 회의 결과에 대해 논의한 주민들은 12월 27일 밤에 '민형사상 손해 문제'와 '배심원의 기술적 판단 미흡'의 이유 때문에 배심원제의 잠정 중단을 요구하기로 결정한 것이다. 주민들은 공청회 당시 패널로 참석한 공사업자가 2명가량의 주민을 끝까지 형사 처벌할 것이고 손해배상소송과 가압류도 취하할 뜻이 없음을 밝혔으므로, 배심원단이 짓지 말라는 판결을 내릴 경우 예상되는 손해도 자신들에게 추궁할 것이 분명하다고 주장했다(중산동 주민대표자회의, 2004). 이에 덧붙여 주민 측 대리인 변호사는 12월 28일의 시민 배심원단 4차 회의 모두 발언에서 판결에 이르는 모든 절차를 배심원단에게 일임한 것은 틀림없으나, 사실을 규명할 객관적 자료 수집과 이에 대한 전문기술적 판단의 노력이 부족했기 때문에 배심원의 활동 기간이 연장되어야 한다고 주장했다. 그는 특히 시설의 환경침해와 안전성 문제에 대해 구청으로 하여금 공사시방서, 설계도 등을 제출하게 하고 이를 전문가에게 감정시켜 의견을 받아보는 방법을 제안했다.

이에 대해 구청 측은 주민 측의 요구가 배심원제 합의정신에 위배된다고 지적했으며, 판결을 위해 회의에 출석한 배심원들도 이에 공감하는 분위기였다. 그런 가운데 공사업체가 강경한 태도를 바꾸어 4차 회의 직전인 12월 28일 오전에 형사 고발자 22명 중 10명에 대한 소를 취하시키고, 남은 인원과 손배소송에 대해서도 배심원단이 취하를 권고한다면 그대로 따르겠다는 입장을 밝혔다. 북구청장도 더 나아가 주민들이 업체의 약속을 못 믿겠다면 손배소 문제에 대해 업체가 요구할 배상액을 구청이 책임지겠다고 약속했다. 시민 배심원단의 1차 활동기간 내에 결론을 내려는 구청 측과 업체의 이러한 조정 노력은 4차 회의 정회 시간 중 주민들과의 새로운 합의 각서[14)]를 도출하여, 잠정 중단에 대한 요구를 철회시켜 최종 판결이 가능하도록 했다고 볼 수 있다. 한편 전문적, 기술적 판단이 더 필요하다는 두 번째 문제제기는 그 과정에서 논쟁의 여지 없이 묻혀 버렸다. 이와 같은 우여곡절 속에 시민 배심원단은 자체적인 찬반 토론을 거쳐 2/3 이상의 찬성으로 음식물 자원화 시설 건립을 결정하는 최종 판결을 내렸고, 구청 측에는 보상 약속의 철저한 이행과 설립 이후 시설 운영에 대한 주민 참여를 권고했다.

그렇다면 환경 가버넌스 자체를 뒤엎을 수도 있었던 주민 측의 두 가지 요구사항을 중심으로, 울산 북구 사례에서의 숙의 민주주의 지형과 논의 과정의 함의들을 정리해 보도록 한다. 먼저 민형사상 소송 등의 피해는 주민 측이 시민 배심원제 도입에 적극 동조하지는 않으면서도 최종 합의를 하게끔 배후에서 작용한 주된 요인이었다고 할 수 있다. 그러기에 배심원단의 마지막 판결 시점에 이르러, 주민들은 민형사상 소송이 취하되지 않은 상태에서 공사 재

---

14) 합의 각서의 주요 내용은 다음과 같다. 첫째 시공업체는 배심원단 판결이 내려지면 공사 중단으로 결론 나더라도 3일 이내로 민형사상의 소를 취하한다. 둘째 민형사상 소가 취하된 당사자를 포함하여 주민들은 배심원단 결정에 의해 공사가 재개될 경우 방해하지 않을 것을 약속한다. 셋째 시공업체는 배심원제 도입 이전에 발생한 모든 민형사상의 소를 제기하지 않되, 두 번째 항의 약속이 지켜지지 않으면 무효로 한다. 넷째 북구청장은 시공업체가 손배 소송 취하 약속을 지키지 않을 경우 주민에게 돌아갈 손해배상 금액을 대신 책임진다. 울산리서치(2005)에 따르면, 업체 관계자는 배심원단이 공사 중단을 결정할 가능성에도 불구하고 자신이 있었기 때문에 이 같은 양보를 했다고 밝히고 있다. 그리고 그것은 배심원제 합의에 대한 자신이 아니라, 지렁이 방식의 자원화 기술에 대해 진실은 알아 줄 것이라는 자신감이었다고 한다.

개로 결정될 가능성과 공사 중단으로 결정되어 시공업체에 의한 엄청난 손배 요구가 자신들에게 추가될 가능성[15] 둘 다를 우려할 수밖에 없었던 것이다. 그런데 결국 업체의 양보 외에 구청 측의 손배 금액 대납이라는 막판 약속으로 시민 배심원제의 시도가 되살려졌다는 사실 역시 환경 가버넌스 형성과 숙의과정의 의제 설정을 구청 측이 주도했다는 것을 방증한다고 하겠다. 이를 좀 더 원론적 차원에서 성찰해 볼 때, 가버넌스 구축에 의한 숙의 민주주의가 효과적으로 환경 갈등을 해결하기 위해서는 대의 민주주의 제도와 병행하는 가운데 주민들로부터 권력을 위임받은 지방정부가 합리적 주도권을 행사하는 것이 불가피함을 시사 받을 수 있다.

이와 함께 주민 측 대리인이 요구한 추가적인 전문 기술적 판단은 상식적 식견이 강조되는 시민 배심원제의 취지와는 어긋난 문제제기였던 것으로 보인다.[16] 그 동안 한국에서의 환경 가버넌스는 시민의 참여보다는 전문가, 특히 환경 관련 과학기술자의 개입을 위주로 진행되어 왔다. 하지만 최근의 끊임없는 환경 영향평가의 타당성 논란에 비추어, 기술적 영향평가 뿐만 아니라 시민의 일상적인 생활세계를 대변하는 사회적 영향평가의 필요성이 커지는 추세이다. 특히 지속가능 발전위원회라는 중앙정부 수준에서 이루

15) 구청 측의 자료에 의하면, 시민 배심원단이 짓지 말라고 결정했을 경우 예상되는 피해는 시공업체의 예상 손해액 외에도 이미 집행한 금액의 회수 불가, 지방정부 정책에 대한 공신력 저하, 향후 사업의 추진 애로 등이 거론된다.

16) 특히 업체 관계자는 배심원단의 기술평가 요구에 대해, 이미 전문가들이 심사하여 문제없는 것으로 판명되었는데도 '우리 기술을 못 믿는다는 이야기'라는 반응을 나타낸다. 울산리서치(2005) 참조.

어진 2004년의 한탄강 댐 건설에 대한 전문가 조정 시도가 실패로 끝났다는 점은 중재집단의 구성 단계에서부터 관련 주민의 동의를 얻는 일이 무엇보다 중요함을 가르쳐 준다. 이렇게 시민 배심원 제도의 의의는 과학기술자에 의한 객관적 검토가 아니라, 오히려 이해당사자들의 상반된 요구에 대해 숙의를 거쳐 도출하는 상식적 결론에 있는 것이다. 울산 북구 사례에서 시민 배심원단의 판결에 결정적 영향을 미친 것은 비슷한 방식의 남해 시설에 대한 현장 견학과 이에 따른 보고 들은 대로의 합리적 판단이었다고 여겨진다. 이러한 상식적 판단이야말로 숙의 민주주의 과정에서 이해당사 주민이 이해하기 힘든 어떠한 전문가적 담론보다도 설득력 있는 도구였던 것이다.

## 6. 맺음말

지금까지 본대로 울산 북구 사례는 사전적 정책 판단보다는 입지를 둘러싼 환경 갈등을 해결하기 위해 사후적으로 도입되었다는 특성을 지닌다. 그리고 시민 배심원단에게 해결의 짐이 씌워진 갈등의 초점은 '구청 측의 보상이 음식물 자원화 시설에 대한 주민 혐오를 경감시킬 정도로 충분한가'의 문제로 귀착되는 것이었고, 시설의 친환경성 여부 판단은 비슷한 방식인 남해 시설의 견학이 중요한 영향을 미쳤다고 할 수 있다.

한편 환경 가버넌스의 형성과 관련하여, 배심원단의 구성이 울산 북구의 정치적 특수성 때문에 층화표집이 아니라 시민단체의 자율적 추천에 의거한 방식으로 이루어진 것은 분명하지만 그러한 지역의 특수성을 과장할 필요는 없을 것이다. 왜냐하면 시민 배심원 제도의 운영을 위한 층화표집은 하나의 원칙일 뿐, 지역마다 갖고 있는 특수성에 근거하여 유연하게 적용되는 것이 마땅하기 때문이다. 예컨대 보수적, 중립적 시민단체가 비교적 많은 지역의 경우 시민 배심원 가운데 이들 시민단체 출신의 비중이 높을 수밖에 없을 것이다. 다만 앞으로 시민 배심원 제도가 시민 가버넌스의 유력한 도구로 정착되기 위해서는, 배심원의 거주지별, 성별, 직업별 대표성을 확보하기 위한 일정한 기준이 마련될 필요가 있다.

이와 함께 울산 북구 사례에서의 숙의 민주주의의 과정을 볼 때, 와해 위기를 맞았던 환경 가버넌스가 상호 양보와 절충을 통해 계속 유지되도록 만든 이해당사자 및 시민 배심원의 이성적 태도가 인상적이었다 할 것이다. 결론적으로 환경 갈등을 해결하는 수단의 하나로서 시민 배심원 제도는 이해 당사자들이 배심원단의 구성에 합의하기만 한다면, 서로 결과에 승복하기로 약속한 가버넌스의 틀을 바탕으로 갈등 쟁점들에 대해 상식적이고 공정하게 토론하여 판결을 내림으로써 시간적, 재정적 노력을 절약하는 장점이 있다고 하겠다.

그렇다면 시민 배심원 제도라는 환경 가버넌스의 새로운 방식을 실험한 울산 북구 사례에서 지방정부와 주민 각각의 기여도와 한계를 찾아봄으로써, 향후 중앙정부 및 다른 지방정부에서의 숙의 민주주의 모델의 운영에 도움이 될 만한 함의들을 모아보도록 한다. 먼저 지방정부와 관련해서는 밀어붙이기 행정이라는 비난을 듣기는 했지만 구청장의 환경친화적 음식물 자원화시설에 대한 의

지와 함께, 관행적 상의하달보다는 주민에 대한 끊임없는 설득과 가버넌스의 틀 마련을 위한 적극적 태도가 돋보였다. 단지 사전에 숙의 민주주의를 학습할 기회가 없었기 때문에 어쩔 수 없는 측면도 있으나, 2001년의 입지 선정 과정에서 시민 배심원 제도나 주민투표 등과 같은 숙의과정을 도입했다면 막대한 시간과 자원을 절약할 수 있었다는 아쉬움을 남겼다.

다른 한편 주민과 관련해서는 이해관계와 상반된 판결이 나올 위험성을 무릅쓰고 시민 배심원 제도에 합의한 공익 우선의 자세를 지적할 수 있으며, 부차적으로는 주민대표 구속과 고소 고발이라는 법적 문제로 막다른 상황에 내몰려 다른 대안이 없었다는 측면도 있다. 그런데 한 가지 짚고 넘어가고자 하는 것은 중산동 주민의 반대를 원전, 방폐장 등과 같은 명백한 환경위해 시설과는 다른 친환경적 음식물 자원화 시설에 대한 지역이기주의적 거부로만 매도해서는 곤란하다는 점이다. 자기가 사는 지역에서의 재산권 침해 가능성이 있는 시설의 입지를 반대하는 것은 자본주의적 소유제도가 바뀌지 않는 한 너무나도 합리적인 반응이 아닐 수 없다. 울산 북구 사례에서 비대위 주민들은 그러한 사익의 고려 속에서도 지방정부의 비민주적 행정 절차, 거주지별 불균등 발전과 같은 공익 차원의 문제들을 동시에 제기했다고 볼 수 있다. 시민 배심원단의 판결 이후 중산동의 음식물 자원화 시설은 2005년 8월 30일에 완공되었는데, 3년에 걸친 주민 측의 투쟁은 이 시설의 운영과 감시에 이해당사 주민을 참여하게 만들고 그 밖의 영역에서도 지방 가버넌스와 숙의 민주주의의 필요성을 지방정부에 각인시키는 값진 교훈을 남겼다고 해석된다.

마지막으로 울산 북구 사례의 환경 가버넌스 시도가 환경 관련 시민단체나 민주노동당과 같은 진보 정치세력에게 주는 함의를 간단히 거두어 보자. 이 사례는 21세기 들어 역할이 증대되고 있는 제3부문 비정부조직의 도덕적 위상을 확인시켜 주었지만, 이들 시민단체가 그 동안의 감시나 비판에서 정책 참여로, 이슈 파이팅에서 대중적 기반 확보로 발전해야 할 시대적 요청 또한 드러내고 있다. 아울러 울산 북구 사례는 지방 수준에서 노동정치만으로는 진보적 생활정치의 전략을 실천할 수 없으며, 시민적 가버넌스를 지향하는 지속가능한 시민참여 장치의 마련이 필수적임을 보여준다고 하겠다.

# 참고문헌


건설부. 1984, "울산·온산 공해피해 주민대책".

경상남도. 1989, "울산·온산공단 피해주민이주대책(문제점 및 건의사항)".

구도완. 1996, 『한국 환경운동의 사회학』, 문학과 지성사.

구도완. 1999, "1980년대 이후의 한국인의 환경의식", 『환경정책』 제7권 제2호.

구도완. 2000, "1990년대 한국의 환경운동: 전문환경운동조직을 중심으로", 한국사회학회 전기 사회학대회 발표문.

김경동·홍두승. 1992, 『원자력과 지역이해』, 서울대 출판부.

김귀곤. 2003, 세계의 생태마을을 찾아서, 누리에.

김두식. 1995, "환경문제와 환경보호에 대한 시민들의 태도 조사연구", 한국사회학회, 『한국사회학』, 제29집 봄호.

김범성. 1998, "대중적 과학기술논쟁의 한 양상-여천공단 환경평가를 둘러싼 논란을 중심으로", 『다른과학』, 제4호.

김재홍·정준금·한상진. 1999, 『울산지역 환경정책 결정과정에서의 시민의사 반영과 환경민원 해결을 위한 정책대안 연구』, 울산지역환경기술개발센터, 1차년도 연구사업과제 결과보고서.

동남국가관리공단. 1999, 『현황자료』.

문순홍. 1999, 『생태학의 담론』, 솔.

박계성. 2000, "성장의 신화 뒤에 감춰진 공해의 땅, 여천 석유화학 공단", 여수환경운동연합.울산환경운동연합. 여수반도 환경기행 및 공단환경문제 토론회 자료집.

박옥희. 1991, "태도와 행동의 관계에 관한 연구", 한국사회학회, 『한국사회학』, 제25집 여름호.

박재묵. 1995, "지역반핵운동과 주민참여", 서울대 사회학과 박사논문.

박형숙. 2001, "삶의 있는 풍경: 부산 물만골 공동체", 『월간 말』, 10월호.

서울대 인구 및 발전문제연구소. 1991, 『방사성폐기물처분 부지확보 및 지역협력 방안연구』.

신승환. 2003, 『포스트모더니즘에 대한 성찰』, 살림.

양종회. 1992, "우리나라 국민들의 환경문제에 대한 의식의 변화 및 사회적 기반", 한국사회학회, 『한국사회학』, 26집 겨울호.

여수시. 2000, "여천국가산단 주변마을 이주대책".

여수시의회. 1999, 『여천국가산단 환경실태파악을 위한 특별위원회 활동결과보고서』.

여수·여천 해양오염 시민대책본부. 1996, 『여수.여천 해양오염 시민대책본부 활동보고서』.

여천공단 환경협의회. 1999, 『여천산단 일반환경 현황』.

울산광역시. 1998, 『환경오염이주대책사업』.

울산광역시. 1999, 『환경백서』.

울산광역시. 2002, 『울산40년사』.

울산광역시 북구청. 2003, "주민들에게 드리는 글".

울산광역시 북구청. 2004, "호소문".

울산리서치. 2005, "음식물 자원화 시설 문제에 대한 심층면접조사 녹취록".

울산환경운동연합. 1998, "고리핵발전소 핵폐기물 저장고 벽면 붕괴 사고에 대한 울산환경운동연합의 입장", 7월 6일자.

윤순진. 2004, "원자력 중심 전력정책과 시민합의회의: 의의와 한계", 한국환경사회학회·시민환경연구소, 『환경갈등과 환경정의』, 공동학술대회 자료집.

음식물 자원화 시설에 반대하는 주민대표단. 2004, "중산동 음식물 쓰레기 처리장 관련 의견서(1회)".

이득연. 1992, "주민환경운동의 전개과정과 의미구성: 반핵발전운동을 중심으로", 연세대 사회학과 박사논문.

이득연. 1998, 『환경운동의 사회학』, 민영사.

이지숙. 1998, "웨스팅하우스사의 엉터리 증기발생기가 부른 고리원전 참사", 울산환경운동연합. 『21세기 푸른울산』, 8월호.

이창걸. 1996, "공단주변 주민의 공해피해에 관한 연구", 한국사회학회 전기사회학대회 발표문 요약집.

이필렬. 1996, "원자력 발전과 에너지 대안", 울산환경운동연합. 『핵에너지, 과연 미래의 대안인가』, 초청토론회 자료집.

이희찬. 2001, "물만골 공동체 : 도시생태마을을 향한 꿈", 한국도시연구소, 『도시와 빈곤』, 제51호.

정준금. 1995, "공업도시의 환경 사회정책," 『환경과 사회』, 제6호.

정준금·신연재·최병철·한상진. 1999, 『환경과 사회』, 대영문화사.

조길환·김영곤. 1998, "여수 국가산단내의 주민 이주대책에 관한 연구", 『여수대 논문집』, 제12집 2권.

조명래. 2002, "지구화, 가버넌스, 지방정치", 한국도시연구소, 『도시

연구』, 제8호.

조승헌. 2004, "지속위의 한탄강댐 갈등조정활동에 대한 평가와 정보에 근거한 합리적 의사결정의 가능성", 한국환경사회학회.시민환경연구소, 『환경갈등과 환경정의』, 공동학술대회 자료집.

조태진. 1996, "여천공단 환경문제의 전개과정과 새로운 전략", 『환경과 생명』, 겨울호.

중앙일보. 1997, 6월 26일자.

중산동 주민대표자회의. 2004, "배심원제 잠정 중단에 관한 회견문".

최경송. 1998, "한국의 반핵운동과 재생가능한 에너지 사업의 접목을 위하여", 환경운동연합.유네스코 한국위원회 주최 재생가능에너지 워크숍 발표문 (http://www.ksdn.or.kr/resource/eco/eco01/e010017.htm).

최병두. 2003, 『도시 속의 환경 열두달』, 한울.

통계청. 1993, 『광공업통계조사보고서』.

한국일보. 2004, 1월 27일자.

한국전력공사. 1996, 『원자력발전백서』.

한국전력공사. 1996, 『원자력발전의 바른 이해』.

한상진. 1996, "울산공단 환경문제의 구조와 전망", 『환경과 생명』, 겨울호.

한상진. 1997, "정보사회에서의 환경친화적 생활양식의 전망", 한국사회과학연구소, 『동향과 전망』, 제33호.

한상진. 1999, "핵발전소 주변 주민의 환경의식과 행동", 지역사회학회, 『지역사회학』, 제1호.

한상진. 2004, "지구화, 공동체, 자활의 전략", 서울시정개발연구원, 『서울도시연구』, 제12권 제2호.

한혜원. 1997, "영광과 고리지역 반핵운동 연구", 『성균사회학』, 성균관대 사회학과, 2집.

허상수. 2004, "공공사업과 개발갈등: H댐 건설시비", 한국환경사회학회·시민환경연구소, 『환경갈등과 환경정의』, 공동학술대회 자료집.

환경보전위원회. 1985, "울산·온산공단 공해피해주민 이주대책".

환경부. 1999, 2000, 2004, 『환경백서』.

환경부. 2004, 『환경백서』.

환경청. 1984, 『울산·온산공단 공해피해주민 이주대책을 위한 조사연구』.

니시나 겐이치 외, 육혜영 역. 1991, 『한국공해리포트』, 개마고원.

토다 기요시. 김원식 역, 1996, 『환경정의를 위하여, 창작과 비평사.

프렌치, 주요섭 역. 2001, 『세계화는 어떻게 지구환경을 파괴하는가』, 도요새.

Barton, H. 2002a, "Do Neighbourhood Matter?", Barton, H.(ed.), *Sustainable Communities*, Earthscan.

Barton, H. 2002b, "The Neighbourhood as Ecosystem", Barton, H.(ed.), *Sustainable Communities*, Earthscan.

Berger, P. 1986, *The Capitalist Revolution*, Basic Books.

Bookchin, M., 문순홍 역. 1997, 『사회 생태론의 철학』, 솔.

Brecher, J. et al., 이덕렬 역. 2003, 『아래로부터의 세계화』, 아이필드

Cotgrove, S.F. 1982, *Catastrophe or Cornucopia: The Environment, Politics and the Future*, John Wiley.

Dickens, P. 2004, *Society and Nature*, Polity.

Dodge. N. 1981, "Living By Life: Some Bioregional Theory and Practice", *CoEvolution Quarterly*, 32.

Dunlap, R.E. and Scarce, R. 1990, "The Polls: Poll Trends, Environmental Problems and Protection", *Public Opinion Quarterly* 55.

Eagley et al. 1997, "Attitudes, Attitude Structure, and Resistance to Change: Implications for Persuasion on Environmental Issues", *Environment, Ethics, and Behavior*, The New Lexington Press.

Eckersley, R. 1992, *Environmentalism and Political Theory: Toward an Ecocentric Approach*, SUNY Press.

Fitzpatrick, T. 2003, *After the New Social Democracy*, Manchester University Press.

Gardiner, J. 2000, "Rethinking Self-sufficiency: Employment, Families and Welfare", *Cambridge Journal of Economics*, 24.

Giddens, A. 1990, *The Consequences of Modernity*, Polity Press.

Hannigan. 1995, *Environmental Sociology*, Routledge.

Harvey, D., 최병두 역. 2005, 『신제국주의』, 한울.

IMF. 2000, *World Economic Outlook.*

Inglehart. R. 1990, *Culture Shift in Advanced Industrial Society*, Princeton University Press.

Jehlicka, P. 1992, "Environmentalism in Europe?", Paper presented to the British Sociological Association Conference.

John, D. 2004, "Civic Environmentalism", Durant, R.F.(ed.), *Environmental Governance Reconsidered*, MIT.

Jones, R.E. and Dunlap, R.E. 1992, "The Social Bases of Environmental Concern", *Rural Sociology* 57.

Kim, Doosik. 1999, "Environmentalism in Developing Countries and the Case of a Large Korean City", *Social Science Quarterly* 80(4).

Kirby, A. 2003, "Redefining Social and Environmental Relations at the Ecovillage at Ithaca: A Case Study", *Journal of Environmental Psychology*, 23.

Krause, D. 1993, "Environmental Consciousness: An Empirical Study", *Environment and Behavior*, Vol.25, No.1.

Madron, R. and Jopling, J. 2003, *Gaia Democracy*, Schumacher Briefings 9; Green Books.

Margai, F.L. 1997, "Analyzing Changes in Waste Reduction Behavior in a Low-Income Urban Community Following a Public Outreach Program", *Environment and Behavior*, vol. 29:6.

Meadowcroft, J. 2004, "Deliberative Democracy", Durant, R.F.(ed.), *Environmental Governance Reconsidered*, MIT.

Munton, R. 2003, "Deliberative Democracy and Environmental Decision-making", Berkhout, F. et al.(eds.), *Negotiating Environmental Change*, Edward Elgar Publishing Limited.

Myerson, G., 김완구 역. 2003, 『생태학과 포스트모더니티의 종말』, 이제이북스.

O'Leary, R., Nabatchi, T. & Bingham, L.B.(2004), "Environmental Conflict Resolution", Durant, R.F.(ed.), *Environmental Governance Reconsidered*, MIT.

Plumwood, V. 1998, "Inequality, Ecojustice, and Ecological Rationality", Hudson, Y.(ed.), *Technology, Morality and Social Policy*, Edwin Mellen Press.

Roger, J.J. 2000, *From a Welfare State to a Welfare Society*, Macmillan.

Scott, D. et al. 1994, "Environmental Attitudes and Behavior: A Pennsylvania Survey", *Environment and Behavior*, Vol.26, No.2.

Seguin, C. et al. 1998, "Toward a Model of Environmental Activism", *Environment and Behavior*, vol. 30:5.

Steinmetz. G. 1994, "Regulation Theory, Post-Marxism and the New Social Movements", *Comparative Studies in Society and History* 36(1).

Susskind, L., Amundsen, O., Matsuura, M., Kaplan, M., & Lampe, D. 1999, "Recommendations on the Use of Mediation", Susskind, L. et al., *Using Assisted Negotiation to Settle Land Use Disputes*, Lincoln Institute of Land Policy.

Taylor, N. 2002, "Eco-villages: Dream and Reality", Barton, H.(ed.), *Sustainable Communities,* Earthscan.

Wall, 1995, "Barriers to Individual Environmental Action: The Influence of Attitudes and Social Experiences", *The Canadian Review of Sociology and Anthropology*, Vol. 32, No.4.